KB248401

젊음을 불태우며 나라를 지키는
모든 병사들에게 이 책을 바칩니다.

입대를 앞둔 아들과 엄마가 알아야 할

군대 이야기

2012년 8월 10일 초판 인쇄
2012년 8월 15일 초판 발행

지 은 이　백건호
감　　수　최병순 · 차도회 · 송영배 · 이석호
그　　림　임정희
펴 낸 이　이찬규
펴 낸 곳　북코리아
등록번호　제03-01240호
주　　소　462-807 경기도 성남시 중원구 상대원동 146-8 우림2차 A동 1007호
전　　화　02)704-7840
팩　　스　02)704-7848
이 메 일　sunhaksa@korea.com
홈페이지　www.bookorea.co.kr
I S B N　978-89-6324-187-6 (13390)

값 14,500원

입대를 앞둔 아들과 엄마가 알아야 할 군대이야기

| 백건호 지음 |

감수 | 최병순(육군) 차도회(해군) 송영배(공군) 이석호(해병대)

북코리아

　군대에 갈 시기가 되면 막연한 두려움이 찾아온다. 고등학교 시절엔 입시 준비로 여념이 없고, 졸업을 하고 대학의 문턱에 들어서면 느닷없이 신체검사 통지서가 날아온다. 입시 공부 하느라 그동안 받은 스트레스도 충분한데, 이젠 또 군대가 나를 괴롭히다니…. 신체검사를 한 이후에는 입대 날짜가 코앞에 있는 것 같아 불안감이 가중된다.

　군 입대 전 우리는 선배들이나 지인들로부터 군대 생활에 관하여 무수히 많은 추억담들을 듣는다. 하지만 군대에 대해서 세세하게, 처음부터 끝까지 자세히 말해주는 사람은 많지 않다. 무엇을 어떻게 준비해야 하는지 막막하기만 하다. 군 입대에 관한 절차라든가, 자신에게 맞는 특기가 무엇인지, 그리고 지원하는 방법은 어떻게 되는지 등에 대해 세세하게 알 수 있는 기회가 없다. 스스로 군에 관련된 정보들을 하나하나 수집하려 하다 보면 시간도 오래 걸리고, 너무 힘들다. 이미 군대를 다녀온 선배들을 만나 조언을 구해도 괜스레 겁만 주고, 단편적인 정보밖에 얻을 수 없다.

　사실, 우리가 평소에 듣는 군 생활에 관한 이야기의 대부분은 재미를 위해 과다하게 포장된 경우가 많다. 정보가 왜곡된 경우도 있고, 부대마다 다를 수 있는 상황을 지나치게 일반화시켜 잘못 이해하게 되기도 한다. 그러다 보니 '군대는 그런 곳이구나…'라는 편견을 가진 채 입대를 하게 된다. 하지만 입대 후 상상했던 것과 너무나도 다른 상황에 많은 사람들이 당혹감을 느낀다.

필자는 이 책을 통하여 군대에 대해 우리가 흔히 잘못 알고 있는 것들을 올바르게 알 수 있도록 함으로써, 혼란이나 두려움을 조금이나마 덜어주고자 한다. 군 입대 전부터 자대 배치 후 말년 병장의 생활에 이르기까지 군 생활 전반에 관한 내용들을 각 파트별로 구성하여 군대 생활을 보다 수월하게 알 수 있도록 하였다. 또한 군대에서의 시간을 '버리는 시간'이 아닌 '자신에게 유익하고 도움이 되는 시간'으로 만들 수 있도록 유용한 팁들도 함께 제공하였다.

하지만 군의 특성상 부대마다 차이가 크고 상황과 시기에 따라 다를 수 있기 때문에 책에서 설명한 내용과 실제 군 생활이 다르게 전개되는 일이 발생할 수도 있다는 점을 먼저 밝혀둔다.

본서는 총 6개의 파트로 구성되어 있다. Part 1에서는 군 입대 시기 및 군 복무 절차를 기술하였고, Part 2에서는 신체검사의 절차, 훈련소 입소, 훈련소 입소 시 준비물 등 군 입대에 앞서 알아두면 좋은 것들을 정리하였다. 군 입대와 관련된 사항들을 미리 알아두고, 적절히 준비하면 군 입대 전에 겪게 되는 혼란을 크게 줄일 수 있을 것이다.

Part 3에서는 훈련소 생활에 대해서 기술하였다. 군인이 되기 위한 기본적인 군사훈련 내용을 육·해·공군 각 군별로 제시하였으며, 특히 육군 훈련소의 경우는 일차별로 구성하여 훈련소 생활을 생동감 있게 선(先) 체험할 수 있도록 하였다. 그날그날에 있었던 일들을 필자가 일기 형식으로 기록함과 동시에 몇 가지 팁을 함께 제공하였으므로, 읽을수록 흥미를 더할 것이다.

Part 4에서는 각 군의 후반기 교육과 관련된 내용들을 다루었다. 후반기 교육은 중요한 내용들과 꼭 알아야 할 핵심적인 것 위주로만 기술하였다.

Part 5에서는 자대 생활을 하기에 앞서 알아두면 좋은 군 특기와 계급에 관한 내용을 다루었으며, Part 6에서는 자대에서의 병영 생활 및 내무 생활,

이등병에서부터 병장까지의 생활 및 마음가짐, 그리고 갖춰야 할 자세 등을 정리하였다.

　마지막에는 부록을 추가하였는데, 여기에서는 군대의 계급체계 및 군에서 자주 쓰이는 용어들과 자대 배치 부대 등에 관한 내용들을 설명하였고 사회환경 변화에 따라 달라지는 병영 생활의 내용과 군 입대에 관한 궁금한 내용들을 Q&A 형식으로 제시하였다.

　끝으로, 책을 출간하는 데 큰 도움을 주신 북코리아 이찬규 사장님과 감수를 도와주신 최병순(육군), 차도회(해군), 송영배(공군), 이석호(해병대) 선생님, 그리고 추천사를 써주신 분들께 진심으로 감사의 말씀을 드린다. 아울러 입대를 앞둔 대한민국의 청년들과 그 부모님들이 이 책을 읽고 조금이나마 도움이 될 수 있기를 간절히 기도한다.

2012년 8월

백건호 드림

Contents

PART 1

군 입대를 앞두고 있는 이들에게

"군대 입영 절차를 하나도 모르겠어요. ㅠㅠ 입영 예약을 하라느니, 공인인증서가 필요하다느니, 뭔 말인지 하나도 모르겠네요. 제가 사실 대학생이 아니라 오늘내일하거든요? 군대에 언제 끌려갈지도 모르겠고… 병무청에 글 남긴 상태이긴 한데 아직 답변이 없네요. 훈련소하고 자대하고는 뭐가 다른가요? 훈련소랑 자대 중에 뭐가 덜 힘들죠? 되도록 특기병 갔으면 좋겠는데요…."

사실, 군 입대를 앞두고 있는 많은 이들은 걱정이 이만저만이 아니다. 입영통지서는 언제 나올지 모르겠고, 막상 군대를 지원하자니 절차도 복잡하고, 오늘내일하며 하루살이 인생을 사는 이들이 많을 것이다. 특기병에 지원하고 싶어도 어떤 특기가 있는지도 모르겠고, 자대가 무엇인지, 또 중대, 대대는 무엇인지, 군 생활 전반이 어떻게 돌아가는지조차도 모르는 경우가 많다.

PART 1에서는 이처럼 입대예정자들이 불안해하는 군 복무에 관련된 기초 내용들을 다룬다.

군대는 언제 그리고 어떻게 가는 것이 좋은가

　　대한민국은 일정한 나이에 이르면 법에 따라 의무적으로 병역에 복무해야 하는 의무 병역제도를 실시하고 있다. 따라서 만 19세 이상의 남자라면 누구나 신체검사를 받아야 하고, 이후 특이사항이 없는 한 일정 기간 국방의 의무를 수행해야 한다.

　　그러나 대한민국 청년의 국방의무 수행은 단순한 국가적 의무수행 이상의 의미를 갖는다. 성장과정에서 처음으로 부모님 곁을 떠나 홀로서기를 하는 기간이기도 하기 때문이다. 소정의 교육훈련 과정을 통하여 강인한 체력과 정신력을 배양하고 인간관계 기술을 체득할 수 있는 소중한 기회이다. 이러한 관점에서 군 생활은 또 다른 인생이 시작되는 중요한 전환기라고 할 수 있다.

2000년대 이전에는 육군, 해병, 공군의 군 복무 기간은 약 3년(36개월)이었다. 2012년 현재는 육군과 해병은 약 21개월, 해군은 23개월, 공군은 24개월로 복무 기간이 단축되었다.

하지만 전쟁이나 국가적 재난 상황에서는 복무 기간이 연장되는 경우도 있다. 예를 들어, 1968년 1월 23일 미 정보함 푸에블로호가 원산 앞바다 공해상에서 북한 해군에 납치되는 사태가 발생했을 때, 일정 기간 전역이 제한되었었다.

가. 병역의무 시기 및 내용

병역의무 수행 절차는 대략 징병검사 → 입대 → 전역 → 동원훈련 → 향방훈련 → 민방위훈련으로 나뉜다. 약 20여 개월의 군 복무, 4년의 동원훈련, 2년의 추가적 동원훈련(향방훈련으로 대체 가능), 이후 40세까지의 민방위훈련을 마치게 된다.

\# 병역의무 이행일정

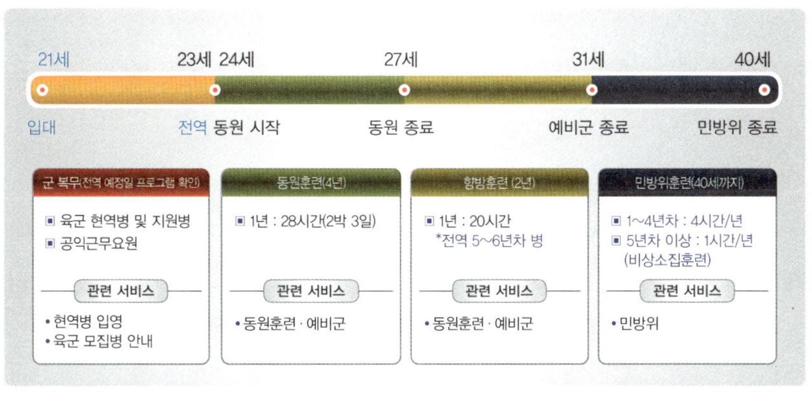

〈출처: 병무청 홈페이지〉

나. 군대는 보통 언제 가게 되는가

　매도 빨리 맞는 것이 낫다고 과거에는 군대에 일찍 다녀오는 것을 상책으로 여겼다. 또한 현실적으로 군대를 미루거나 할 방법도 없었다. 어찌 보면 과거에는 입영통지서가 나오면 곧바로 입대하는 것이 당연한 듯했다. 하지만 요즘에는 그렇지 않다. 원하는 입대 날짜를 자신이 직접 정할 수 있기 때문에 대다수의 청년들은 군 입대 시기를 놓고 많은 고민을 하게 된다.

　고등학교 졸업 이후 대학에 진학하지 않고 곧바로 갈 것인가? 대학 1학년 혹은 2학년을 마치고 갈 것인가? 아니면 대학교를 졸업하고 갈 것인가? 많은 이들은 현재 자신이 하고 있는 일이나 전역 후 미래에 대한 계획에 따라 군 복무 시기를 결정하게 된다.

　일반적으로 대학생들의 경우, 1학년을 마치거나 2학년 1학기를 마치고 군대에 지원하게 된다. 그러나 공대생들은 대학교를 졸업하고 방위산업체를 알아보는 경우가 많기 때문에 이곳저곳 알아보다가 잘 안되어 늦게 지원하기도 한다. 공대생이 아닌 경우, 상대적으로 전공과목을 적게 수강한 1학년을 끝마치고 군대에 가는 것이 현명한 선택이라고 본다. 군대 전역 후 다시 학교로 복학하여 전공과목을 수강하면 보다 넓은 안목으로 학습할 수 있기 때문이다. 또한 이 시기에 가는 것이 학점관리에도 매우 도움이 된다(우리는 주변에서 군대를 다녀온 복학생들이 확실한 목표를 가지고 도서관에서 열공하는 모습을 자주 목격할 수 있다).

　군 입대 시기가 늦어지면 그만큼 동기나 선임들보다 나이가 많을 수밖에 없다. 주변인들의 이야기를 들어보면 자신보다 어린 사람들에게 훈련을 받거나 무시당하는 것이 꽤 큰 스트레스로 다가온다고 한다. 일단 훈련소에 입소한 뒤로는 동기들끼리도 무조건 말을 놓는다. 또한, 자대 배치를 받아도 예절은 무조건 계급순이다. 만약 나이와 서열관계를 중요시하는 성격이라면 군에 일찍 가는 것이 심신의 안정(?)을 위해 좋다.

대한민국의 건아라면 언젠가는 가야 할 군대이기 때문에 현재와 미래에 대해 충실한 계획을 갖추고 입대 일정을 고려하는 것이 바람직하다. 군 입대를 앞두고 있는 대한의 건아들이여! 무턱대고 아무 생각 없이 군대는 왜 가야 하는가 푸념만 하지 말고, 지금부터라도 계획을 차근히 세워보도록 하자.

다. 입대는 어떻게 하게 되는가

우선 본인이 직접 입영 날짜를 선택하지 않은 경우에는 징병검사 때 쓴 희망 연월이 반영되어 입영 일자가 무작위로 결정된다. 보통 입영 일자가 결정되면, 한두 달 전쯤에 자신의 휴대전화나 이메일로 통지가 오거나 집으로 입영통지서가 고지된다. 입대하기 며칠 전에 갑작스럽게 통보받는 것을 피하려면, 병무청 웹사이트에서 자신의 주민등록번호로 조회하여 입영 일자를 확인할 수 있으므로 가끔 접속하여 입영 일자를 확인해보는 것이 무엇보다 좋은 방법이다.

그러나 요즘 대부분의 청년들은 입영 일자를 직접 선택하여 군에 입대하고 있다. 이것 또한 병무청 웹사이트에서 가능하다. 자신이 직접 입대 날짜를 선택하는 이러한 방법은 대학생인 경우 복학 시기도 맞출 수 있고, 미리 군 입대에 대한 준비를 할 수 있기 때문에 심적으로도 안정감을 준다.

주의해야 할 것은 본인이 직접 입영 일자를 선택하든 그렇지 않든 입영을 연기하는 것에는 큰 제약이 따르므로 무엇보다도 입대 일자를 신중하게 결정해야 한다는 것이다.

대부분 입영 일자가 정해지면 한 달 전부터는 친구들을 만나 술을 마시게 된다. 군 입대 D−30을 정해놓고, (−)30일 째에는 A친구를 만나 술을 마시고, (-)29일 째에는 B친구를 만나 마신다. 그 다음날인 (-)28일 째에는 또 C친구를 만나 작별의 술잔을 기울이기도 하고, 여자 친구가 있는 사람들은 여자 친구와 작별의 아픔을 달랜다. 즉, 군 입대 한 달 전부터는 술과 동고동락을 하게 되는 것이다. 물론 당분간 보지 못할 친구들과 우정을 다지는 것도 좋으나 필자는 무엇보다 부모님과 함께 시간을 보내라고 말하고 싶다. 군 생활을 하게 되면, 친구들이나 애인 생각도 나겠지만 무엇보다도 부모님 생각이 가장 많이 나게 된다. 그러다가 문득 부모님께 잘하지 못했던 생각이 하나라도 떠오르게 되면 죄송한 마음에 가슴이 쓰리고 '나가면 잘해야지'라는 후회감에 잠 못 이룰 때가 많다.

입대가 며칠 남지 않았다면 남은 시간을 소중히 여기고, 체력단련 등 차근히 군 입대에 대한 준비를 다지는 것이 좋다.

라. 입대 부대 및 날짜 선택

본인이 부대 및 날짜를 직접 선택하고 싶다면 육군의 특기병이나 해군, 공군, 해병대에 지원하면 되는데 병무청 웹사이트의 민원마당을 이용하면 된다. 지원을 하지 않은 경우 육군으로 징집되는데 신체검사 때 무작위로 배치받게 되며, 이때 훈련소 배치를 받았더라도 나중에 특기병으로 지원했을 때는 바꿀 수 있다.

육군의 경우, 들어가게 되는(일반병으로 지원했을 경우) 훈련소는 논산훈련소, 306보충대, 102보충대가 있다. 후에 좀 더 자세히 설명하겠으나 이 세 곳은 훈련 후 배치받는 자대에 있어 많은 차이가 있다. 물론 100% 모두 그런 것은 아니지만 306보충대와 102보충대는 사단 쪽으로 많이 배치된다. 여기서 306보충대는 주로 경기도·강원도 인접 부대로 가게 된다. 3군 예하에 있는 사단이나 부대로 갈 확률이 높다는 것이다. 이것은 306보충대가 3군 사령부 소속이기 때문이다(개인적인 추측이지만 이 요인으로 인해 배치받는 부대가 다르다고 판단된다).

반대로 102보충대는 강원도나 춘천 쪽으로 가게 된다. 1군 밑이므로 1군 밑에 있는 부대로 갈 확률이 높다. 그러나 이곳은 어디까지나 확률이 높다는 것이다. 절대적인 것은 아니다.

논산훈련소에서는 어느 곳으로 갈지 겉잡을 수가 없다. 사단으로 갈 가능성도 있고, 전방부대로 갈 수도 있으며 육사나 국방부로 떨어질 수도 있다. 그만큼 폭넓게 배치된다. 어느 훈련소에 입소하든 간에 자대 배치는 컴퓨터에 의해 무작위로 결정된다. 입대일에 따라 자대 배치가 달라지지만 그때그때 부대별 사병 수요에 따라 공급되므로 예측하기 힘들다.

마. 모병이란 무엇인가

모병은 한마디로 모집병이다. 개인이 지원할 수 있다는 말이다.

군에는 다양한 전형(주특기)의 모병이 존재한다. 사전에 특기를 신청하지 않아도 훈련소에 가면 자신의 특기를 받게 되지만, 미리 자신이 원하는 병과를 신청하고 가면 어떤 특기를 배정받을지 걱정할 필요도 없고, 보다 확실한 주특기를 부여받을 수 있기 때문에 바람직하다.

육군 모병의 특기는 개별모집병, 기술행정병, 동반입대병 등으로 대별된다.

첫째, 개별모집병은 특수한 자격, 면허, 전공 또는 경력을 필요로 하거나 선발의 전문성이 요구되어 별도의 지원 자격이나 선발기준을 적용하는 특기병제도를 말한다. 여기에는 체육학조교병, 유해발굴병, 군마병, 의장병, 복지병, 특전폭파병, 특전통신병, 특전화기병, 낙하산 정비병, 전차시뮬레이터병, 방송병, 탐지분석병 등 약 33개 군사특기가 있다.

둘째, 기술행정병도 미리 자신이 원하는 특기에 지원할 수 있으므로 일종의 특기병이라고 볼 수 있다. 그러나 개별모집병과 같이 전문성이 요구되지는 않는다. 기술행정병에는 전차, 포, 기타 무기의 운용, 관리 및 수리를 맡아보는 200여 가지의 다양한 특기가 존재한다.

셋째, 동반입대병은 친구와 동반으로 입대할 수 있는 시스템이다. 같은 부대로 입대는 하지만 중대나 소대는 다를 수 있다. 102보충대와 306보충대로 가기 때문에 전방으로 갈 확률이 굉장히 높고, 다른 특기를 부여받을 수 없기 때문에 보병으로 근무해야 한다.

이와 비슷한 것으로는 직계가족복무부대병이 있는데, 자신의 직계가족이 근무하고 있는 부대에 배치받을 수 있는 권리가 주어지는 경우이다. 물론 신청을 해야만 가능하다.

육군 이외의 공군, 해군, 해병대는 병사 전원을 모병으로 모집하는데, 모집방법이나 지원 절차, 시험방법, 체력검정, 합격기준 등은 각 군의 특성에 맞게 정해져 있으며 자세한 내용은 병무청에 가면 알 수 있다. 또한 각 군에서는 유급지원병도 모집한다.

바. 유급지원병이란 무엇인가

유급지원병이란 각 군의 첨단무기 및 장비를 운용하는 전문인력으로서 병 의무복무 기간 만료 후 하사로 일정 기간 연장복무하며 하사 임용 후 일정수준의 보수를 받으면서 군 복부를 하는 사람을 말한다. 이들은 군 복무 기간 동안 자신의 전공자격증과 관련된 최첨단 장비운용 분야에 복무함으로써 전공을 살릴 수 있어 유익한 군 생활을 할 수 있다.

이러한 유급지원병 제도는 병 복무 기간 단축에 따른 군 전투력 저하를 보완하고 첨단장비 운용 및 전투/기술 숙련직위에 복무할 전문인력을 안정적으로 확보하기 위하여 2008년도에 도입된 제도이다.

유급지원병 제도의 유형은 크게 두 가지로 나뉘는데 전투/기술 숙련직위와 첨단장비 운용 등 전문직위로 구분된다.

유급지원병 제도의 유형

구 분	전투/기술 숙련직위(유형 1)	첨단장비 운용 등 전문직위(유형 2)
대 상	군 복무 중인 사병을 대상으로 각 군에서 모집. 병 의무복무 기간 만료 후 전문하사로 6~18개월 연장복무	병무청에서 모집. 병 의무복부 기간 만료 후 전문하사로 복무하며 최초 입영부터 총 3년간 복무
직 위	분대장, 레이더, 정비병 등	차기전차, 유도병, 헬기정비 등
보 수	하사 임용 시부터 월 120만 원(하사 3호봉 + 장려수단 30만 원)	하사 임용 시부터 월 180만 원(하사 3호봉 + 장려수단 30만 원 + 별도 장려수당 60만 원)

유급지원병은 최근에 새로 생긴 병과로, 보통 병역 기간보다 더 긴 3년을 복무하게 된다. 대신 월급을 180만 원까지 받고, 병장 이후에 하사로 진급하여 나머지 1년 정도를 보내게 된다. 기술병이기 때문에, 자신의 전문적인 기술을 활용할 수 있으며, 육·해·공군에 모두 있는 병과이다. 육군과 해병대의 경우 전문병으로 22개월, 전문하사로 14개월을 보내게 된다. 하사가 되면 핸드폰을 가지고 다닐 수 있는 장점이 있다.

유급지원병에 대한 자세한 내용 및 특기 종류에 관한 사항은 병무청 홈페이지에서 '모병센터 → 안내 및 지원절차'를 통해 알 수 있고, '지원가능 분야 검색'란에서 자신의 자격증 사항을 입력하면 어떤 병과에 지원할 수 있는지 알아볼 수 있다. 공지사항에 보면 모집 일정이 나와 있으며, 입대 몇 달 전에 뽑기 때문에 미리미리 모집 일정을 알아보고 신청해야 한다.

군 복무의 절차는 어떻게 되는가

입대하면, 신병 훈련소에서 5주간의 기본 군사훈련을 마치고 자대 신병 교육대나 후반기 교육 시설에서 추가적인 교육을 마친 뒤, 실제 군 복무 하는 자대로 배치받아 본격적으로 자신의 군대 생활을 하게 된다. 자대 배치까지의 절차는 일반적으로 징병검사 → 입영/모병 신청 → 훈련소 입소 → 후반기 교육 → 자대 배치의 과정을 거치게 된다. 여기에서 후반기 교육은 자신이 부여받은 특기나 병과에 따른 직무교육으로 하고 있으며, 육군의 경우 1/3군 예하 사단으로 자대 배치를 받았을 경우 사단 훈련소에서 3주간의 추가적인 훈련을 받는다.

가. 징병검사(신체검사)

　보통 만 19세가 되면 징병검사 통지서가 집으로 배송된다. 통지서를 받은 다음 해에 자신이 원하는 시간과 장소를 선택하여 징병검사를 받으면 된다. 징병검사란, 군대에 갈 수 있는 적합한 신체 조건이 되는지를 검증하는 절차이다.

나. 입영/모병 신청

　징병검사를 마치고 입영할 준비가 되었으면 입영 신청을 해야 한다. 입영 신청은 앞서 말한 바와 같이, 병무청 웹사이트에서 할 수 있다. 예전에는 입영 일자를 선택할 수 없었으나, 최근에는 제도의 개선으로 자신이 입영하고 싶은 시기를 선택할 수 있게 되었다. 육군의 경우 논산은 매주 월요일에, 306보충대와 102보충대는 매달 화요일에 입영을 한다. 자신이 원하는 달을 선택할 수는 있으나 정확한 날짜는 확정 지을 수 없다. 이것은 모병으로 가게 되도 마찬가지인데, 각 군 모병 역시도 자신이 원하는 달만 신청할 수 있고 정확한 날짜는 신청할 수 없다.

　모병은 각 군별로 차이가 있으나 육군의 경우 보통 지원자들을 몰아서 한 달에 한 번 훈련소로 입소시킨다. 특기병으로 지원한 모병의 경우, 각 특기에 해당하는 면접을 보게 된다. 합격을 하면 자신이 신청한 달에 입대하게 되고, 불합격 시에는 면접을 다시 보거나 훈련소/보충대 세 곳 중 한 곳에 일반 보병의 자격으로 입대하게 된다.

다. 훈련소 입소

입영 신청을 하고 입영 날짜가 되면 훈련소에 들어가서 훈련을 받게 된다. 육군은 8주 훈련(훈련소 또는 신교대 5주, 실무훈련 3주), 해군은 7주, 공군은 6주 훈련이다. 훈련의 과정은 뒤에 필자의 훈련소 경험담과 함께 좀 더 자세히 기술하겠다. 훈련소에서는 민간인을 군인으로 바꾸는 작업이 진행된다. 훈련을 통하여 자대 배치를 받은 후에 군 생활에 잘 적응할 수 있는 능력을 키우게 된다.

라. 후반기 교육

훈련소에서의 기본 군사훈련 이후 자대를 배치받기 전, 업무에 대한 지식을 교육하는 것을 후반기 교육이라고 한다. 후반기 교육은 각 군별 특기가 어떤 것이냐에 따라 교육 기간이 상이하다. 그러나 보통 특기병들은 3주에서 6주까지 후반기 교육을 받는다.

후반에 교육을 따로 받지 않는 병사들은 사단 내에서 운용하는 제2신교대에서 심화교육을 받게 된다. 과목은 사단별로 조금씩 차이가 있으나 대부분 각개, 행군 등을 내용으로 한다.

후반기 교육은 이등병 계급 기간에 포함되기 때문에 후반기 교육 이후 자대에 가게 되면, 운이 좋은 경우 자신보다 먼저 자대에 배치받은 후임이 생기는 경우도 있다. 후반기 교육은 선임이 없기 때문에 '이등병의 천국'이라고도 불린다.

마. 자대 배치

후반기 교육이 끝나면 자대에 배치받는다. 이때부터 본격적인 군 생활이 시작되는 것이다.

자대 배치 후에는 부대의 임무와 특성에 따라 일과가 진행되는데 예를 들면 전투부대, 지원부대, 학교기관 등 다양하지만, 통상 경계임무, 교육훈련이 주가 되며 부대특성, 개인특기, 보직에 따라 다양한 임무를 수행하게 된다.

다음에는 군 복무 절차를 단계별로 구분하여 각 단계별 세부 내용에 대해 알아보자.

PART 2

훈련소 입소

Part 2에서는 징병검사에 대한 전반적인 내용과 훈련소 입소 절차, 훈련소 입소 시 알아야 할 내용들을 제시하였다. 이를 통하여 군 입대에 대한 두려움이 해소되고 자신감을 갖게 되기를 바란다.

징병검사

고등학교를 졸업하고 만 19세가 되면, 병무청에서 집으로 신체검사 통지서가 발송된다. 이 시기부터 군대에 대한 압박이 서서히 시작된다고 할 수 있다.

가. 징병검사에서는 무엇을 하는가

징병검사는 보통 아침 8시와 12시 두 번에 나누어 실시한다. 언제 하게 되더라도 최대한 일찍 징병검사소에 도착하는 것이 좋다. 징병검사는 도착한 순서대로 받기 때문에, 늦게 도착할수록 귀가하는 시간이 늦어진다. 보통은 3시간 정도가 걸리지만, 줄을 일찍 서면 그보다 훨씬 일찍 끝날 수도 있고, 줄을 늦게 서면 4시간 정도까지 걸릴 수도 있다.

징병검사의 대략적인 절차를 알아보자. 우선 징병검사소에 도착하여 줄을 선 뒤, 인솔을 받아 컴퓨터실로 들어가게 된다. 컴퓨터 앞에 앉아 직원의 설명을 들으면서 컴퓨터에 신상정보 등을 입력한다. 자신의 인적사항을 입력하고 나면, 설문을 작성하게 된다. 이 설문은 200문항가량 되는데, 군에 입대하기에 정신적으로 적합한지 등의 여부를 확인하는 조사이다.

작성이 끝나면 조를 지어 이동을 한다. 징병검사복으로 갈아입고, 기본적인 신체검사를 받는다. 키, 몸무게, 혈액검사, 소변검사 등을 받게 되고, 그 후에는 각 과(정형외과, 내과 등)의 검사소에 들르게 된다. 만약 자신의 몸에 이상이 있을 시 진단서를 가지고 와 이곳에 제출하면, 군의관이 신체등급을 판정하는 데 참작이 된다. 신체검사 및 각 부위별 건강정도 검사결과에 따라 신체등위 판정(1~7급)을 받게 되는데, 신체등위 5, 6급 대상자는 중앙신체검사소에서 정밀검사 후 신체등위를 확정하지만, 질환상태가 명백한 일부 질환의 경우는 중앙신체검사를 생략하고 지방 신체등위판정심의위원회에서 신체등위를 확정한다.

또한 자격, 면허, 전공학과, 직업, 경력 등을 감안하여 군 복무 적성을 분류하는 일도 한다.

징병검사 도중에 나라사랑카드라는 것도 만들게 된다. 이것은 신한은행 계좌의 통장 카드로서 후에 나라사랑카드의 계좌를 통하여 군 월급이 들어오게 된다. 모든 검사가 끝나면, 개인별로 신체등급을 발표해 준다.

 # 신체등급별 구분

중졸 이상 1~3급	중졸 이상 4급	5급	6급	7급
현역	보충역	제2국민역	병역 면제	재검사 대상

나. 징병검사 준비물

징병검사장에 꼭 지참해야 할 것이 있는데 그것은 바로 주민등록증이다. 이것은 모든 대상자들에게 공통적으로 해당되는 사항이다. 또한 관련 증빙서 및 진단서 등도 미리 준비하여 차질이 없도록 하는 것이 좋다.

 # 징병검사 지참물

대 상	지참물
징병검사 대상자 전원	징병검사 통지서, 징병검사 대상자 신상 및 질병상태 진술서, 사진이 부착된 신분증(학생증 또는 주민등록증)
자격 또는 면허를 취득한 사람	자격 또는 면허증
고등학교 중퇴 이하인 사람	병사용 학력증명서(최종학교의 장 발행), 초등학교 졸업 미만자는 인우보증서와 초등학교 졸업 미만자 학력진술서
질병을 앓은 사실이 있는 사람(희망자)	병사용 진단서 또는 참고되는 증명서나 방사선 필름
수형자	판결문 사본, 수용증명서 또는 수형인명표 사본
전 · 공상 가족	호적등본(제적등본), 지방보훈(지)청장 발행 국가유공자 증명서

다. 징병검사 제외 대상

간혹 징병검사를 받지 않아도 되는 사람들이 있다. 이들은 다음에 해당되는 자들이다.

- 6년 이상의 징역 또는 금고의 형을 선고받아 병적이 제적된 사람
- 징병검사를 받기 전에 병역 복무 변경 · 면제 신청서를 제출하여 제2국민역

이나 병역면제처분을 받은 사람(즉, 국외 영주권을 취득한 자)

- 학군무관 후보생이나 의무·법무·군종사관 후보생의 병적에 편입된 사람 (즉, 현재의 장교)
- 군 장학생으로 선발되어 병적이 관리되고 있는 사람
- 각 군에 지원 입영하여 복무 중인 사람

라. 징병검사 기일연기

징병검사 대상자로서 다음의 사유로 지정된 일시에 징병검사를 받을 수 없을 경우 기일 5일 전까지 구비서류를 제출하면 징병검사를 연기할 수 있다.

- 대상질병 또는 심신장애로 징병검사를 받을 수 없는 사람
- 가족 중 세대를 같이하는 자가 위독하거나 사망하여 본인이 아니면 간호 또는 장례 등 가사정리가 어려운 사람
- 천재지변, 기타 재난을 당하여 본인이 아니면 이를 처리하기 어려운 사람
- 행방을 알 수 없는 사람
- 각 군 모집에 응하여 그 수험 또는 수험결과를 기다리고 있는 사람. 다만, 귀가자 및 미입영자는 즉시 징병검사를 받아야 함.
- 국외여행 허가 또는 국외여행기간 연장허가를 받거나 25세가 되지 아니한 사람으로서 출국을 기다리고 있는 사람
- 각급 학교에 재학 중인 학생으로서 중간고사, 기말고사 등의 시험 기간이 시험 5일 전부터 징병검사 일자와 중복되는 사람
- 공고된 지방병무청 징병검사 일자 또는 통지된 징병검사 일자보다 늦은 날로 본인 선택하여 징병검사를 받고자 하는 사람
- 기타 지방병무청장이 징병검사를 받을 수 없다고 인정하는 사람

마. 재학생 입영 연기

재학생 입영 연기는 고등학교 이상의 학교에 재학 중인 학생들이 군 복무로 인하여 학업이 중단되지 않도록 징병검사를 실시한 후 각급 학교별 제한연령의 범위 내에서 졸업(수료) 시까지 입영을 연기하는 제도로, 입영 연기 대상은 징병검사 결과 현역 또는 보충역으로 판정된 사람으로서 학교에 재학(휴학 포함) 중인 사람이 해당된다.

단 의무·법무 등 특수병과 사관후보생, 공중보건의사, 공익법무관 등에 지원하여 병적편입된 자는 연기대상에서 제외된다.

 # 입영 연기 대상 학교

고등학교	고등학교, 3년제 고등기술학교, 각종 학교(고등학교 또는 3년제 고등기술학교와 유사한 교육기관), 고등학교 과정에 상응하는 과정을 교육하는 평생교육 시설 중 상급학교 입학 학력이 인정되는 학교, 방송통신고등학교
대 학	대학, 산업대학, 교육대학, 전문대학, 기술대학, 각종 학교, 경찰대학, 과학기술대학, 원격대학(방송대학, 통신대학, 방송통신대학 및 사이버대학)
대학원	석사 이상의 학위를 수여하는 학교
사법연수원	사법연수원

입영 연기 절차는 본인이 연기원을 직접 출원하지 않고, 재학하고 있는 학교의 장(고교 재학생은 시·도 교육감)이 매년 3월 31일까지 작성하여 송부하는 학적보유자 명부에 의거 지방병무청장이 직권으로 입영 연기 처리한다. 학적보유자 명부에 의거 직권으로 입영 연기 처리하기 전에 입영통지된 사람은 입영 전일까지 병적을 관할하고 있는 지방병무청(지청)에 재학증

명서(휴학증명서 포함)를 제출하면 입영 연기 처리된다. 그러나 퇴학이나 제적된 사람, 병역의무를 기피하거나 감면받을 목적으로 도망하거나 행방을 감춘 때 또는 신체손상이나 사위행위를 한 사람, 현역 입영 또는 공익근무요원 소집을 기피한 사람, 국외여행 허가 의무를 위반한 사람 등은 입영 연기를 받을 수 없다.

학교별 입영 제한연령

구 분			제한연령
고등학교			28세
전문대학	2년제		22세
	3년제		23세
대학교	4년제		24세
	6년제		26세
	의과, 치과, 한의과, 수의과		27세
대학원	석사 과정	2년제	26세
		법학 전문대학원 등 2년 초과과정	27세
		일반 대학원의 의학과, 치의학과, 한의학과, 수의학과	28세
		의학·치의학, 전문대학원	28세
	박사과정		28세
사법연수원			26세

훈련소 입소

　훈련소는 민간인을 군인으로 전환하는 작업이 진행되는 곳이다. 훈련소에서의 약 5~7주 정도의 훈련을 통하여 군인으로서 알아야 할 기본적인 지식들을 습득하고 민간인에서 건장한 군인으로 바뀌게 된다. 앞서 말했듯이, 훈련소 이후에는 자신이 남은 기간 군 복무를 할 자대에 배치받아 군 생활을 이어가게 된다.

　훈련소에 처음 입소하게 되면 '드디어 나도 군인이구나' 하는 생각이 들수 있다. 하지만 이것은 착각이다. 훈련소에 입소했다고 하더라도 군인 신분은 아니다. 훈련병의 신분이다. 즉, 군인이 되기 위한 훈련/교육 과정을 무사히 끝마쳐야 진정한 군인 신분으로 거듭나게 된다. "자대 생활부터가 진정한 군 생활의 시작이다"라는 말이 괜히 있는 것이 아니다.

　훈련소 입소는 각 군마다 다르다. 먼저 육군에 입대하는 장정들은 논산에 있는 육군훈련소나 102보충대, 306보충대를 경유하여 전방의 상비사단 신병교육대대, 또는 후방의 향토사단 신병교육대에 입소하고, 해군에 입대하는 장정들은 진해에 위치한 해군교육사령부 예하 기초군사교육단에 입소한다. 해병대에 입대하는 장정들은 포항에 위치한 해병교육훈련단에, 공군에 입대하는 장정들은 진주에 위치한 공군교육사령부 예하 기본군사훈련단에 입소하여 훈련을 받게 된다.

육군의 경우 훈련소의 개념을 크게 두 가지로 볼 수 있다. 육군훈련소와 신병교육대이다.

예하 사단에 입대하는 입대자들은 102보충대와 306보충대에서 3박 4일 동안 머물다가 예하 사단의 신병교육대로 입대한다. 제2작전사령부의 예하 사단에 입대하는 입대자들은 보충대에 머물지 않고 바로 예하 사단의 신병교육대로 입대한다.

육군훈련소와 신병교육대에 대해서 알아보면, 논산에 있는 육군훈련소에 입소 시에는 수용대에서 3일간 신체검사, 개인사물 회수, 소포 발송, 군복 지급 등을 하며 그후 훈련소의 각 교육연대에 입소하여 훈련을 받는다. 전방의 102보충대나 306보충대로 입영 시에는 보충대(화요일 입소~금요일 배출)에서 신체검사, 개인사물 회수, 소포 발송, 군복 지급 후 각 상비사단의 신병교육대에 입소하여 훈련을 받으며, 후방의 향토사단 신병교육대는 신병교육대에 입영하여 신체검사, 피복 회수, 군복 지급 후 월요일에 입소식을 한다. 육군훈련소는 논산에, 신병교육대는 각 사단에 있다.

신병교육기관은 훈련소와 신병교육대 등 많이 있지만 5주간의 훈련 내용은 과목별 훈련 내용이나 시간 등에 있어 동일하게 통제되고 있다. 단지 부대마다 편의시설과 훈련장 여건(부대와의 거리 등) 등에 있어서만 차이가 있다. 흔히 어느 교육대가 힘들고, 어디는 쉽다고 하는데, 이것은 개인별 느낌의 차이일 뿐이다. 그러나 신병교육대에 입소한 장정들은 후반기 교육

을 받지 않기 때문에 5주간의 기본 군사훈련을 마친 후 사단 제2신병교육
대대에서 3주간의 심화교육을 받는다.

아직 군 입대를 하지 않은 사람들은 훈련소나 보충대에 대한 개념이 조
금은 생소할 수도 있다. 이에 대해서 좀 더 자세히 알아보자.

가. 논산훈련소

논산훈련소는 충남 논산에 위치한 대한민국에서 가장 큰 신병양성소이
다. 논산훈련소에서 5주간의 기본 군사훈련을 마친 훈련병들은 전국에 있
는 자대로 배치받는다. 여기에서 특기를 부여받게 되고, 자신이 부여받은
특기의 티오(T.O)가 생기는 곳이면 어디든 배정된다.

논산훈련소는 굉장히 큰 훈련소이고 언론에 자주 노출되기 때문에, 훈
련 여건이 다른 사단들의 신병교육대보다는 조금 더 좋다고 할 수 있다(물
론 사단 신병교육대들도 요즘 리모델링과 보수공사를 하고 있기 때문에 논산훈련소
보다 좋은 곳이 속속 생기고 있다).

나. 306보충대 & 102보충대

신병교육대(新兵敎育隊)는 주로 육군의 사단으로 입대한 훈련병들을 교
육하는 부대이다.

306보충대는 의정부, 102보충대는 춘천에 위치해 있으나, 이 두 보충
대가 하는 역할은 비슷하다. 보충대에 들어가면 우선 신체검사 및 여러 가
지 검사를 하게 된다. 논산훈련소에서의 입소대대와 흡사한 역할을 수행한
다. 이후 3일간을 대기하다가 자신이 속할 사단에 바로 예속된다. 예속된
각 사단의 사단 훈련소에서 5주간의 기본 군사훈련을 받은 후, 해당 사단

내에 티오가 생기는 곳에 자대 배치를 받게 된다. 306보충대와 102보충대는 대부분 후반기 교육을 받지 않는다.

306보충대의 경우 대부분 경기 지역의 제3야전군 예하 사단에 배치받는다. 간혹 강원도에 있는 사단에도 배치를 받지만, 그래도 경기 지방의 비중이 더 높다. 그러나 102보충대는 대부분이 강원도 지역의 제1야전군 예하 사단으로 배치받는다.

그리고 제2작전사령부 예하 향토사단에 입대하는 장정은 충청도와 전라도 지역에 있는 해당 향토사단에 배치된다.

오늘의 TIP

사단 훈련소에서도 특기병을 뽑는 경우가 있다. 만약 자신이 속한 사단에 곧 전역할 행정병이 있으면, 비게 될 티오를 메우기 위해 사단 내 훈련병 중에서 차출을 하는 것이다. 이것은 시기가 부합해야 한다. 만약 자신이 훈련받는 기간에 전역하게 될 특기병이 한 사람도 없으면(물론 그런 일은 없겠지만) 특기를 부여받지 못하고 소총수로 병과를 배정받게 된다. 물론 티오가 생기더라도, 자신과 맞지 않으면 자신이 원하는 특기병으로 배정될 수 없다는 점을 유념해야 한다.

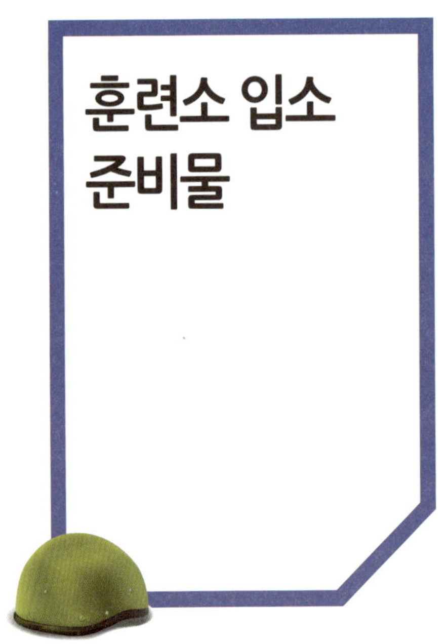

훈련소 입소 준비물

군대에 가는데 무슨 준비물이 있겠냐고 묻는 사람들도 있을 것이다. 필자 역시도 "어차피 쓰지도 못할 거 뭐가 필요 있겠어? 가져가 봐야 다 뺏기기만 하지, 그냥 몸만 잘 갔다가 건강하게 오면 되는 거야"라는 식으로만 생각했다. 하지만 필자는 훈련소 때 구비되지 않은 몇 가지 물품 때문에 몇 차례 곤혹스럽기도 했다.

물론 휴대폰이나 MP3 같이 압수당할 만한 물건들은 당연히 가져가지 않는 것이 바람직하다. 하지만 압수당하지 않고 유용하게 쓰일 만한 기본적인 것들을 잘 챙겨가면 훈련소 5주와 후반기 교육을 정말 편하게 보낼 수 있다. 지금 소개하는 물품들은 소소해도 있으면 정말 큰 도움이 되는 것들이다. 또한 준비가 어렵지도 않다. 다음을 참조하여 필요한 것들을 준비해보도록 하자!

가. 훈련소 입소 필수품목

군대 갈 때는 징집병이든 모병이든 훈련소에 똑같이 입소하게 되는데 이때 꼭 지참해가야 하는 필수 품목들이 있다. 이들이 무엇인지 알아보자.

 # 훈련소 입소 시 필수품목

나라사랑카드	훈련 기간 중 급여는 나라사랑카드 계좌로 입금(재발급 가능)
본인 도장 및 입금희망 통장	예치금 입금 및 급여 입금
신분증	주민등록증, 운전면허증 등
입영통지서, 합격통지서 (모병일 경우)	분실자 미지참 가능
입대 전 질병에 관한 입증서류	신체검사 시 필요
기술자격 및 면허증과 경력증명서 사본	특기 분류 시 필요
국외영주권/시민권자는 증명할 수 있는 서류 (1개만 지참, 육군에 한함)	재외국민등록부 등본(외교통상부 발행), 여권, 출생증명서 등 ※ 국외영주권자/시민권자는 부대 배치 시 희망지역(광역시도별) 고려
의약품 (고혈압, 피부질환 등)	입대 전부터 복용하던 의약품(당뇨, 고혈압, 피부질환 등)은 군의관 확인 후 복용 가능
여분의 안경 및 벗겨짐 방지 고무줄(안경착용자)	렌즈 착용 제한(세척 등의 시간보장 제한)

해군, 해병대 입대 시 필수품목은 위 육군 내용과 동일하며, 공군 모병에 합격한 경우 추가 필수품목은 다음과 같다.

- 합격(선발)통지서(인터넷 출력)

- 주민등록증, 사진 4매(3×4cm)
- 국가기술자격증 및 면허증 사본(소지자에 한함)
- 컴퓨터용 수성 싸인펜(흑색), 볼펜(흑색)
- 속옷, 양말(전형 기간 5일 중 사용할 분량)
- 관절장애(디스크, 탈골 등), 치주염, 천식, 폐렴, 고혈압, 간 기능 이상, 결핵, 정신과 질환 등의 병력이 있었던 자는 완치된 진단서를 지참하고 현재 증상이 있는 자는 치료 후 입대

나. 훈련소 입소 시 유용한 품목

입소할 때 가져가면 정말 유용한 것들이 있다. 필요하다고 생각되는 것들을 골라 챙겨가도록 하자.

□ 전자 손목시계

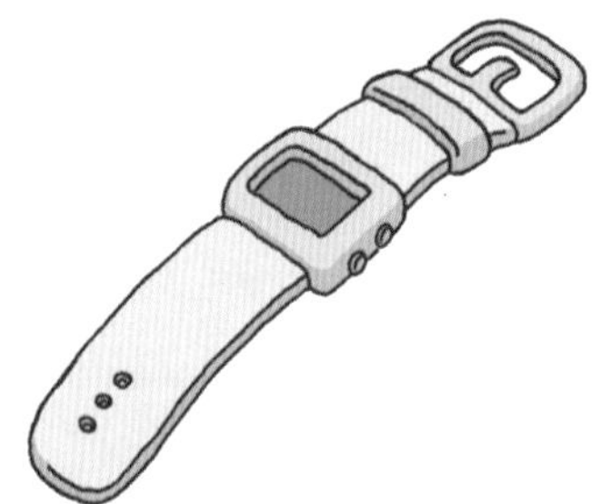

군에 입대할 때 가장 중요한 것이 전자 손목시계이다. 군에서는 시간에 맞춰 일과가 진행되기 때문에 시계는 정말 필수 용품이다.

시계의 경우, 훈련을 하다 보면 무리가 가서 쉽게 고장 날 수 있기 때문에 비싸고 고급스러운 것보다는 2~3만 원 대의 저렴한 것을 추천한다.

시계를 준비하기 앞서 확인해야 할 중요한 사항들은 시간이 24시간 주기로 표기되는지, 방수가 잘되는지, 알람이 있는지의 여부이다.* 더불어

---

* 군대에서는 24시간 주기로 시간을 말한다. 예를 들면 오후 6시는 18시로 말하게 되어 있다.

온도계가 달린 시계도 좋다(간혹 선임들이 "오늘 너무 춥네"라고 말할 때 "오늘의 온도는 ○○도 입니다!"라고 대답하면 A급 병사가 된다). 시계는 꼭! 반드시 불빛이 들어와야 한다. 야간에 근무하는 일이 일상인 군인들에겐 불빛 없는 곳에서의 시간 확인이 잦다.

알람이 있는 시계를 고르는 이유는 아침에 기상을 위한 것이 아니다. 훈련소에서는 기상시간에 알람을 사용하여도 괜찮지만, 자대에서는 아침 기상시간에 알람을 해놓아서는 안 된다. 선임들의 꿈나라를 방해하기 때문이다. 자대에서 알람은 취침이나 기상시간에는 켜놓지 말고, 어떤 일을 잊지 않기 위해서만 사용하는 것이 좋다. 예를 들어 김 병장님이 나에게 7시 3분에 행정반 앞으로 오라는 지시를 하였다고 가정하자. 다른 일을 바쁘게 하다 보면 지시를 잊을 수 있다. 이런 때 알람을 해두면 굉장히 유용하다.

방수가 필요한 이유는 말을 안 해도 잘 알 것이다. 군대는 산전수전이다. 방수가 필수다.

□ 전화카드

훈련소에서는 아니지만 자대에 배치받게 되면 어느 정도는 전화를 자유롭게 할 수 있기 때문에 전화카드는 필수품이다. 물론 개인에 따라서는 "컬렉트 콜(수신자 요금 부담 통화)이 있지 않느냐?"고 반문할 수도 있다. 하지만 이것은 잘못된 생각이다. 아무리 군인이라도 콜렉트콜로 전화를 자주 거는 것은 큰 민폐이다.

많은 군인들이 친구에게 전화를 걸 때 컬렉트 콜을 사용하곤 한다. 하지만 이것은 삼가야 하는 행동이다. 전화를 받는 사람의 입장에서는 "이놈 또 컬렉트 콜이네"라며 한두 번 전화를 피하다가 나중에는 완전히 전화를 받지 않게 되는 경우도 있다. 요즘은 훈련소에서 KT 패스카드 등의 전화 카드(나라사랑카드에서 돈이 빠져나가는 카드)를 신청할 수 있기 때문에 이것 을 사용하면 편리하다. 동전식 공중전화보다 KT 패스카드용 공중전화가 훨씬 더 많이 보급되어 있다.

□ 신발 깔창

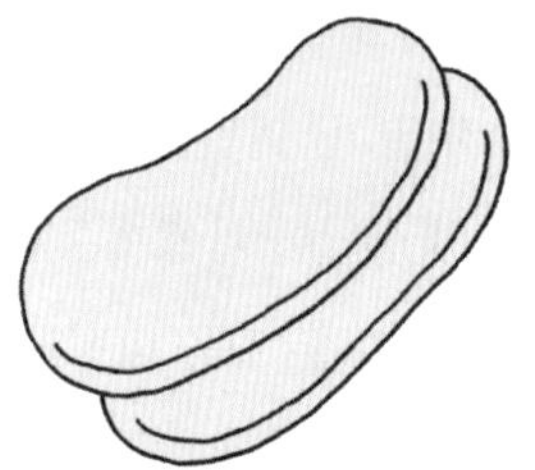

후에도 언급하겠지만 깔창은 초기에 군 생 활에 잘 적응하기 위해서 꼭 필요한 용품이다. 전투화는 전반적으로 딱딱하고, 매우 불편하 며, 발에 피로가 많이 가해진다. 길들여지기까 지 꽤 오랜 시간이 걸릴 수 있다. 이때 깔창을 이용하면 발이 조금 편안해질 것이다. 필자의 경우 깔창을 준비해가서 매 우 유용했다. 특히 행군할 때 깔창 덕택에 발의 피로가 상대적으로 덜 가서 덕을 많이 봤다.

요즘엔 군화에 넣을 수 있는 군인을 위한 기능식 깔창도 많이 생겼다. 싼 것을 택하기보단 조금 비싸더라도 기능이 좋은 것을 선택하는 것이 좋다.

□ 반창고, 변비약 등의 기본적인 상비약품

훈련을 하다 보면 까지거나 긁히는 일이 많다. 특히 본격적인 훈련이 시 작되는 2주째부터는 크고 작은 영광의 상처들이 하나씩 생기게 된다. 물론 상비약품은 훈련소에서 기본적으로 지급되는 양이 있으나 훈련병들에게 조금 부족하게 지급되는 감이 없지 않다. 상비약품을 챙겨가면, 동기들과 도 나누어 쓸 수 있어 일석이조의 효과를 노릴 수 있다.

군대 밥은 삶은 밥이라 입대 후 변을 보기까지 굉장히 오랜 기간이 걸린 다. 훈련병들의 절반은 대개 일주일간 변을 보지 못해 고통에 허덕인다.

변비약을 챙겨가면 이런 고통을 덜 수 있다.

□ 스킨과 로션

군인에게 스킨과 로션은 필수다. 특히 가을이나 겨울에 입대하는 입대자들은 꼭 챙겨야 할 물품이다. 겨울에는 몹시 춥기 때문에 살 껍질이 벗겨지고 각질이 일어나게 된다. 이때 제대로 관리해주지 않으면 20개월 만에 피부가 폭삭 삭아버리는 경우가 있다. 요즘 군인들은 피부관리에 굉장히 신경을 많이 쓰는 편이라 대체적으로 화장품 반입 가지고 태클을 거는 분위기는 아니다. 선크림도 많이 바르고, 스킨과 로션으로 기본적인 관리를 해줘야 한다. 자신에게 맞는 화장품을 골라가는 것이 중요하다.

□ 손톱깎기나 휴지 등의 위생용품

물론 훈련소에서는 손톱깎기를 빌려준다. 하지만 여럿이서 돌려쓰기 때문에 다소 찝찝한 감이 든다. 자기 것을 구비해간다고 해서 압수당하는 일은 없으니, 위생 관리를 철저히 하고 싶으면 하나쯤 챙겨가는 것도 나쁘지 않다. 물론 자대에서도 쓸 수 있다.

혹시 평소에 일을 볼 때 휴지를 많이 쓰는 사람이라면 휴지를 꼭 챙겨야 한다. 훈련 기간에 휴지는 두 롤만 제공되기 때문에 부족하면 큰 낭패를 볼 수 있다.

□ 지갑, 사진, 주민등록증, 자격증

군에 입대할 때 가족이나 애인 사진 하나쯤은 꼭 챙겨가야 한다. 첫 휴가를 나오기 전까지는 가족이나 친구, 애인을 보기 힘들기 때문에 사진이 없으면 매우 괴롭다. 군대에서는 자신의 관물대에 사진을 걸어둘 수 있으므로 부모님이나 애인 사진, 친구들과 함께 찍은 사진 등을 가져가는 것이 좋다.

군대에 지갑을 가져가는 이유는 주민등록증이나 자격증 그리고 약간의 돈을 넣기 위함이다(훈련소에서 지갑은 압수당하지 않는 물품이다). 돈 같은 경우 "월급 다 줄 텐데 돈은 있어 뭐하나, 또 돈 있어봐야 쓰지도 못 할 텐데?"라고 물을 수도 있다. 물론 훈련소나 자대에서 초기에 돈을 쓸 일은 없다. 또한 입대 시 현금은 회수 후 병 급여통장에 입금된다. 하지만 후반기교육대에서는 1~2만 원 정도를 챙겨간 동료들이 큰 효과를 발휘하는 것을 보았다. 앞으로는 공식적으로 입대 시 1~2만 원 정도는 허용하는 것이 좋지 않을까 생각된다. 자격증의 경우 특기병 차출 시 참고자료가 되니 꼭 챙겨가자.

□ 편지지 및 우표와 필기도구

물론 편지지는 군대에서 제공해준다. 하지만 애인에게 편지를 쓰면서 평범한 편지지와 153모나미펜으로 쓰고 싶지는 않을 것이다. 특히 볼펜은 불이 켜지는 라이트펜이 좋다. 손전등 대용으로 쓸 수 있어 불침번 근무 때나 야간에 유용하다.

우표가 없어도 군사우편으로 편지가 가게 된다. 하지만 군사우편을 이용하는 경우 발송 후 일주일 뒤에 편지가 도착할 수도 있기 때문에 가급적이면 우표를 붙여 편지를 보내는 것이 좋다.

이 외에도 예민한 사람들은 잠잘 때나 사격할 때 쓸 귀마개, 훈련 이후 챙겨먹을 비타민 C, 입대 영장 등을 더불어 챙겨가면 좋을 것이다.

다. 훈련소 입소 시 휴대 불가품목

입대 시 필수품목과 가지고 가면 유용한 품목 외에 개인이 휴대하면 안 되는 품목들도 있다.

입대 시 개인이 휴대할 수 없는 품목은 무선이동통신기기 및 전자제품(MP3, USB, 핸드폰, 디지털카메라 등), 담배, 목걸이, 반지, 음식물, 액세서리 등이다. 특히 위의 물품들은 회수 후 집으로 돌려보내며 비용은 개인이 부담하게 된다.

라. 훈련소 입소 시 유의사항

입대 전 개인이나 부모님이 꼭 알아야 할 내용도 있다. 알고 나면 유용한 것들이다.

- 입대 전 과도한 음주나 지나친 흡연은 체력저하로 인해 정상적인 훈련을 받는 데 어려움을 줄 수 있다. 따라서 입영 전에는 자신에게 맞는 운동을 통한 기초체력 관리가 필요하다.
- 세면도구, 바느질 세트, 군인수첩 등은 입영 후 지급되니 구매하거나 휴대할 필요가 없으며, 부대 앞에서 판매되는 보험은 육군훈련소와 관련이 없다.
- 입소 후 소요되는 경비는 병 급여에서 전액 지불되므로 현금 휴대는 불필요하며 입영 시 휴대한 현금은 전액 회수 후 즉시 개인별 병 급여통장에 입금된다.
- 귀중품은 분실 및 손상의 우려가 있으므로 휴대하지 않는 것이 좋다.
- 현역은 입영 시 입었던 사복을 입영 다음주 월요일에 집으로 발송하며, 보충역은 퇴소 시 돌려준다.
- 훈련소로의 소포는 의약품과 안경 외에는 불가능하니 발송하면 안 된다.

- 훈련 시 보직 알선이나 사고를 빙자하여 금전이나 신상정보를 요구하는 사례(보이스피싱)가 발생하고 있으므로, 이 경우 먼저 훈련소에 사실여부 확인이 필요하다.

- 신체에 타인에게 혐오감을 줄 수 있는 문신이 있는 경우 입영 후 귀가조치될 수 있다(해군, 해병대, 공군 등 모병일 경우).

- 입영 전에 신체이상 및 부상(골절 등), 과도한 음주로 인하여 입영 신검에서 탈락되어 귀향되는 사례가 많으니 입영 전부터 건강 및 기초체력관리를 하여야 한다(해군, 해병대, 공군 등 모병일 경우).

PART 3

훈련소 생활

모든 입영 절차를 끝마치면 가장 먼저 훈련소로 입소하게 되고, 이곳에서 5주간의 기본 군사훈련을 마친 후 자대에 배치받게 된다. 훈련소에서는 군 기본인 제식과 정훈교육에서부터 사격, 수류탄, 각개전투 등 고급 훈련에 이르기까지 앞으로 군 생활에 필요한 모든 것들을 배우게 된다.

Part 3에서는 훈련소 상황 전반에 관한 내용을 다룰 것이다. 특히 육군의 경우 훈련소 교육일정이나 사단 신병교육대 교육일정은 육군에서 통제하기 때문에 동일하다. 다만 교육환경, 시설, 훈련 지휘관의 지휘방침 등에 따라 다소의 차이는 있을 수 있다. 또한 해군, 해병대, 공군 등의 훈련과정은 각 군의 특성에 맞게 교육 내용과 환경이 계획되어 있어 많이 다를 수 있다.

필자는 육군에 입대하였기 때문에 필자의 육군훈련소 생활을 기반으로 하여 어떤 훈련을 받게 되는지, 훈련의 내용과 강도는 어떤지 등을 일차별로 세세하게 구성하였으며 동시에 몇 가지 팁을 함께 제공하였다. 입대 전 알아두면 좋은 지식들과 흥미를 돋우는 내용들이 많을 것이다.

육군훈련소
교육훈련

　육군훈련소는 육군의 전통과 명예를 계승하고 체계화된 신병 양성의 핵심부대로서 전 구성원이 교육훈련에 매진하여 싸워서 이기는 강한 전사 육성을 목표로 한다. 또한 기가 살아있고 자신감이 넘치는 군인을 만들고자 한다.

　다음은 필자가 몸소 체험한 육군훈련소의 훈련과정 내용을 일차별로 정리한 것으로 많은 도움이 되리라 믿는다.

육군훈련소에서의 일정

입영 1일차	• 인도 · 인접 • 소대 및 내무실 편성 • 일반 신체검사 • 인성검사 • 보급품 지급
입영 2일차	• 예비/정밀 신체검사 • 자격증/특기자 파악 • 피복 지급/착용 • 군 홍보영상 시청
입영 3일차	• 장교/부사관 모집 홍보교육 • 사복 포장 • 정밀 신체검사(국군병원 이송 해당자) • 종교행사
입영 4일차	• 306보충대와 102보충대의 경우: 공개전산 부대 분류 후 사단 신병교육대 배출 또는 재심 검사자 및 병영 면제자 귀가 조치 • 논산훈련소의 경우: 재심 검사자 및 병영 면제자 귀가 조치
주차별 일정	• 1주차 : 입소식, 군대예절 및 충 · 효 · 예 교육 • 2주차 : 제식훈련, 도수체조, 사격술 예비훈련 • 3주차 : 태권도, 사격, 행군 • 4주차 : 유격, 총검술, 수류탄 • 5주차 : 화생방, 구급법, 체력검정 ※ 본 훈련 일정은 부대에 따라 조금씩 다를 수 있고, 훈련 당시의 사정에 따라 변동되기도 한다.

*DAY 1 일정

□ 입소식

□ 생활지도기록부 작성

□ 군용품 지급

날씨가 맑고 화창하다. 구름 한 점 없는데, 이 좋은 날씨가 아름다워 보이지 않는 건 오늘이 처음인 듯하다. 전날 잠을 제대로 못잔 탓에 이 상황이 꿈인지, 아니면 현실인지 쉽사리 분간되지도 않는다. 씻고 입대할 채비를 할 즈음 나는 이것이 현실이라는 것을 알게 되었고, 아침식사를 할 때에는 이것이 내가 민간인으로서 먹는 부모님과의 마지막 식사라는 것을 깨닫게 되었다. 식사 후 부모님과 함께 훈련소로 출발하였다. 나는 훈련소에 도착할 때까지 부모님과 한마디의 말도 하지 않았다.

훈련소 앞에 도착하여 긴 머리를 짧게 자르고, 본격적으로 입소를 하기 위한 마음의 준비를 갖추었다. 훈련소 앞에는 각종 군용품을 파는 장사꾼들과 헤어짐을 아쉬워하는 가족, 연인들의 눈물세례 풍경이 주를 이뤘다.

훈련소 안에는 이미 오늘 입대하는 많은 사람들이 도착해 있었다. 대부분의 인원이 집결할 즈음 입소식이 거행되었고, 때맞춰 군악대의 연주가 시작되었다. 우리는 부모님 앞에서 "충성"이라는 외침 하나로 모든 것을 표현한 후 입소대대 안으로 들어갔다. 훈련소까지는 부모님이나 친구들과 함께 동행을 하지만, 그것은 연병장(운동장)까지만 허용될 뿐 입소를 하는 입소대대에는 혼자 들어가야 한다.

군악대의 음악이 울리고, 이곳저곳에서는 한숨 섞인 울음소리가 터져 나온다.

입소대대로 들어가기 전 뒤를 돌아 마지막으로 본 부모님의 눈시울은 이미 붉어져 있었고, 나 또한 눈에 작은 물방울들이 하나 둘씩 고여가고 있었다.

출처 : 필자의 〈병영수첩〉에 적힌 일기 중에서

논산훈련소로 입소한 경우 입소대대에서 첫 3일을 보내고, 306보충대나 102보충대로 입소한 경우에는 각각의 보충대에서 3일을 보낸다.

입소대대에 들어가서 처음으로 하는 일은 특기자 분류이다. 카투사로 입소한 사람들, 혹은 면접을 봐서 특기를 부여받은 사람들을 먼저 따로 분류한다. 이후에는 자신이 곧 지급받게 될 군복의 사이즈를 알기 위해 신체 사이즈를 잰다. 사이즈 검사 후 생활지도기록부라는 것을 지급받는데 기록부에는 자신의 신상을 기록하게 되어 있다. 생활기록부에 내용을 기록하고 잠시 대기한 뒤, 군용품을 지급받는다. 이때 지급받는 옷들은 전투모, 전투복, 벨트, 양말, 전투화, 세면도구, 활동복 등이다.

필자가 입소한 논산훈련소의 입소대대는 2009년 중반까지만 해도 시설이 별로 좋지 않았다. 그러나 최근에는 새로운 막사가 완공되고, 리모델링 등의 보수가 이루어져 시설이 많이 좋아졌다.

처음 군대에 들어오게 되면 커다란 불안감과 드디어 시작되었구나 하는 생각에 매우 슬프고 공허하다. 부모님도 뵙고 싶다. 입소대대에서의 첫 3일 동안 위험한 행동을 하는 사람들이 많다. 이때 잘 참고 마음의 평안을 찾아야 한다.

입소대대에서의 훈련병 뇌구조

친구와 붙어있고 싶으면 바로 옆에 서는 것보다는 앞뒤로 서는 것이 안전하다. 오보다는 열로 끊는 경우가 더 많다. 줄은 앞뒤보다는 중간에 서는 것이 가장 편하다. 앞쪽에 서면 계속 일을 시키게 된다.

*** 오늘 배우게 될 훈련소 용어**

입소대대

처음에 군에 입대했을 때 들어가는 곳을 말한다. 이곳에서 첫 군용품들을 지급받게 된다. 입소대대에서 사건 사고가 가장 많이 생기고, 이때가 군에 대한 공포심이 최고조에 오르는 시간이다. 이곳에서는 조교들도 무섭게 대하고 앞이 캄캄하다.

□ IQ 및 지성검사, 성격검사   □ 저녁식사 후 대기
□ 점심식사 후 대기   □ 집에서 입던 옷 정리 및 효도서신
□ 신체검사 및 피검사

이튿날이다. 이날 오전에는 IQ/지성검사와 성격검사를 실시한다. 본 검사는 군 생활을 하기 위한 기본적 소양이 되는지, 심리적으로 큰 이상은 없는지 등을 조사하는 것으로 가능하면 자세하고, 솔직하게 기입하는 것이 좋다. 지나치게 이상한 방식으로 기입을 하거나 너무 모범적으로 기입하면 재시험을 볼 수도 있다는 점을 유념해야 한다. 굳이 '정상적인' 답을 쓸 필요도 없고, 거짓말을 할 필요도 없다. 훈련소 동기 중 한 명은 너무 모범적인 답만 썼다가 재시험을 보게 되었다.

이후 식사를 하고, 식사를 한 뒤에는 내무실에서 조금 대기를 하게 된다. 이때 가능하면 많은 사람들과 다양한 얘기들을 나눠두는 것이 좋다(가능하면 이곳에서 군이나 자대에 대한 지식을 많이 공유하라).

이후 대기시간이 끝나면 신체검사와 피검사를 실시한다. 신체검사는 입소대대 때 이후에는 다시 받는 일이 없다(아주 특별한 일이 없는 경우를 제외하고는). 따라서 몸에 문제가 있는 경우 즉시 군의관에게 자신의 상태를 알리는 것이 좋다. 입소대대에서 간단한 신체검사 후 이상이 있다고 판단될 시 재검사를 받아 공익이나 면제 판정을 받는 경우도 많다. 만약 자신이 입소 전 병무청에서 실시한 신체검사 이후 몸에 이상 증후가 발생하였다면, 미리 진단서를 받아두었다가 이때 제출하면 재검사가 이루어질 수 있다.

저녁에는 사회에서 입었던 옷, 훈련소 갈 때 입고 왔던 옷들을 정리하고 소포로 보낸다. 옷을 넣는 박스 안에 간단한 메시지 같은 것들도 넣을 수 있다. 그리고 효도서신을 써서 부모님께 보낸다. 많은 시간이 주어지진 않기 때문에 길게 쓸 수는 없지만 그래도 정성스럽게 쓰는 것이 좋다. 이 옷을 받고 눈물을 흘리시는 어머니들이 아주 많다고 한다.

오늘의 TIP

입소대대에서는 대기시간이 매우 길다. 식사 전에 대기, 후에 대기, 바느질 후 대기, 아무 이유 없이 대기 등. 대기, 대기, 또 대기이다. 이때에는 보통 아무것도 하지 않기 때문에 정말 시간이 가지 않는 것처럼 느껴진다. 가급적이면 대기시간에 무언가 하는 것이 좋다. 그러면 시간이 좀 더 빨리 갈 것이다. 필자가 추천하는 것은 책을 읽거나, 주변사람들과 군에 대한 지식을 많이 공유하라는 것이다. '노가리'(이런저런 잡담을 뜻함)를 까야 군 시간이 빨리 간다. 노가리는 시간을 정말 빨리 가게 한다.

□ 일반병의 경우 적성/특기 검사　　　□ 훈련소 복귀

□ 모집병 옷 치수 교체 및 작업

□ 점심식사 후 대기 및 작업

입소대대(또는 보충대)에서의 마지막 날에는 적성 및 특기 검사를 한다. 일반병들은 이 검사로 임시특기를 부여받지만 이것은 임시적인 것이라 언제든 바뀔 수 있다. 즉, 특기가 부여되더라도 임의적인 것이라 다른 특기로 배정되거나 혹은 단순 소총수 등으로 변경되는 경우도 많다.

이 검사를 통해 자신에게 부여된 특기로 꼭 배정될 것이라는 확신을 갖게 되면 나중에 실망을 할 수도 있다. 필자의 훈련소 동기의 경우도 사진병 특기를 부여받아 매우 좋아 했었지만 이후에 무작위 과정을 거쳐 전경으로 배치되었다.

검사 후에는 옷 치수를 교체할 수 있는 시간이 주어진다. 필자의 경우 처음에 받았던 옷이 잘 맞지 않는 것 같아 이날 옷을 교체했다. 옷 치수가 맞지 않는 것 같으면 최대한 빨리 교체를 받는 것이 현명하다. 어영부영하다가 시간이 지나가 버리면 결국 그때는 너무 늦게 된다. 나중에는 자신의 몸에 맞는 보급품들을 찾기도 힘들 뿐더러 시간이 지체될수록 사이즈를 교체할 기회도 주어지지 않는다. 때론 욕만 엄청 얻어먹고 못 바꾸는 경우도 생긴다.

□ 뚱뚱한 사람의 경우

지금은 좀 딱 맞거나 꽉 끼더라도 한 사이즈 정도 작은 것을 입는 것도 나쁘지 않다. 훈련소 생활은 고되고, 부식도 잘 나오지 않는다. 또한 규칙적으로 운동을 하기 때문에 살이 어느 정도 빠지게 된다. 필자의 경우 6~7kg 정도 빠졌고, 바지 치수도 두 단계 정도 줄어들었다.

□ 마른 사람의 경우

체질별로 어느 정도 차이는 있겠지만, 마른 사람은 살이 찌는 경우가 대부분이다. 따라서 마른 사람들은 한 치수 크게 혹은 정 치수로 입을 것을 추천한다. 훈련소에서 주는 군복은 휴가를 나올 때 입는 A급 군복이 아니기 때문에, 안에 깔깔이 등을 입을 수 있도록 넉넉한 크기로 입는 것이 좋다(특히 마른 사람의 경우). 하지만 자대에서 주는 A급 군복은 가급적 몸에 착 감기는 것을 입는 것이 좋다. 멋스럽기도 하고, 휴가 나올 때는 깔깔이 등을 입을 일이 없기 때문이다.

□ 전투화

군대의 옷 치수는 사회 옷의 치수보다 좀 복잡한데, 전투화의 경우 발볼까지 나온다. E, EE, EEE 세 가지 발볼이 있는데 EEE가 가장 발 볼이 넓고 E가 가장 좁다. 같은 치수라도 E의 개수에 따라 착용감이 매우 다르다.

셋째 날에는 훈련소로 입소한다. 입소대대에서 받은 더블백 안에 보급품을 모두 넣고 걸어서 간다. 논산훈련소는 입소대대로부터 걸어서 약 20분 정도 거리이다. 처음에 가면 조교들이 굉장히 무섭게 군기를 잡을 것이다. 나중에는 다 잘해주니 너무 걱정할 필요는 없다. 첫 1주, 2주차 끝자락까지 제식과 정신교육이 많이 편성되어 있다. 이때가 지나면 첫 훈련이 경계훈련이고 그 뒤로 영외 훈련이 쭉 편성되어 있어 훈련하는 맛이 날 것이다.

처음 군대에 와서 가장 힘든 것은 환복(옷 갈아입는 것)이다. 옷을 정말 빨리 갈아입어야 하는데 전투복을 갈아입는 데는 사실 굉장한 시간이 걸린다. 상·하의에 있는 단추들을 모두 깔끔하게 채우고, 고무링, 전투화까지 다 신어야 하기 때문에 고되다. 침구류도 개야 하기 때문에 상황은 더 악화된다. 행동이 느린 사람들은 잠들기 전에 양말을 신어놓고 있는다든지 하는 것도 나쁘지 않은 선택이다. 나중에 가면 몇 분씩 일찍 일어나서 몰래몰래 먼저 옷을 갈아입고 침구류를 개는 사람들이 생긴다. 원칙상으로 조기기상은 금지되어 있다.

보급품 사이즈에 대한 TIP

세면 주머니
(각종 세면도구 및 화장품 휴대)

내복
(브레이브맨이라고도 불림)

전투모
(훈련소에서 지급된 모자는
빵모라고 불림)

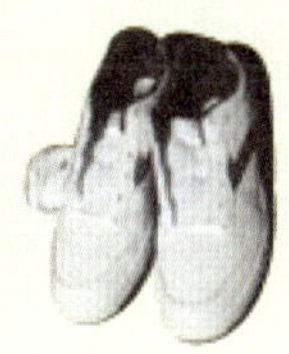

활동화
(체육활동 및 내무 생활 시 사용)

전투화
(군화)

□ 중대 재편성
□ 질병 리스트, 지피지기(자기소개
  문답) 등의 작성
□ 제식훈련
□ 훈련복의 주기표 가뜸
□ 보급품 추가 지급

훈련소의 4일차인 이날은 입소대대의 생활을 마치고 본격적인 훈련소 생활을 시작하는 날이다. 이날 오전에는 중대와 소대의 대대적인 재편성이 이루어진다(물론 모든 인원이 다 재편성되는 것은 아니다). 이후 지피지기(자기소개)와 질병 리스트, 생활지도기록부 등을 작성한다. 지피지기와 생활지도기록부는 사회에서의 자기소개서와 비슷하며, 현재 자신의 심정이나 건강상태 등을 적는 것이다. 특히 생활지도기록부는 자대에 배치받고 주임원사들과 다른 간부들이 읽게 되므로 소신껏 적는 것이 좋다. 자대의 간부들은 이 생활기록부를 통하여 내가 어떤 사람인지 파악하게 되고, 어떤 마음가짐을 갖고 있는지, 그리고 앞으로 군 생활을 어떻게 해나갈지를 짐작하게 된다. 또한 본인에게 특이사항이 발생하게 되면 이 생활지도기록부를 가장 먼저 참고하게 된다고 한다.

제식훈련은 군인의 기본자세를 훈련하는 것이다. 제식훈련이 딱히 어렵지는 않지만 계속 야외에 있다 보면 여름 같은 경우는 덥고, 겨울에는 추워서 짜증이 많이 난다. 오랫동안 한군데 서서 똑같은 동작을 반복하는 것이 힘든 줄 이때 알았다.

훈련소에서는 바느질로 명찰 등을 달게 되는데 이를 '가뜸'이라고 한다. 이 명찰은 훈련소에서만 쓰는 것으로 '주기표'라고 부른다. 주기표는 노란색 혹은 초록색 등의 마크에 자신의 훈련병 번호가 적힌 것이다.*

주기표를 가뜸하는 방법은 그림과 같다.

<table>
<tr><td>×</td><td>×</td><td>×</td><td>×</td></tr>
<tr><td>×</td><td colspan="2">6-006</td><td>×</td></tr>
<tr><td>×</td><td>×</td><td>×</td><td>×</td></tr>
</table>

(자대에서는 가뜸을 절대!
이렇게 하지 않는다.)

×표 형태로 바느질을 하면 되는 것이다. 그런데 CS전투복** 네 벌까지 모두 가뜸을 해야 하기 때문에 시간이 많이 걸린다. 훈련소에 입소하기 전에 손재주가 없는 사람들은 가뜸 연습을 조금 해두는 것도 나쁘지 않은 선택이다.

오늘의 TIP

훈련소에서는 외부 정보를 접하기 힘들다. 아주 답답하고 외부와의 소통 단절로 짜증이 난다. 유일한 낙은 국방일보를 보며 아주 간략히 적혀 있는 연예인 소식을 접하는 것이다.

*** 오늘 배우게 될 훈련소 용어**

주기

자신의 물건에 이름 또는 훈련병 번호를 달아 소유를 알아볼 수 있게끔 하는 것을 말한다. 군용품은 다 똑같기 때문에 주기를 하지 않으면 자신의 물건을 쉽게 구분할 수 없다. 또한 훈련소/자대 너나 할 것 없이 이런 보급품들의 분실, 혼동이 자주 일어난다. 따라서 군인들은 자신의 양말이나 목토시, 심지어 속옷에까지 이름을 주기해 놓는다.

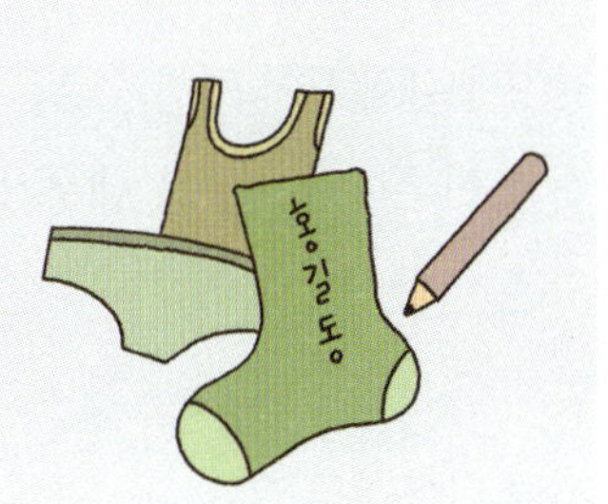

---

*　신형 전투복은 벨크로(velcro, 일명 찍찍이)를 사용하므로 가뜸이 필요없다.
**　훈련할 때 입는, 전역자들이 반납한 낡은 훈련용 전투복

* DAY 5 일정

□ 총기 수여식

□ 입소식

□ 정신교육

□ 총기 수여식

훈련병들은 이제 자신이 훈련소에서 쓸 총기를 수여받게 된다. 이날부터 또 시행하는 것이 총기친화기간이라는 것인데, 한마디로 총기와 친해지는 기간을 갖는 것이다. 이때에 훈련병들은 계속 총기를 메고 다니거나 들고 다녀야 한다. 기간은 하루 동안이며, 잘 때도 계속 총기를 끌어안고 자야 한다.

□ 정신교육

정신교육은 한마디로 이론강의를 듣는 것이다. 강의의 주제는 대부분 북한이 왜 우리의 주적이고 한미 동맹이 왜 중요한지에 대해서이고, 다음 날 있을 훈련에 대한 이론적인 내용을 배우기도 한다. 강

의는 일반적으로 지루하지만 몸은 편하다. 졸면 지적을 당하거나 벌점을 받게 되므로 주의해야 한다. 내용은 대부분 비슷하지만 가끔 재미있는 주제를 다루기도 한다.

□ 상 · 벌점제도

　상 · 벌점은 훈련소에서 열심히 훈련을 받을 수 있도록 인센티브를 주는 것이다. 훈련소에서는 편지를 쓰는 것 외에는 외부와의 의사소통이 거의 불가능하다. 상점은 훈련을 열심히 하거나 고된 일을 자원해서 했을 때 주어지는데, 어느 정도 이상 모으면 3분 정도 전화통화를 할 수 있는 포상을 받는다. 훈련소에서 하는 통화는 뭔가 굉장히 색다른 느낌을 준다. 반대로 벌점을 많이 받으면 그에 합당한 불이익을 받게 된다.[*]

상점을 많이 받고 싶으면 침구류의 각을 잘 잡는 것이 좋다. 반듯하게 A급으로 각을 잡아 놓으면 상점이 많이 쏟아진다. 하기 힘든 궂은일을 맡아서 해도 상점이 잘 들어온다. 이 뿐 아니라 정신교육 때 손을 들고 대답을 잘하면 상점이 들어오기도 한다. 이러한 점들을 미리 잘 파악하여 이용하면 훈련소에서도 보고 싶은 가족 및 친구들과 전화를 쉽게 할 수 있다.

---

[*] 혼자 청소하기, 얼차려, 군장 메고 생활하기 등이며, 이것은 중대마다 다를 수 있다.

*DAY 6 일정

□ 총기 손질*

□ 제식훈련

6일차에는 군대에 와서 처음으로 총을 분해하고 닦는 일을 한다. 총은 단순하면서도 복잡한 구조를 가지고 있는 만큼 주의 깊게 다루어야 한다.

총기를 닦을 때에는 특히 약실이라는 부위와 활동 부위라는 곳을 잘 닦는 것이 중요하다. 이 부위를 제대로 닦지 않으면 사격을 할 때 탄이 연달아 나오거나 탄이 걸려서 발사가 되지 않을 수도 있으니 주의해야 한다. 총기를 손질하기 위해 각 개인마다 총기 손질도구가 제공된다. 운이 좋은 사람은 총기 손질도구 안에 그리스(grease)가 있는 경우도 있는데, 이 그리스가 있는 사람들은 득템을 한 것이다. 총기 손질 시 그리스를 사용하면 장전할 때 굉장히 부드럽기 때문에 그리스는 군대에서 유니크 아이템(unique item) 취급을 받는다.

총 닦는 방법은 조교가 알려준다. 물론 훈련병들은 총 닦는 것 말고도

---

* 원래는 일본어 '데이레(手入れ: 손질, 돌봄을 뜻함)'에서 유래된 '총기 수입'이라는 용어를 사용하였으나, 최근 '총기 손질'이라는 말로 순화되었다.

모든 것들을 분대장으로부터 배운다. 처음 일주일간은 조교가 힘들게 굴리기 때문에 훈련병들의 눈에는 조교가 악마로 보일 것이다. 하지만 그 생각도 잠시이다. 2주 정도가 지나면 조교들과도 두터운 전우애가 생기게 된다. 3주 정도가 지나면 친형 같고, 4~5주가 지나면 헤어지는 것이 아쉬울 정도가 된다.

필자의 경우 소대의 담당 분대장과 많은 이야기를 나누었다. 물론 군 생활을 잘하기 위한 방법 같은 군대 얘기 말고도, 개인적인 가족사, 나의 장래희망, 군대에 오기 전에 있었던 사회에서의 이런저런 일 등 정말 진솔한 이야기를 많이 했었다.

조교는 훈련병들에게 정말 형과 같은 존재이다. 조교가 시범을 보이면 훈련병들은 그것을 보고 따라 배우게 된다. 훈련병들은 조교가 알려주는 것들만 잘 배워도 군 생활을 무리 없이 해나갈 수 있으며, A급 군인이 될 수 있다. 그러니 조교의 꾸지람을 나쁘게만 생각하지 말고, 많은 것을 알려주는 조교에게 고마운 마음을 가져야 한다.

오늘의 TIP

처음에 입소대대에 입소하면 시간도 없고 군기도 엄격하다. 교관들 및 조교들이 가만 놔두지를 않는다. 민간인을 군인으로 탈바꿈시키는 작업이 쉽지 않기 때문이다. 사격과 기초유격을 시작하면서 시간이 약간씩 빨리 가기 시작한다. 힘든 훈련을 할수록 시간이 빨리 가는 편이다.

첫 샤워는 입소대대 끝나고 훈련소에 처음 들어갔을 정도에 하는데 사회에서와 달리 씻는 시간을 무한정 자유롭게 주는 것이 아니라 5분, 10분 끊어서 준다. 문제는 환복하는 것까지 포함이기 때문에 시간이 아주 부족하다. 제대로 몸을 닦지도 않은 상태에서 옷을 입는 경우가 허다하다. 젖은 몸에 옷 입기는 아주 힘들다.

조교/분대장

조교는 학교나 훈련소 등에서 생활하면서 들어오는 훈련병들이나 교육생들을 가르치고 관리하는 병사들을 일컫는다. 육군훈련소, 보충대, 각종 학교에서 근무하며 각종 특기의 조교들이 있다. 분대장, 구대장이라는 명칭으로도 불린다.

분대장의 일과

1. 훈련병 및 교육생 생활관 관리

학교에는 훈련을 받으러 오는 병사 및 간부들이 아주 많다. 그렇기 때문에 항상 어떤 일이 일어날지 모르므로 긴장을 하고 있어야 하며, 훈련병들이나 교육생들이 오기 전에 부대를 관리하고 이것저것 정비를 해놓아야 한다. 훈련소나 학교에서 일시적으로 지급되는 물품들이나 학교 물품들(컴퓨터 등)도 관리해야 한다.

2. 교육생들의 훈육

교육생들을 가르치는 것은 보통 장교들이나 부사관들이 하지만, 조교들도 그들을 보좌하여 도움을 주거나 실제로 강의를 할 때도 많다.

3. 훈련 시범

훈련소의 조교들은 각종 훈련에 나갔을 때 훈련병들의 자세를 교육시키는 역할을 한다. 예를 들면, 각개전투훈련을 나갔을 때 조교들은 자세 시범을 보여서 훈련병들이 올바른 자세를 잡을 수 있도록 도와준다. 그리고 훈련병들이 잘못된 자세나 질문을 할 경우 바로잡아주거나 질문에 대답을 해주는 역할도 담당한다.

4. 군기 확립

훈련병들과 교육생들의 군기를 확립하기 위하여 조교들(특히 훈련소 조교들)은 일부러 엄격하게 병사들을 대하여 민간인에서 군인으로 탈바꿈하는 과정의 중심에 서게 된다. 조교들은 합법적인 얼차려 권한도 가지고 있기 때문에 얼차려 및 다양한 방법으로 훈련병들의 군기를 확립시켜 군인으로 거듭나게 한다.

조교의 자대 배치는?

조교는 처음부터 특기병으로 지원할 수 있는 보직은 아니다. 물론 조교의 종류에도 여러 가지가 있지만, 이들 모두의 공통적인 특징은 차출이라는 것이다. 티오가 발생하게 되면 차출되어 배치받은 부대에서 남은 군 생활을 조교로서 근무하게 된다.

- □ 간단한 작업
- □ 대청소
- □ 총기 손질 등

자대에 오면 주말은 자유시간이 대부분이지만, 훈련소에서의 첫 두 주말에는 개인 자유시간이 별로 주어지지 않는다. 청소를 하고, 총기 손질도 하게 된다. 아침에는 종교행사에 다녀온다. 또한 필자가 군 생활을 했을 때는 신종플루 때문에 꼭 샤워를 해야 했는데, 그러다보면 정말 시간이 휙 지나가버리곤 했다.

훈련소에서 주말이 좋은 것은 크게 두 가지 때문이다. 하나는 꿀맛 같은 잠을 30분 정도 더 잘 수 있다는 것이고, 다른 하나는 군대리아*를 먹을 수 있다는 것이다. 햄버거에 굶주리고, 자도 자도 피곤한 훈련병들에게 이것은 참으로 감사한 일이다.

훈련소는 보통 취침시간 오후 9시 30분, 기상시간 오전 6시 30분으로 하루에 9시간 정도를 자게 된다. 사회에서는 8시간만 잠을 자도 등이 배겨 더 잠을 잘 수 없었고, 개운하기 그지없었지만 군대에서는 9시간을 자도 몸이 피곤하다. 전날 밤에는 다음 날 아침에 기상나팔이 울리지 않기를 바

---

* 군대에서 일주일에 한두 번 나오는 특식. 주로 버거류이다.

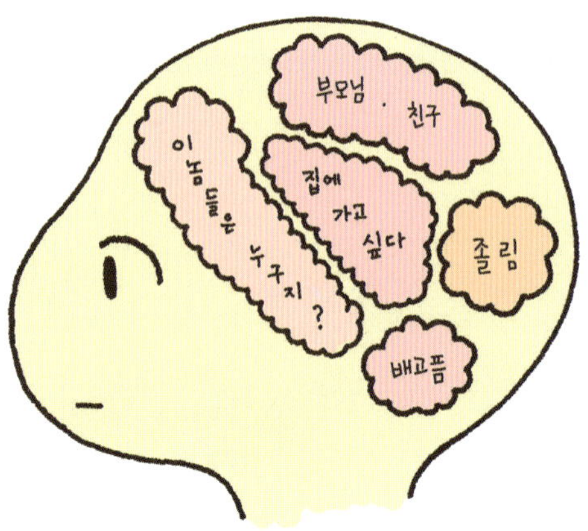

1주차 훈련병의 두뇌구조

라며 잠자리에 들곤 한다.

겨울에는 밤이 길어지기 때문에 다른 계절보다 30분간 더 잔다. 여름에는 간혹 지휘관의 재량으로 오침을 취하기도 한다. 겨울과 여름은 훈련병들에게 정말 좋은 계절일 수도 있지만, 사실상 가장 좋은 계절은 봄과 가을이다. 겨울에는 영하 20도나 되는 살인적인 추위가, 그리고 여름에는 최대 섭씨 35도의 찜통 같은 더위가 반겨주기 때문이다.

오늘의 TIP

훈련소에 오면 정말 다양한 종류의 사람들을 만나게 된다. 자신과 다른 환경에서 지내온 전국의 사람들을 다 만나는 것이어서 처음에는 혼란스러울 수도 있다. 때로는 자신과 코드가 맞지 않아 화가 날 때도 있고, 짜증 나거나 지루할 때도 있을 것이다. 하지만 이때가 아니면 언제 이렇게 다양한 사람들을 만나보겠는가? 나중엔 이 모든 것이 추억이 될 것이다. 되도록 많은 사람들을 접하고, 다양한 이야기를 하도록 하자. 언젠가는 분명 좋은 경험으로 작용할 것이다.

* DAY 8 일정

□ 제식훈련

□ 정신교육

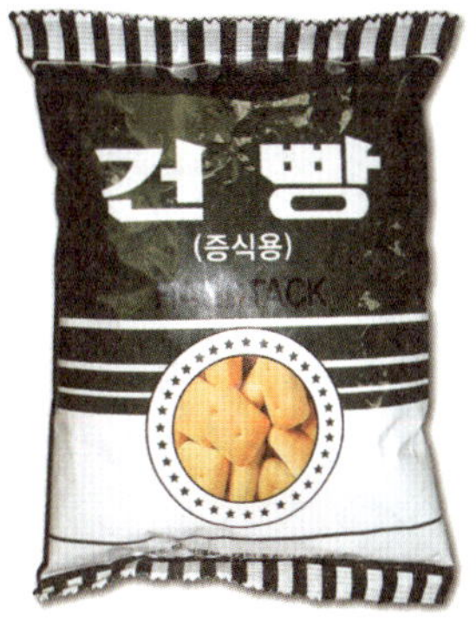

첫 1주, 2주차 끝자락까지 제식과 정신교육이 많이 편성되어 있다. 이때가 지나면 경계훈련이고 그 뒤로 영외 훈련이 쭉 편성되어 있어 그때는 좀 훈련다운 훈련을 하는구나 싶을 것이다.

훈련소에서 가장 힘든 것 중 하나가 식사를 조절하는 일이다. 훈련소에서는 부식이 자주 지급되지는 않는다. 따라서 훈련병들은 종교행사 때 나누어주는 초코파이나 음료수에 목숨을 걸게 된다.* 훈련소에서 먹는 건빵도 그렇게 맛있을 수가 없다. 군것질도 적게 하고, 규칙적으로 운동도 하니 체중이 많이 나갔던 사람들은 훈련소에서 자연스럽게 체중이 감소한다. 그리고 서서히 몸짱이 되어간다. 하지만 자대에 가면 빠졌던 살이 다시 원상태로 복귀하는 경우가 많다. 자대에서는 군것질을 정말 많이 하기 때문이다.

훈련소 8일차에는 건빵이 나왔다.** 사회에서 즐겨먹지 않던 건빵의 맛

---

* 자대에서는 부식이 거의 매일 지급된다. 하지만 훈련소의 경우는 그렇지 않다.

** 물론 일차는 조금 다를 수 있으나, 통상적으로는 건빵은 훈련 일주일 후에 지급되고 우유는 아침 식사 때 지급된다.

은 가히 일미라고 말할 수 있을 정도이다.

훈련소 8일차인 이때부터 제식훈련과 더불어 군 예법을 배우게 된다. 군인으로서 말하는 방법이나 관등성명, 행동 등을 조금 더 세부적이고 구체적으로 배우게 된다. 군대에서 꼭 알아둬야 하는 예절 중 하나는 바로 '다나까'이다. 즉, 자신보다 높은 사람에게 말할 때는 모든 말이 '다'와 '까'로 끝나야 하고, 낮은 사람에게 말할 때는 가급적 '나'로 끝나야 한다.

그렇다고 해서 높은 사람에게 '그렇다'라고 말하는 것은 옳지 않다. 높은 사람에게 말하는 것은 '그렇습니다'가 된다(물론 이런 실수를 하는 사람이 있을까? 있다면 고문관의 기질이 보이는 사람이다).

훈련소에서 A급 훈련병이 되기 위해서는 관등성명을 잘 대야 한다. 관등성명을 큰 목소리로 절도 있게 대면 조교들과 교관들이 매우 좋아한다. 훈련소에서의 관등성명은 '몇 번 훈련병 누구누구입니다'이다. 예를 들면, "153번 훈련병 김! 개! 똥! 입니다"라고 해야 하는 것이다. 이 관등성명은 군기의 상징이다.

하지만 누군가 부르면 '예'라고 대답하던 민간인들에게는 관등성명이 어색하다. 처음에는 자신보다 높은 사람이 부를 때 관등성명을 대야 하는데 "예?"라는 말만 연발하는 사람도 있다. 8일차 이전에는 이런 것들이 어느 정도 용서되지만 이날부터는 예외가 없다.

군대에서는 줄을 잘 서야 한다. 물론 줄에는 여러 가지 의미가 있겠지만, 통상적으로 서게 되는 '줄'은 중간이 좋다. 필자는 우연하게도 훈련소 첫날 맨 앞줄에 서게 되었고, 이후 1소대 1분대로 배치받았다. 그때까지는 잘 몰랐다. 1소대 1분대의 저주를….

1소대 1분대는 정말 많은 일을 한다. 작은 일에도 속속들이 불려나가 사역을 한다. 또한 바로 문 옆에 있기 때문에 다른 분대보다 맘 놓고 떠들기도 힘들다. 특히 1소대 1분대의 앞 1, 2, 3, 4번들은 불려나갈 때가 정말 많다. 군대에서는 줄을 잘 서야 한다는 말이 진리 중 진리이다.

＊ 오늘 배우게 될 훈련소 용어

제식

군인들의 기본이 되는 걸음걸이나 자세 등을 말한다. 열중쉬어, 차렷, 뒤로 돌아, 좌향좌, 우향우 등이 기본이 된다. 응용동작으로는 좌우향 앞으로 가(걸으면서 바로 방향 전환하기), 분열, 우로 봐 등이 있다. 제식의 궁극적인 목적은 큰 행사 같은 것이 있을 때 그 부대의 전투력 또는 위용을 상징하기 위함이다.

* DAY 9 일정

- □ 상의탈의 후 구보
- □ 제식훈련
- □ K2소총 기계훈련
- □ 체력측정

□ 아침점호

군대에서는 매일 아침 점호를 실시하여 인원 및 열외자를 체크한다. 그리고 나서 구보를 실시하는데, 1.5km 정도를 뛰게 된다. 구보를 할 때는 상의탈의를 한다. 만약, 겨울에 너무 온도가 낮다면 구보를 생략하거나 전투복 입고 구보를 하기도 한다. 그것은 당직사관의 소관이라 일정하지 않다.

아침점호 때 하는 행사 중 하나가 바로 '육군 도수체조'이다. 이것은 우리가 초등학교 때 하던 국민체조와 유사하다. 숙련된 조교의 시범을 보고 따라하게 되는데, 조교가 하는 모습은 아주 멋지지만 주위 훈련병들의 모습은 보면 뭔가 어색하고 빈티가 난다. 몸에 익지 않은 훈련병들은 좌향과 우향을 구분 못하고 이리저리 남 눈치 보며 어색한 모습을 보이기 일쑤다.

하지만 이 도수체조는 절대로 게을리해서는 안 된다. 훈련소에서는 모르겠으나 자대에서 이 도수체조를 잘 못하게 되면 '군기가 빠졌다' 혹은 '훈련소 생활 대충 했다'라는 질타가 쏟아진다.

□ K2소총 기계훈련

K2소총 기계훈련은 특별한 것이 아니라 군에서 주로 사용하게 되는 K2 소총이나 그 외의 일반 총기에 대한 정신교육이다. 한국에서 만든 총기의 종류와 함께 북한에서 쓰는 화기류도 함께 소개하는 시간이다.

□ 체력측정

필자의 중대 같은 경우는 체력측정을 해서 훈련병들의 체력 및 건강상태를 확인하였다. 팔굽혀펴기, 윗몸일으키기 및 1.5km 달리기 측정을 하였다. 군 입소 후 약 열흘 뒤 체력측정을 처음 하게 되는데 며칠 사이 체력이 몰라보게 좋아진 자신의 모습에 놀라는 사람도 간혹 있다. 이것은 건강해졌다는 증거이다. 그렇다, 군에 입대하면 매우 건강해진다. 규칙적인 생활을 하고 운동도 하며 건강 식단을 먹기 때문에 약골도 강골이 된다. 또한 사회에서 갖고 있던 '하기 귀찮다'라는 귀차니즘 의식도 사라지고, 모든 일에 적극적이고 긍정적으로 임하게 되므로 심적인 건강도 함께 찾아온다. 심지어 군대에서 키가 2~3cm 더 컸다는 사람들도 심심치 않게 찾아볼 수 있다.

훈련소에서, 그리고 자대에 가더라도 아무것도 안하고 멍하니 있는 것보다는 무엇이라도 하려고 노력하는 것이 좋다. 자대에서는 잘 못하더라도 열심히 하려는 후임, 그리고 능동적으로 참여하고 배우려는 후임들이 예쁨을 받는다는 것은 누구나 아는 상식일 것이다. 그러나 이것은 훈련소에서도 예외가 될 수 없다. 훈련소에서부터 키워지는 작고 사소한 마음가짐들이 나중에 자대에서도 큰 영향을 끼친다.

□ 제식훈련

□ 정신교육

□ 저녁엔 편지 쓰는 시간

제식훈련과 정신교육의 연속이다. 2주차 정도가 될 때까지는 이 두 훈련을 계속하게 된다. 두 훈련 다 매우 지루하기 때문에 시간이 쉽게 가지 않을 것이다. 하지만 한 가지 알아둬야 할 것은 이 두 가지 훈련은, 훈련소에서 하게 되는 다른 어떤 훈련들보다 육체적으로 덜 힘들다는 점이다. 제식훈련과 정신교육은 당시에는 모르지만 시간이 지나게 되면 정말 편한 훈련이었구나 하는 생각을 갖게 한다.

매일은 아니지만, 주중 저녁에 개인 정비시간이 주어진다. 이때는 보통 편지를 쓰거나 국방일보를 읽거나 한다. 훈련소에서는 편지가 외부와의 유일한 소통 수단이기 때문에 대단히 소중히 느껴진다. 필자의 경우 개인 정비시간 때 편지도 쓰고, 편지 쓸 일이 없으면 종교행사 때 받은 성경책을 읽곤 했다. 훈련소에 가면 편지를 써주는 친구들에게 진정 고마움을 느끼곤 한다.

훈련소 밥은 사회 밥에 비해 맛이 없었다. 또한 많은 사람들의 의견을 종합해본 결과 훈련소 밥은 자대의 밥보다도 맛이 덜하다고 한다. 왜 그럴까? 밥맛은 부대의 크기가 좌우하는 경우가 많다. 보통 부대의 크기가 작을수록 밥이 맛있다. 아무래도 인원이 적을수록 식사를 준비하기 수월하기 때문일 것이다. 육군훈련소의 경우 훈련병 숫자가 많기 때문에 밥을 한꺼번에 많이 지어야 한다. 따라서 밥이 상대적으로 맛이 없을 수밖에 없다. 하지만 며칠 지나면 적응이 되고, 3일 정도가 지나면 밥 시간만 기다리게 된다. 이때부터는 밥맛이 곧 꿀맛이다.

＊오늘 배우게 될 훈련소 용어

PX 단체구매

훈련병 시절에는 PX 이용이 제한된다. 훈련병 때는 당 섭취가 0에 가깝기 때문에 당분, 단것에 환장하게 된다. 가끔 마음씨 좋은 중대장은 훈련소 기간 중 한 번 정도 PX 단체구매를 허용한다. 중대 단체로 과자 등을 공동구매 하는 것이다(물론 돈 부담은 병사들의 몫). 필자는 크라운 산도 한 박스와 미스터 빅, 사이다 등을 구매했던 기억이 난다. 그때 먹었던 과자 맛을 지금도 잊을 수가 없다.

□ 경계 사전교육 및 제식훈련

훈련소 1주차의 마지막 날이다. 훈련소 생활 2주차가 시작되는 날부터는 경계근무를 나가게 된다. 또한 훈련을 받기 전에 어떤 훈련을 받게 되는지, 그리고 앞으로 어떠한 마음가짐을 가지고 군 생활에 임해야 하는지 등에 대한 정신교육도 받게 된다. 경계근무가 정확히 어떤 훈련을 하는 것인지에 대해서는 후에 자세히 설명할 것이다.

훈련소는 정말 이것도, 저것도 마음대로 할 수 없는 답답한 곳이다. 필자에게는 해당되지 않는 것이지만 훈련소 동기들의 이야기를 들어보면 그 무엇보다 답답한 것이 바로 담배라고 한다. 애인을 보고 싶은 간절함보다 담배 한 개비의 간절함이 더더욱 그립다고 말하는 훈련병들도 많다. 훈련소에 있는 동안은 담배를 피울 수 없다. 물론 훈련소마다 조금씩 차이가 있겠지만 훈련병들은 보통 훈련을 받는 5주 동안 담배를 금지당한다. 이것은 담배를 피우는 사람들에게는 큰 곤혹일 것이다. 이 때문에 가끔 불미스러운 일이 일어나기도 한다. 바로 필자에게는 이날이 그날이었다. 훈련병 동기 중에 하나가 기간병들이 바닥에 버린 꽁초를 몰래 주워 피우다가 조교에게 발각된 것이다. 이 때문에 우리 소대는 전원이 기합을 받게 되었다. 그 훈련병은 동기들에게 수차례 미안함을 표했다. 하지만 소대의 동기들이 그 훈련병을 나무라지는 않았다.

이것이 전우애인지는 잘 모르겠으나 이날을 계기로 우리 훈련소대는 뭔가 끈끈한 정이 쌓였고, 서로 배려하는 모습들이 더욱 자주 눈에 띄게 되었다.

한 가지 재미있는 것은, 군대에서는 쉽게 할 수 있는 일들도 일부러 어렵게 만들려는 경향이 있다. 아마도 군 정신을 강하게(?) 심어 주고, 과정을 통하여 훈련시키려는 의도가 숨어 있지 않나 생각된다. 밥을 먹으러 갈 때에도 편한 길을 놔두고 일부러 멀리 돌아가는가 하면, 겨울에 따뜻한 실내에서 대기할 수도 있으나 일부러 추운 실외를 택하는 경우도 많다.

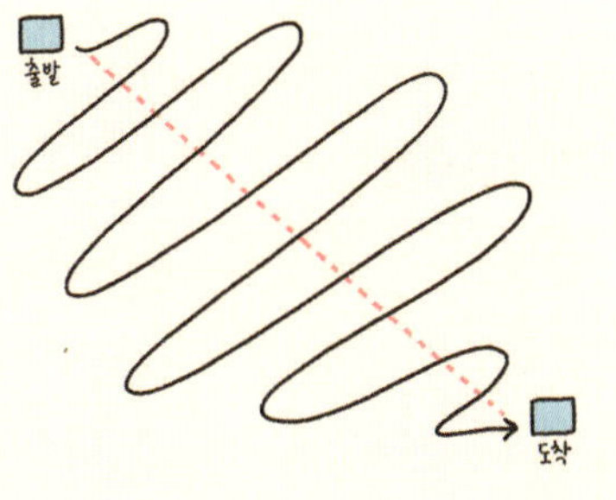

* DAY 12 일정

□ 경계근무 야외훈련

□ 경계근무란?

경계근무는 군 생활의 기본이라고 할 수 있다. 초소에서 보초를 서는 것으로 근무 시 발생할 수 있는 여러 가지 상황에 대한 대처법을 배우게 된다. 첫 야외훈련이지만 난이도는 다른 야외훈련에 비해서 매우 낮은 편이다.

경계근무에서 배우게 되는 것들

- 수하하는 방법
- 포박하는 방법
- 초소에서 지휘통제실로 보고하는 방법
- 포박한 인질을 처리하는 방법
- 공포탄 사격(공포탄 두 발을 발포하게 된다)

경계훈련은 처음으로 야외에서 실시하는 훈련이므로 재미있는 것들도 많고, 새로운 것들도 배울 수 있어 좋다. 또한 경계훈련은 전혀 어려운 것이 없고 경계훈련장까지 단독군장으로 이

동하는 것도 별도 힘들지 않다. 논산의 경우 30~40분 정도 걸으면 경계훈
련장에 도착한다.

경계근무훈련은 어렵지 않기 때문에 전혀 긴장하거나 걱정할 필요가 없다. 공포탄을 쏠
때 탄피만 잃어버리지 않도록 조심하면 된다. 사실 잃어버릴 일도 거의 없긴 하다.

*** 오늘 배우게 될 훈련소 용어**

믹싱

비눗물이나 세제 물을 바닥에 뿌려서 빗자루 등으로 긁
어내면 바닥의 때가 벗겨지는데, 이 작업을 믹싱이라 한
다. 보통 훈련소에서는 잘 하지 않지만 자대에 가서는
일주일에 3~4번 정도는 하게 된다. 필자 역시도 훈련소
에서 믹싱을 단 한 번밖에 해보지 않았다. 믹싱의 종류 
에는 치약 믹싱, 세제 믹싱 등 다양하나 일반적으로 치약 믹싱을 가장 많이 하게 된다. 군대에서 치
약은 이를 닦는 데보다 벽이나 바닥 등의 청소를 하는 데 더욱 많이 쓰인다. 특히 구두약을 지우는
데 탁월한 역할을 한다.

□ 아침점호 후 헌혈
□ 종교행사(세례식)

□ 헌혈

모든 훈련소 기수마다 해당되는 일인지는 모르겠으나, 가끔 훈련소 내로 헌혈차가 들어와 헌혈을 할 수 있는 기회가 생긴다. 훈련소 내에서 헌혈은 예상외로 인기가 많다(사회에서는 그렇지 않지만). 이유는 헌혈을 하면 받는 상품이 많기 때문이다.

필자의 경우 라이트펜, 초코파이 세 개, 이온음료 등을 받았다. 군대에서는 이러한 상품들이 매우 소중히 느껴지기 때문에 헌혈을 하려는 장병들이 줄을 선다. 훈련소에서는 당분을 거의 섭취하지 못하기 때문에 계속 단 것에 대한 생각이 머릿속에 맴돈다. 그중에서 가장 상징적인 것은 아마도 초코파이일 것이다. 자대에서는 PX 이용이 자유로워 그렇지 않지만, 훈련소에서의 초코파이는 신과 같은 존재이다. 요즘은 몽쉘, 가나파이 등 초코파이를 대체할 만한 상품들도 많이 나와 있다.

□ 토요종교행사

훈련소에서는 가끔 토요일에 종교행사를 한다. 토요일에 하는 종교행사는 일요일에 일반적으로 치러지는 종교행사와는 조금 다르다. 주로 세례식이나 입교식과 같은 큰 행사들이 주를 이루고, 정기 종교행사보다도 상품이 더 많다. 그래서인지 토요일의 정기행사는 사람들도 많이 몰리고 인기

도 많다. 이러한 토요일 종교행사는 한 달에 한 번 정도 있는 것으로 추정
된다.

조교의 군화는 반짝반짝 광이 난다. 하지만 내 군화는 아무리 닦아도 광이 나지 않는다. 내 군화가 더 새것인데 왜 그럴까? 군화에 광이 나게 만드는 방법을 아무리 물어도 조교들은 알려주지 않는다. 조교들은 그저 군화에 검정 구두약만 열심히 발라서 까맣게 만들어놓으라고만 말한다.

당시에는 몰랐으나 알고 보니 조교들의 군화는 물광이나 불광을 낸 것들이 많았다. 뜨거운 물을 이용하거나 구두약을 불로 지진 뒤 구두에 바르고 오랫동안 융으로 닦아주면 광이 잡히게 되는 것이다. 물광이나 불광은 한 번 내면 꽤 오랫동안 지속되므로 여러 번 할 필요는 없다. 평소에는 구두약을 바르고 솔질을 한 뒤 융으로 닦아도 어느 정도는 광이 난다.

□ 개인정비 및 종교행사

□ 종교행사, 갈 것인가 말 것인가?

논산훈련소의 경우 참여할 수 있는 종교행사로는 기독교, 천주교, 불교, 원불교가 있으며, 모두 일요일 아침에 행사를 한다. 참여자들에게는 초코파이나 탄산음료 등과 같은 간단한 간식, 혹은 군 생활에 필요한 용품들이 지급된다.

종교행사는 훈련소에서 꼭 참여하지 않아도 되는 일이다. 종교행사에 참여하지 않는 경우 낮잠을 자거나 쉴 수 있다. 하지만 대부분의 훈련병들은 간식 때문에라도 꼭 참여하려 한다. 어떤 훈령병은 천주교, 불교, 기독교 세 군데를 모두 가서 '트리플 크라운'을 달성한 경우도 있었다.

트리플 크라운

　군에서는 주말이라고 해서 사역이 없는 것은 아니다. 보통 훈련병 때는 사역에 투입되지 않지만, 아주 특별한 경우는 사역에 투입되어 잡일을 도맡아 하는 경우도 발생한다. 필자는 훈련소 생활을  할 때 운이 좋게도 사역에 투입된 경험이 한 번도 없었다. 그런데 종교행사에 참여하지 않은 일부 훈련병들이 훈련소 내무실을 청소했다는 얘기가 돌기도 했다.

　필자가 훈련소 생활을 할 때에는 첫 주에 기독교의 참여 인원이 가장 많았다. 그러나 둘째 주에는 많은 인원이 천주교로 옮겨갔고, 기독교와 천주교는 거의 대등함을 이루었다. 이유를 알아봤더니 기독교는 첫째 주에 훈련병들에게 초코파이 두 개를 지급했는데, 천주교는 초코파이 다섯 개와 커피까지 지급했다는 소문이 돌았기 때문이다. 주차가 지남에 따라 알게 되었던 것은, 대체적으로 천주교가 기독교보다 항상 간식 지급량이 많았고, 원불교와 불교는 가끔 이색적인 음식으로 훈련병들을 유혹했다(빵이 주류였고 필자의 친구는 원불교를 갔다가 냉면을 얻어먹었다고 한다).

　이처럼 훈련소에서는 종교활동 때문에 웃지 못할 갖가지 해프닝이 발생하기도 한다.

□ **2주차의 시작**

2주차부터는 본격적으로 군인이 되기 위한 훈련을 시작한다. 특히 긴장되는 사격술 훈련이 이 2주차에 포함되어 있다.

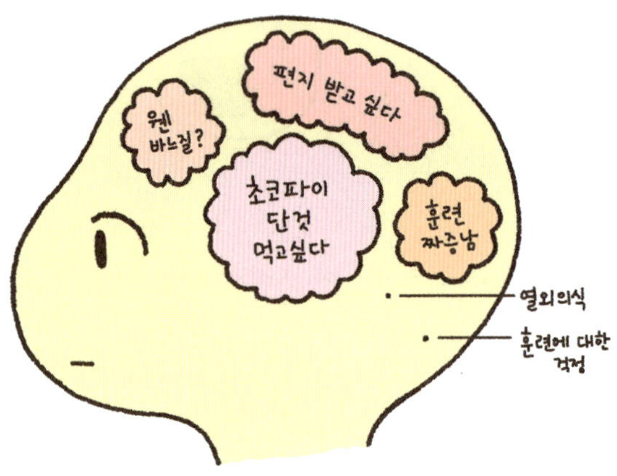

2주차 훈련병의 두뇌구조

군대에서는 지시하는 대로 행동하는 것이 제일 안전하다. 물론 몰래 해서 걸리지 않으면 괜찮을 거라 생각하는 병사가 있는데, 이것은 큰 오산이다. 걸리면 갈굼(?)을 받고 군기를 강화하기 위한 얼차려를 받을 수도 있기 때문에 골치 아프다. 지시대로 하는 것이 가장 쉽고 결과도 좋을 때가 훨씬 많다.

* DAY 15 일정

□ 체력단련

□ 사격술 예비훈련(PRI) 야외훈련 1일차

난이도 ★★

□ 사격술 예비훈련(PRI) 1일차

사격술 예비훈련(PRI)은 사격을 해야 하는 상황에서 요구되는 다양하고 올바른 사격자세들을 연마하는 훈련으로 엎드려 쏴, 대공사격술, 야간사격술, 삼조준사격, 서서 격발연습, 평원판 훈련 등을 포함한다.

흔히 PRI 훈련을

- P : 피나고
- R : 알배기고
- I : 이갈리는

훈련이라고 한다. 하지만 이것은 1일차에만 해당될 뿐 2일차는 수월하다.

1일차에는 엎드려 쏴, 무릎 쏴, 앉아 쏴 등의 사격자세와 대공사격술, 야간사격술 훈련을 실시한다. 엎드려 쏘는 자세와 누워서 쏘는 사격 자세가 제일 힘들다. 같은 자세로 오랫동안 있어야 하는 경우가 많기 때문에 평소에 쓰지 않

던 근육들이 몹시 당기게 된다.

□ 대공사격술, 야간사격술

대공사격술과 야간사격술은 말 그대로 비행기를 격추시키는 방법과 야간에 적을 쏴서 맞추는 방법을 배우는 것이다. 이 두 자세는 연습만 하고 실제로 쏘진 않는다. 크게 어려운 것은 없다.

□ 체력단련

오후에 하는 체력단련은 태권도, 1.5km 구보, 윗몸일으키기 등 다양하게 실시한다. PRI 훈련 뒤에 하는 체력단련이라 더욱 힘들다.

□ 군가연습

군가는 10대 군가를 배우게 된다. 30분에서 1시간 정도 하게 된다.

군대 훈련소의 밥은 훈련량을 염두에 두고 보통 식사보다 염분을 더 많이 추가시키기 때문에 짜다.

* 오늘 배우게 될 훈련소 용어

우리는 끝났다 각개전투

이것은 훈련병들이 4주차 각개전투 및 숙영이 끝나고 외치는 구호이다.

보통 종교행사 때 많이 하게 된다. 다만 위화감 조성 방지를 위해 최근에 금지시키는 조교들도 꽤 있다. 하지만 훈련소의 막바지에 다다른 훈련병들이 1주차, 2주차의 후임 훈련병들에게 자랑을 하고자 "우리는 끝났다 각개전투!"를 외치곤 한다. 후임 훈련병들을 놀리는 그 기분은 매우 통쾌하다.

* DAY 16 일정

□ 중대장님 간담회
□ 사격술 예비훈련(PRI) 야외훈련 2일차

난이도★★

□ 사격술 예비훈련(PRI) 2일차

첫날은 엎드려 쏴 자세 연습이 주를 이뤄서 힘들지만 2일차에는 삼조준 사격, 서서 격발연습, 평원판 훈련이 주를 이룬다. 이 훈련들은 엎드려 쏴 자세보다는 훨씬 쉽다.

□ PRI 훈련 중 삼조준사격 연습

영점사격의 연습판이라고 할 수 있는 훈련이다.

엎드려서 총을 겨눈 상태로 파트너와 영점을 맞추는 훈련이다. 자신이 표적이라고 보이는 부분을 파트너에게 손짓으로 알려주면(세 번 실시) 삼각형이 형성되는데 삼각형이 조그만 원안에 맞춰지면 영점이 형성되는 것이다. 그런데 이 영점을 획득하는 것은 아주 힘들다.

□ PRI 훈련 중 평원판 훈련

바둑알 하나를 총열 위에 올려놓고 엎드려 쏴 자세로 격발을 한다. 이 상태에서 바둑알이 계속 총열 위에 올려져 있으면 합격이고 떨어지면 불합격이다. 실제 총을 가지고 격발을 하게 되면 관성에 의해 총이 심하게 흔들린다. 따라서 사격을 처음 접하게 되는 훈련병들은 이 때문에 당황하기도 하고, 표적에 총알을 쉽게 맞출 수 없게 된다. 평원판 훈련을 함으로써 사격에 좀 더 집중 할 수 있고, 격발 후 자세에 대한 감을 기를 수 있다.

□ 서서 격발연습

입사호(움푹 패인 구덩이 같은 곳) 안에서 선 자세로 쏘는 연습이다. 이 훈련 때는 자세연습과 함께 실제 실거리 사격 때 시간 안에 총을 쏠 수 있도록 연습을 한다. 실거리 사격 때는 표적이 3~4초 만에 내려가버리기 때문에 사전에 이러한 훈련으로 빠르고 정확하게 사격을 할 수 있는 연습을 해 놓아야 한다.

오늘의 TIP

훈련소에서는 물을 많이 마실 수 없다. 끓인 물만 주는데 물의 양도 그리 많은 것이 아니고, 사회에서 먹는 물처럼 맛이 있는 것도 아니다. 몇몇 훈련병들은 몰래몰래 조교들이 쓰는 정수기를 쓰곤 했다. 굉장히 답답한 부분 중 하나이다. 목이 마르지 않더라도 물을 마실 기회가 있을 때 미리미리 먹어두는 것이 좋다.

- 탄착군 사격
- 군장 결합

난이도 ⭐

☐ 탄착군 사격

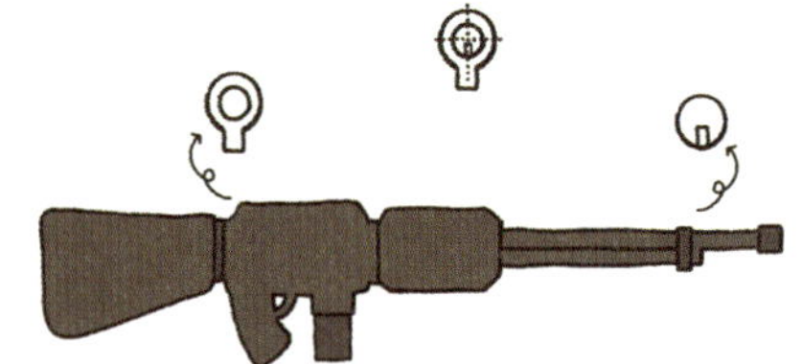

탄착군 사격은 사격을 실제로 하게 되는데 1, 2차로 나누어 세 발씩 총 여섯 발을 쏜다. 표적판에 삼각형을 얼마나 작게 만드느냐가 관건이다. 탄착군은 한마디로 삼조준 훈련을 실탄으로 옮기는 것이다.

뒤의 가늠쇠와 앞의 가늠자 두 원의 중심이 일치하게 조준을 하는 것이 올바른 조준방법이다. 조교들의 지시를 그대로 따르는 것이 가장 사격을 잘할 수 있는 방법이다.

탄착군 사격 TIP

어깨 약간 밑쪽에 총을 잘 밀착시키고 숨을 살짝 참은 뒤에 해야 잘 된다. 총은 생각보다 반동이 심하기 때문에 꽉 받쳐야 흔들리지 않고 잘 쏠 수가 있다. 탄착군 사격은 제대로 기록에 들어가는 것이 아니기 때문에 조금 망쳤다고 해서 너무 걱정할 필요는 없다. 또한, 사격은 자대에 가서 꾸준히 하면 감이 오기 때문에 실력이 향상된다.

□ 군장 결합

　이날은 훈련소에서 처음으로 군장을 결합하는 연습을 하게 된다. 논산의 경우 신형 군장이라 구형 군장보다는 결합하기가 훨씬 쉽다. 그냥 넣으라는 것들을 다 넣기만 하면 된다. 군장 결합을 미리 배워두는 까닭은 행군 훈련 때에 이 군장을 메고 훈련을 받기 때문이다. 군장이 무거워질까 봐 일부 물품을 넣지 않고 이상한(?) 방법으로 군장을 결합하게 되면, 매우 힘들어진다.

오늘의 TIP

　군장은 완전군장을 했을 때 10~12kg 정도 된다. 거기에 장구류, 방탄, 소총까지 들게 되면 15~16kg은 될 것이다. 다행히 여름에는 두꺼운 모포를 넣지 않기 때문에 겨울보다는 조금 더 가볍다. 무게에 겁먹지 말고, 자신이 메고 훈련받을 것을 생각하며 정성을 다해 군장 결합을 해보자.

□ 영점사격

□ 영점사격

영점사격 표적지

군장을 싸고 영점사격을 하러 가는데, 처음 군장을 메고 이동하는 것이라 조금은 힘들게 느껴질 것이다. 훈련도 물론 어렵다. 하지만 훈련보다도 더 고통스러운 것은 군장을 준비하고 그것을 메고 훈련장까지 가는 일이다. 겪어본 사람들은 누구나 다 안다.

영점사격은 총 15발을 쏘게 되는데, 탄착군 사격과 하는 방법은 같다. 크게 어렵지 않으며, 통제에만 잘 따르면 된다. 사격은 아무래도 위험할 수 있으므로 간부나 분대장들이 좀 더 엄하게 다룬다.

영점사격은 중앙에 맞추려 하기보다는 삼각형을 잘 형성하는 것에 중점을 둬야 한다.

간혹 영점사격 때 옆 동기에게 지원사격(?)을 해주는 훈련병들도 있다. 자신의 표적지가 아닌 옆의 동기의 표적지를 맞춰주는 것이다. 이런 불상사가 없도록 정신을 똑바로 차리고 자신의 표적지를 주시해야 한다.

사격장에서는 절대로 한눈을 팔아서는 안 된다. 사소한 실수에도 큰일이 벌어질 수 있기 때문이다. 반드시 총구는 전방을 향하도록, 방아쇠는 안전에 놓도록 해야 한다. 그리고 자신의 총을 절대로 타인에게 맡기거나 해서는 안 된다.

혹여나 조교가 자신의 총을 보자고 하거나 총구를 밑으로 내려보라는 지시를 한다고 하더라도 절대 속지 말아야 한다. 똑똑한 훈련병이 되자. 이것은 자대에 가서 선임이 그러더라도 똑같다. 선임이 자신의 총을 만지면 관등성명을 대면서 자신의 총번을 대는 것도 잊지 말자.

* 오늘 배우게 될 훈련소 용어

멀가중 멀가중 멀중가중

훈련병 시절에 꼭 외워야 할 필수단어이다. 군대에서 사격을 할 때 표지판이 나오는 순서를 뜻하는 말로, '멀'은 표적이 먼 곳에서 '가'는 표적이 가까운 곳에서, '중'은 중간에서 나타나는 것을 말한다. 그래서 먼 곳, 가까운 곳, 중간, 먼 곳, 가까운 곳, 중간, 먼 곳, 중간, 가까운 곳, 중간 순서로 표적이 나타난다고 해석할 수 있다. 거리는 먼 곳이 250m, 중간이 200m, 가까운 곳이 100m이다.

□ 중대장님 정신교육

□ 개인정비

□ 군가교육

이날은 창설기념일로 휴식을 취하게 되었다. 별다른 일정이 없었다.

분대/소대/중대 등의 개념

군대에 안 다녀온 사람들은 부내나 소대 같은 개념에 대해서 잘 모르는 경우가 많다. 일단 간략히 정리하자면, '분대 < 소대 < 중대 < 대대(교육대) < 연대' 순이다.

분대는 훈련소의 경우 15명 정도씩이고, 소대는 보통 세 개의 분대로 이루어져 있다. 중대는 소대가 서너 개 정도 모인 것이고, 대대는 여섯 개의 중대로 이루어진다. 여기서 각각의 분대나 소대를 이끄는 사람을 분대장, 소대장으로 부르는데, 분대장은 논산의 경우 조교이다. 소대장부터는 간부들이 맡게 된다. 자대에 오면 소대장과 중대장의 계급이 약간씩 다를 수 있다. 보통 소대장은 소위, 중위, 중대장은 대위(규모가 큰 중대의 경우 소령)이지만 간혹 상사가 소대장이나 중대장을 맡는 경우도 봤다.

개인정비와 같은 자유시간에는 많은 생각을 하게 된다. 그중 가장 많이 하는 생각은 무엇을 먹고 싶은지, 그리고 첫 휴가 때는 무엇을 하고 싶은지 등이다. 생각만 하지 말고 이러한 작은 생각들을 사소한 것이지만 하나하나 메모해두면 참 좋다. 훈련소 동기 중 한 명은 그때그때마다 좋은 생각들을 메모하여 시집을 쓰겠다고 했던 사람도 있었고, 노래 가사를 쓰는 사람도 있었다. 사회에서보다 생각이 많아지는 군에서 아이디어가 더 빛을 발한다고 한다.

필자와 가장 친했던 동기는 휴가 때 무엇을 할지 그리고 무엇을 맛나게 먹을지 메모를 해두었다. 첫 휴가는 4박 5일밖에 되지 않기 때문에 미리미리 계획을 세워 알차게 보내자는 취지였다. 사실 자대에 가서도 메모하는 것은 상당히 좋은 모습으로 비춰지고, 개인적으로도 도움이 많이 된다. 사소한 것이라도 적어놓고 실천해가는 것이 좋다.

오늘의 TIP

어떤 중대의 경우 군가를 잘 외워서 부르면 상점을 주기도 한다. 군가는 훈련소마다 배우는 것이 조금 다르지만 기본적으로 10대 군가와 부대 가(歌)를 배운다. 부대 가는 자대에서 배우고 논산훈련소에서는 논산훈련소 가를 배운다. 군가에는 좋은 노래가 아주 많다. 부르다 보면 입에 착착 감긴다. 행군 등의 훈련을 할 때 군가는 잠시나마 어려움을 잊게 하고 힘을 실어주기도 한다.

□ 대청소

훈련소에서는 청소에 대한 업무를 분담하여 자신이 맡은 부분 위주로 각자가 청소를 하게 된다. 훈련소에서 하는 청소는 대부분 보여주기 식으로 하는 경우가 많다. 겉에 보이는 것들은 윤이나 광택이 날 정도로 번뜩거리게 갈고 닦지만 실제 안에 있는 구석의 먼지들은 잘 닦지 않는다. 하지만 이러한 구석 먼지들을 잘 닦지 않으면 호흡기에도 좋지 않고, 가끔 분대장이나 조교에게 발각되었을 때 좋지 못한 일이 발생할 수도 있으니 유의해야 한다.

청소임무 배정에 대한 TIP

청소는 무조건 임무분담제이다. 보통 임무 하나로 훈련 내내 같은 구역을 청소하게 된다. 물론 좋은 임무가 걸리는 것은 무작위다. 훈련소에서는 보통 아침 저녁으로 청소를 한다.

필자의 경우 아침에는 외부청소를 맡게 되었는데 아침마다 미화원들이 쓰는 대가 긴 초록색 빗자루로 막사 주변을 깔끔하게 정리하는 것이었다. 물론 청소 방

법은 쉬웠으나 추운 겨울에 실외를 청소하다 보니 아침마다 항상 손과 얼굴이
시려웠다.

오늘의 TIP

훈련소에서는 동기들이 있기 때문에 훈련이 힘들더라도 동기들과의 관계가 좋으면, 즐
겁게 훈련을 받을 수 있다. 그러니 동기들과 항상 좋은 관계를 유지하고, 동기애를 갖도
록 하자.

- □ 실내점호
- □ 종교행사
- □ 개인정비

□ 실내점호

보통은 아침에 실내에서 점호를 하는 경우는 많지 않다. 비나 눈이 온다거나 기온이 너무 높거나 낮으면 실내점호를 하게 된다. 실내점호는 물론 야외점호보다 훨씬 수월하다. 안에서 점호활동을 하면 밖으로 나가는 수고도 덜어 주고 날씨의 영향도 받지 않는다. 하지만 실내점호는 자주 하지는 않는 편이다.

□ 훈련소 시절의 편지

토요일이나 일요일과 같이 개인정비 시간이 주어지는 날이면 훈련병들은 대개 편지를 쓴다. 전화는 마음대로 할 수 없지만, 편지는 남는 시간마다 마음대로 쓸 수 있기 때문이다. 삼삼오오 모여 부모님에게로, 애인에게로, 그리고 친구에게로 편지를 쓴다. 사회에서는 휴대폰이나 이메일을 주로 사용하므로 특별한 날이 아니면 편지를 쓸 일이 없다. 하지만 군대에서는 이러한 디지털 기기는 이용할 수 없기 때문에 아날로그 방식으로 소식을 주고 받는다.

　　군대에서 편지는 매우 소중하다. 힘든 훈련의 고통을 잊게 해주고, 그리움을 달래준다. 군대에서 편지를 쓰는  동안만큼은 깊은 향수에 잠겨 모든 것을 잊을 수 있고, 즐거운 상상을 마음껏 할 수 있다. 절대 악필이었던 사람도, 평소에 낭만적인 말을 잘하지 못했던 사람도 모두 편지를 통해 자신의 마음을 표현하면서 달라지게 된다.

　　이러한 편지는 때론 훈련병들 사이에서 부러움의 대상으로 작용하기도 한다. 애인이 없는 사람들은 애인이 있는 사람들을 부러워하기도 하고, 적게 받은 사람들은 많이 받은 사람들을 선망의 눈으로 쳐다보기도 한다. 일반적으로 훈련소에서는 편지가 오게 되면 행정반에서 적절한 검열을 한 후 소대별로 분류하여 조교에게 인계해준다. 조교는 소대 내무실에서 훈련병들의 이름을 호명하면서 편지를 나누어주게 된다. 조교가 편지를 나누어주며 이름을 호명할 때 자신의 이름이 호명되지 않으면 낙심하는 경우가 많다.

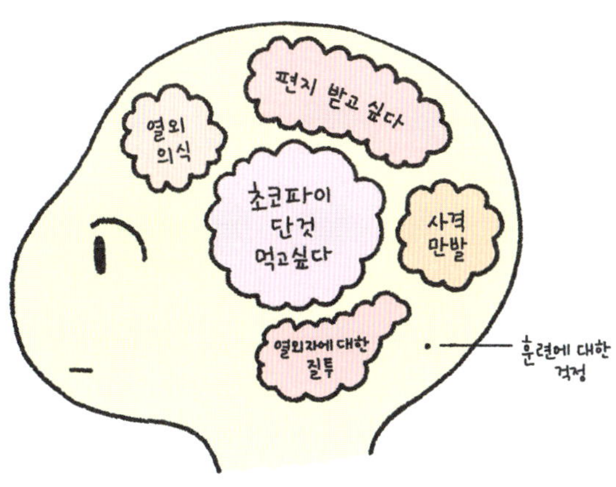

3주차 훈련병의 두뇌구조

'내가 편지를 그렇게 많이 보냈는데 왜 내 편지는 한 통도 안 온 거지?' 라며 울상을 짓기도 하고, '내가 그렇지 뭐'라며 속으로 자책하는 사람들도 많다. 하지만 실망하지 말라! 실망하기는 아직 이르다. 훈련소는 매일 수천 통, 많게는 수만 통의 편지가 오고가기 때문에 훈련소로 막상 편지가 도착했더라도 분류 과정이라든가 그 외의 여러 가지 사유로 조금 늦게 전달되기도 한다. 그래서 어떤 훈련병은 평소에 이름이 호명되지 않다가 어느 날 한꺼번에 수십 통의 편지를 전달받는 일도 생기곤 한다.

오늘의 TIP

편지를 쓰는 훈련병들 중 어느 소대나 이런 훈련병들이 꼭 존재한다.

1. 부모님께 편지를 쓸 때 눈물을 흘리는 훈련병

2. 주소를 제대로 알지 못해 썼던 편지를 보내지 못하고 묵혀놓는 훈련병

3. 애인에게 선물을 하는 훈련병(10원짜리를 돌이나 흙바닥에 열심히 갈아서 반지를 만들어 보내기도 하고, 자신의 군번줄을 몰래 넣어 보내다가 걸려서 혼이 나기도 한다.)

4. 애인에게 편지 보낼 때 말도 안 되는 내용을 쓰는 훈련병(완전히 소설을 쓰고 있다. 편지만 읽어보면 훈련소가 무슨 특전사 부대이다.)

5. 애인에게 훈련소로 사진 '뽀샵'해서 보내라는 훈련병(관물대에 자신의 애인 사진을 걸어놓는 경우가 많다. 일종의 자신에 대한 과시이다.)

□ 구급법 교육
□ 개인정비

난이도 ★

□ 구급법 교육

구급법 교육이란 전시상황에서 자신이, 혹은 다른 전우가 다쳤을 때 임시로나마 조치를 취하는 방법을 배우는 교육이다. 처음에 PPT/영상을 통한 CBT 교육을 받고 그 다음에 실습교육을 한다. 훈련 내용은 전혀 어렵지 않지만 조금 지루할 수 있다. 그러나 실습교육은 온종일 연병장에 나가 있어야 하므로 힘들 수도 있다(특히 추운 날이나 더운 날). 배우는 과목으로는 인공호흡이나 전우를 부축해주는 방법 등의 과목이 있다.*

어찌 보면 이 구급법 교육은 별 필요가 없는 듯하지만, 훈련소에서 잘 배워두면 사회에서도 매우 유용하게 쓰일 수 있다. 사회에 나가서 운동을

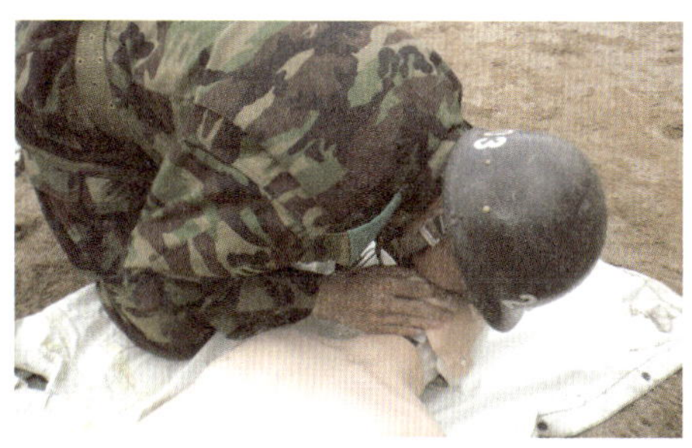

하다 다치거나 물에 빠져 의식을 잃은 사람이 있을 때 멀뚱멀뚱 구경만 하는 것보다 군에서 배운 구급법을 사용한다면 훨씬 더 의로운 사람이 되지 않겠는가? 물론 훈련소

---

* 구체적인 과목으로는 심폐소생술, 지혈법, 부목 등이 있다.

에서 전문적인 수준에 이르게까지 배우지는 않지만 그래도 중요한 사항들은 다 배우게 되므로 큰 도움이 될 수 있다.

미국과 같은 경우 월남전 때 수많은 병사들이 전투를 하다가 죽었다. 물론 신체에 큰 타격을 입고 죽게 된 병사들도 많았으나, 대부분은 그보다 적절한 시기에 지혈이나 구급조치를 받지 못해 과다출혈로 사망한 경우였다고 한다. 이후 미군은 응급처치의 중요성을 느껴, 대대적인 구급법 교육을 실시했다고 한다.

구급법 교육 후에는 대개 개인정비 시간을 갖는다.

구급법 교육은 잠시 쉬어가는 시간이라고 생각해도 좋다. 하지만 매우 필요한 교육이다.

*DAY 23 일정

□ 유격훈련

난이도 ★★   난이도 ★★★★

□ 유격훈련 & PT체조

유격은 주어진 상황에서 주변 장애물에 대한 대처능력을 기르는 훈련이라고 할 수 있다. 장애물을 피해 원하는 목적지까지 이동을 한다거나, 밧줄을 이용하여 장애물을 넘는 등 실제 전시상황에서 유용하게 쓰일 수 있는 훈련을 한다. 자대에서 유격은 매우 큰 훈련이자, 모든 훈련의 '꽃'이라고도 불린다.

자대에 와서 경험한 것이지만 훈련소에서의 유격훈련은 음식에 살짝 간만 보는 수준이었다. 자대 유격훈련은 모든 군필자들의 #1 토론대상이다.

훈련소에서 유격훈련을 할 때에는 어떤 장구류도 착용하지 않고, 하의 안에 넣어 입던 상의도 밖으로 내어 입는다. 또한 군복 하의 밑에 고무링도 하지 않는다. 유격훈련장은 다른 훈련장에 비해 그리 멀지 않다. 어느 정도 편하게 할 수 있는 훈련이다. 하지만 유격훈련장까지 구보로 가는 것이 힘들다. 이때에는 숨이 턱까지 차오를 정도로 뛴다. 훈련장이 멀었다면 필자는 아마 유격훈련을 하기도 전에 쓰러졌을 것이다.

훈련소에서 하는 유격훈련에는 레펠, 외줄타기 등 장애물을 활용한 여

8번 PT체조의 모습

러 가지 훈련들이 있다. 장애물 넘기 자체는 별로 어렵지 않고 재미있을 정도이다. 하지만 유격이 힘든 것은 PT체조 때문이다. 8번이 제일 악명이 높지만, 나머지도 진이 빠지게 만든다.

오늘의 TIP

유격훈련은 PT체조가 가장 힘든 과정이다. 날씨까지 더우면 더욱 짜증나고 힘든 훈련이지만, 체력 단련이라고 생각하고 열심히 하면 잘 지나간다.

□ 제식훈련

□ 수류탄 CBT 교육

□ 군장결속

□ 제식훈련

이날은 수료식을 앞두고 수료식 때 대대장님과 많은 간부들 앞에서 선보일 제식훈련을 연습하게 된다. 주로 '분열 연습'과 '우로 봐'를 배우게 되는데, 훈련소에서 '우로 봐'를 할 때가 되면 훈련소 시절도 절반 정도 지나갔다고 볼 수 있다.*

수료식 제식훈련을 하다 보면 소대에 고문관들이 꼭 한둘씩 있다. 국기에 대한 경례를 할 때 "충! 성!"을 외친다든가(국기에 대한 경례를 할 때에는 구호가 생략된다), 우로 봐를 할 때 좌측을 본다든가 하는 사람들이 이런 부류에 속한다. 물론 한두 번의 실수는 용납되지만 지속적으로 이런 행동을 보이면 곤란하다.

정신을 똑바로 차리자!!

---

* '우로 봐'는 5주 훈련 중 3주차 이후에 배우는 제식이다.

□ 수류탄 CBT 교육

이 CBT 교육에서는 수류탄 잡는 법, 던지는 법 등을 배운다. 수류탄 교육은 CBT 교육보다는 실제로 연습용 수류탄을 던져봐야 감이 온다.

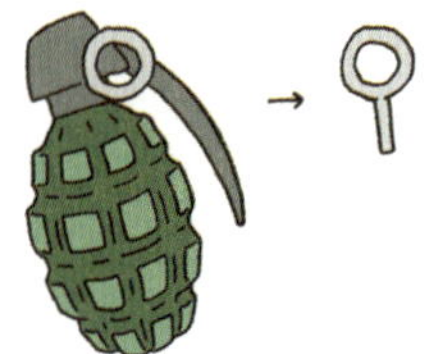

□ 군장결속

수류탄을 던지러 갈 때에는 군장을 하고 가는데, 가장 무거운 완전군장을 하고 2시간 정도를 걷는다. 완전군장은 들어가는 것이 굉장히 많아서 정말 무겁다. 필자의 경우 숙영지에 가져가는 팩들까지 넣으라는 지시가 떨어져 군장은 더더욱 무거웠다.

오늘의 TIP

훈련소에서는 소포가 오면 다 열어보라고 한다. 이것은 반입이 안 되는 물품을 사전에 방지하기 위함이다. 비타민 C나 간단한 건강식품은 괜찮지만 연예인 사진은 금지이다. 그러나 어떤 동기들은 친구들이 몰래 편지 안에 넣어 보내 받아본 사람들도 있었다.

□ 수류탄 투척 훈련

난이도 ★★
＊ but 투척장소까지 가는 길 난이도 ★★★★!!

□ 수류탄 투척 훈련

　수류탄 훈련은 매우 긴장되는 훈련 중 하나다. 총보다도 위력이 세고, 혹여 잘못 터지기라도 하면 여러 사람에게 치명적인 피해가 돌아갈 수 있기 때문이다. 하지만 연습용 수류탄으로 충분히 감을 익히고 실전에 임하면 전혀 어렵지 않고 안전한 훈련이 될 수 있다.

　만약, 수류탄 던지는 것에 정말 자신이 없다 싶으면 훈련소의 조교들이나 간부에게 말하여 던지지 않을 수도 있다. 또한 굳이 먼저 말하지 않아도 간부들이 판단하기에 안 되겠다 싶은 훈련병들은 사전예방 차원에서 제외를 시킨다. 실제로 필자의 소대에서도 못 던지겠다고 말하여 던지지 않은 훈련병들도 있었고, 사전에 배제된 훈련병들도 있었다.

수류탄 훈련은 훈련장까지 가는 길이 매우 고되고 힘들다. 완전 군장으로 2시간 정도를 걸어야 하는데, 후에 하게 될 행군훈련의 축소 버전이라고 할 수 있을 만큼 무척 힘들다. 수류탄 연습장의 경우는 던지는 곳과 기다리는 곳 간의 거리가 아주 멀기 때문에 파편의 피해를 걱정하지 않아도 되며, 웅덩이에 던지기 때문에 안전하다. 수류탄의 위력은 꽤 세서 땅이 흔들릴 정도이다. 훈련소 때의 잊지 못할 경험거리 중 하나가 바로 이 수류탄 투척 훈련이다.

오늘의 TIP

수류탄을 표적에 맞히게 되면(25m 거리) 전화조치나 상점을 준다. 그런데 수류탄이 생각보다 묵직해서 맞히기가 쉽지 않다. 수류탄을 던질 땐 스냅을 이용해라.

*** 오늘 배우게 될 훈련소 용어**

똥국

똥국이란 군대에서만 먹을 수 있는 국을 말한다. 된장국 같기도 하지만 국물 안에 별다른 건더기는 없다. 훈련소에서는 다들 누르면서 건더기가 없는 이 국물의 정체에 대해 의문을 품지만 그냥 맛있게 먹는다. 색은 된장국이지만 맛은 된장국 맛이 아니기 때문에 군인들은 이것을 똥국이라고 부른다.

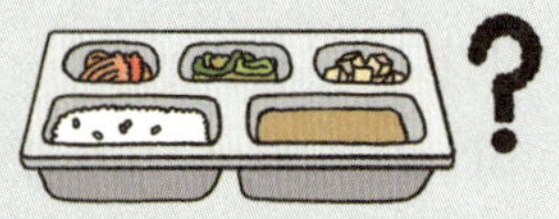

□ 화생방훈련

전반적인 난이도 ★★★

□ 화생방훈련

화생방훈련은 정말 짜증이 나면서도 기억에 남는 훈련이다. 필자는 개인적으로 훈련소에서 받았던 모든 훈련 중 이 화생방훈련이 가장 기억에 남는다. 화생방훈련은 가스실에서 1분 정도 있다가 밖으로 나오는 것이 핵심이다. 생각해보면 크게 어렵지 않고 별것 아닌 것으로 여겨질 수 있다. 하지만 화생방훈련을 하기 위해서는 여러 가지 준비할 것들이 많다. 문제는 바로 이 준비 과정이다. 화생방훈련의 준비 과정은 크게 세 가지로 나뉘며 그 내용은 다음과 같다.

난이도 ★★★★

□ 화생방훈련 중 화생방 보호의(衣) 착용

이 훈련은 참으로 숨막히는 훈련이다. 만약 훈련 시기가 여름이라면 미쳐버릴지도 모르니 각오를 단단히 하는 것이 좋을 것이다. 화학탄이 떨어지게 되면 우리 몸을 보호해주는 옷을 신속하게 착용해야 하는데, 이 옷을 '화생방 보호의'라고 한다. 보호의를 입으면 매우 갑갑하고 땀도 정말 많이 난다. 이 보호의를 3분 만에 입고 방독면까지 착용해야 하는 것이 본 훈련의 목표인데 마음만 급하고 쉽지가 않다.

□ 화생방훈련 중 방독면 착용 연습

방독면 착용 연습을 계속 하는데, 방독면은 9초, 15초 안에 착용을 완료해야 하는 것이 정석이다. 이 연습을 계속 하고 나서 가스실에 들어갈 때쯤이면 자기도 모르게 짜증이 난다. 방독면을 착용한 후 양팔을 머리 주변에 대고 굽혔다 펴며, "가스! 가스! 가스!"라고삼창을 한다. 처음에 이 모습이 어찌나 웃겼던지, 조교의 시범을 보고 웃었다가 혼쭐이 났던 것이 지금까지도 기억난다.

□ 화생방훈련 중 가스실 훈련

이것은 가스실에 실제로 들어가는 훈련이다. 최루가스를 가스실에 터뜨려 놓고 안에서 견디는 것을 연습하는데, 마음대로 순서를 결정할 순 없지만 중간 즈음에 들어가는 것이 좋다. 필자는 거의 끝 부분에 들어갔는데, 훈련 몇 시간 동안 최루가스를 계속 터뜨려대기 때문에 최루탄 진국을 마시게 됐었다.

방독면이 새지 않는지 훈련 전날 꼭 철저히 확인해야 한다(모르면 분대장에게 물어볼 것). 필자는 방독면을 써도 안으로 계속 가스가 들어오는 느낌이었다. 알고 보니 불량품 방독면을 쓰고 있었던 것이다.

화생방훈련의 또 하나의 팁은 최루가스를 씻을 때 손을 대면 안 된다는 것이다. 손을 대면 나중에 더 따갑기 때문이다. 화생방훈련 후 열십자 모습으로 "훈련은 전투다, 각개전투!" 라는 구호를 외치며 밖으로 나오게 된다.

※ 화생방 가스실 훈련은 자대에 가서 유격훈련 때도 하게 된다.

□ 주간행군

난이도 ★★

□ 주간행군

주간행군은 완전군장 상태로 15km를 행군하는 훈련이다. 물론 힘들기는 하나 30km 야간행군보다는 난이도가 절반 이상으로 떨어진다. 그 이유는 주간에 하는 훈련이라는 점 때문이다. 주간에는 야간보다 체온 유지(가을/겨울의 경우)가 훨씬 용이하다. 또한 야간에 걷게 되면 앞이 잘 보이지 않아 몸이 좀 더 위축되기 때문에 피로도가 가중된다. 따라서 야간행군 때, 물집도 더 많이 잡히고, 긴장도 더 많이 하게 되어 한층 힘들다. 필자도 주간행군 때는 물집이 하나도 안 잡혔다. 반면 야간행군 때에는 엄청난 물집이 잡혔다.

행군을 할 때의 필수품 TIP

- **먹을 것** : 종교행사 때 먹을 것을 좀 모아뒀다가 행군 때 먹으면 참으로 행복하고 힘도 난다.

- **물집방지 패드** : 행군 때는 물집이 생기기 십상이다. 전투화를 최대한 꽉 묶

고 물집방지 패드를 껴라.

- **같이 얘기할 동기** : 행군할 때 최대한 얘기를 같이 많이 해야 시간이 무리 없이 빨리 간다. 조교들이 조용히 하라고 군기를 잡지만 결국은 애기를 계속 하게 된다.

- **행군 시 걷는 법** : 행군을 할 때는 가급적이면 발을 끌지 않는 것이 좋다. 행군 중에 발을 끄는 행동은 물집의 주원인이 된다.

주간행군이 야간행군보다 더 쉬운 또 다른 이유는 컨디션이 훨씬 좋은 상태에서의 행군이기 때문이다. 야간행군은 각개전투 및 숙영 등의 어려운 훈련들을 받고 난 이후에 바로 실시하기 때문에 몸이 훨씬 무겁다.

오늘의 TIP

주간행군은 생각보다 어렵지 않다. 그러나 이 행군이 쉽다고 해서 야간행군도 주간행군과 별로 차이가 없을 것이라고 생각하면 안 된다. 이동은 40~45분을 걷고 10~15분 휴식을 취하는 형태이다. 실제 걷는 거리는 2시간 반 정도 걸린다.

* DAY 28 일정

훈련소에서는 일주일씩 각 중대마다 돌아가면서 배식을 한다. 배식이란 다른 훈련병들의 밥을 퍼주고 배식량을 맞추고 식기를 씻는 등의 뒷정리를 하는 일이다. 배식을 맡게 되는 소대원들은 임무를 분담하여 보직을 부여받게 되는데, 보직 배정은 무작위로 한다. 보통 김치통 담당과 식기도구 지급 담당, 와이퍼 바닥세척 담당이 가장 쉬운 일이고, 밥 담당이 어려운 편에 속한다. 하지만 배식 보직 중에 가장 어려운 것은 식기를 닦는 일이다. 식기세척 보직에 걸리면 반은 죽었다고 보는 것이 좋다. 식기를 세척하는 일은 다른 보직들보다 시간도 오래 걸리고, 식사 후 적절한 휴식도 없을 뿐더러 과정 자체도 매우 힘들다.

해보지 않은 사람들은 모르겠지만, 밥을 먹고 난 수많은 병사들의 식기

를 세척하는 일은 참으로 고되다. 팔이 후들후들거리고, 허리는 끊어질 것 같이 아파온다. 몇몇 병사들은 이때 매일 가족이 식사하고 나서 설거지를 하시는 어머님이 정말 대단하다는 걸 느꼈다는 사람도 있다. 하지만 보직을 자신이 정할 수는 없으므로 좋은 보직에 걸리길 기도하는 수밖에 없다.

필자도 훈련소 28일차인 이날 식기를 세척하는 보직을 받고 열심히 식기를 닦았다. 도중 너무 힘들어 쓰러질 뻔했고, 식기세척이 다 끝날 무렵에는 어머님들이 명절 때나 걸린다는 주부병에 걸려 무척 고생했다.

4주차 훈련병의 두뇌구조

긍정 마인드를 가져라! 힘들 때 어렵다고 생각하면 더 힘들어진다. 어렵고 힘들수록 긍정적으로 생각하는 것이 좋다. 힘들수록 자신이 더 단련되고 있다고 믿는 것이 바람직하다. 아무리 힘들고 고되도 국방부 시계는 돌아간다는 말이 있다. 한발 더 나아가 힘든 과정에서 얻게 되는 긍정적인 것들만 생각하라!

□ 제식훈련　　　　　　　□ 군가교육

□ 정훈교육

□ 군장결속

이날 배운 제식 내용은 분열 및 우로 봐 등이었다. 이 제식은 평소의 제식보다 한층 더 응용된 것으로서, 자대에 가서도 꽤 많이 사용된다.* 제식이다 보니 어려운 것은 전혀 없다.

다음 날이면 훈련소 생활 30일째를 맞게 되고 훈련소 40일 과정 중 3/4 정도를 완료한 시점이 된다. 슬슬 자대 배치가 걱정되는 시점인데, 최대한 긴장을 풀고 걱정하지 않는 것이 마음 편하다.

사실 좋은 자대란 정해져 있는 것이 아니다. 같은 대대라도 중대에 따라서 분위기도 다르고 심지어는 하는 일까지도 많이 다르다. 그렇기 때문에 필자 생각으로는 어느 자대로 배치되든지 선임병이나 간부들과의 관계, 그리고 자신이 하는 일에 대한 만족감이 자대의 행복감을 결정짓는 가장 큰 요소라고 본다.

오늘의 TIP

각개/숙영 전에 있는 중간중간의 정신교육이나 제식훈련들은 폭풍이 오기 전의 고요함과 같다.

---

* 이때 배우는 제식들은 자대에서 국기 계양식 행사 때 쓰이게 된다.

* DAY 30 일정

□ 정훈교육

□ A형 텐트 치는 방법 소개

□ 정훈교육

정훈교육이란 숙영 및 각개전투를 하기 직전에 하는 정신교육이다. 정신교육의 내용과 별다른 것은 없다. 이제 곧 숙영과 각개전투를 하게 될 것이다. 이 두 훈련은 훈련소 일정의 꽃이라고 할 수 있을 정도로 꽤 힘들지만 기억에 남는 과정들이다. 복귀할 때는 30km 행군이 훈련병들을 기다리고 있다.

□ A형 텐트 치는 방법 소개

정훈교육이 끝나고 숙영지 텐트 치는 방법을 연병장에서 간단히 설명해준다. 하지만 이 설명만 듣고서 실제 숙영지에서 텐트를 완벽히 치는 사람은 거의 전무하다. 여럿이 함께 협동하여 일하는 것이 얼마나 힘든지를 알게 된다.

오늘의 TIP

각개전투, 숙영, 30km 행군만 끝나면 큰 고비를 넘긴 것이다. 그 이후엔 분대장들도 다 풀어준다. 열심히 훈련에 임하면 그 만큼 시간도 더 빨리 간다. 오히려 정훈교육보다 힘든 훈련들이 시간이 훨씬 빨리 가는 편이다.

□ 각개전투

□ 야외 숙영

각개전투란 분대 단위 전술훈련인데 분대 또는 개인이 포복을 하거나 약진하여 목표물을 점령하는 데 필요한 전투훈련이다. 기고 구르고 신속히 이동하면서 적을 제압하고 목표물을 점령하는 훈련이다.

난이도 ★★★★

□ 각개전투 1일차

포복기술에는 총 네 가지가 있다. 다양한 상황에서 신속히 기어다니려면 그만큼 다양한 기술이 필요하다. 훈련은 흙바닥에서 진행되므로 먼지를 많이 먹게 된다. 또한 땅에 돌과 자갈들이 많아 이곳저곳 상처가 많이 난다. 한마디로 힘들고 난이도가 높다. 일생일대에 이런 고생 언제 또 해보겠나 생각하면 잘 적응할 수 있다.

난이도 ★★★★
계절 따라 변동

□ 숙영

숙영은 오전에 설치한 A형 텐트에서 잠을 자는 것인데, 종합 각개전투의 일환이라고 할 수 있다. 밖에서 자기 때문에 겨울에는 정말 미칠 듯이 춥다. 반대로 여름에는 벌레들 때문에 고생을 많이 한다.

A형 텐트는 설치해 놓은 모양이 알파벳 대문자 A를 닮아서 붙여진 이름이다. A형 텐트 안에는 보통 세 명이 같이 잠을 자게 된다. 따라서 같이 잠

을 잘 사람들 세 명이 한 개의 조를 이루어 텐트를 설치하는 것이 보통이다. 텐트를 설치할 때는 무엇보다도 협동심이 중요하다. 서로 기둥들을 잘 잡고 놓치지 말아야 빨리 그리고 견고하게 설치할 수 있다. 빨리 설치한 조에는 상점도 부여된다.

A형 텐트를 설치하고 남은 시간은 각개전투와 관련된 포복기술, 경계요령, 야간 적 감지요령 등을 배우게 된다. 이날은 다른 때보다 밖에 있는 시간이 길기 때문에 여름에는 탈진이나 일사병 등을, 봄·가을·겨울엔 감기 등에 주의해야 한다. 필자도 이날 저녁에 결국 고열로 격리되어 막사에서 생활을 했다.

☐ 각개전투 포복기술 연습

각개전투 포복은 고되다. 하루 종일 울퉁불퉁한 땅에서 기면 몸이 성하지 못한다. 또한 계속 밖에서 서 있기 때문에 쉽게 피로해지므로 건강에 유의해야 한다. 포복은 쉽게 하려고 요령을 피우는 것보다는 하라는 대로 제대로 하는 것이 제일 편하다. 그리고 자세를 잘 잡으면 상대적으로 아픔도 덜하다.

물을 많이 마시고 피로회복에 신경을 써야 한다. 비타민 C가 많이 들어 있는 것들을 먹어줄 것을 추천한다. 옛날 우리 아버지 세대처럼 무조건 깡으로 이겨내려 할 필요가 없다고 본다. 과학적으로 머리를 써서 훈련에 임하는 것이 사고도 안나고 훨씬 효과적이다.

□ 각개전투 2일차(필자는 격리)

난이도 ★★★

□ 각개전투 2일차

전날 배웠던 포복기술과 약진(전투상황에서 앞으로 돌진하는 것, 별로 어려운 것은 없음)을 응용하여 실제 모의 전투에서 연습한다. 고되긴 하지만 그래도 지루하고 힘들기만 한 1일차보다는 오히려 더 재미도 있고 뭔가 실전의 느낌이 난다.

□ 격리생활

필자가 훈련소에 입소했을 때는 신종 플루가 유행이었다. 그래서 훈련소 내부는 고열자에 대해 아주 민감했고, 신종 플루를 우려하여 원래 2박 3일이던 숙영도 1박 2일로 단축하였다. 필자는 숙영 첫날에 고열로 인하여 격리되었고 1박을 격리실에서 보냈다.

격리는 속된 말로 '땡보'다. 점호도 받지 않고 그냥 생활관에서 누워 있기만 한다. 아니면 자신이 가져온 성경책을 읽든지 잠을 자든지 하게 된다. 하지만 그렇다고 해서 격리생활이 꼭 행복하지만은 않다. 군대에서 아프면 무척 서럽고 격리되어 있을 땐 시간이 정말 가질 않는다. 심심하고 몸

상태는 썩 좋지 않으니 짜증만 난다.

군대에서 아프면 서럽고 슬프다. 아프다고 알아주는 사람도 없고, '정말 아픈가 보다'라는 생각보단 '저놈 꾀병 부려서 일 안 하려고?'라는 생각이 다른 사람들의 머리를 지배하기 때문이다. 실제로 그러는 사람들이 있기도 하다. 하지만 주위 사람들이나 간부, 선임들도 그다지 좋은 눈으로 보지 않는다. 격리를 부러워하지 말고, 자신의 몸이 고된 훈련에도 건강하다는 사실에 감사하자.

＊오늘 배우게 될 훈련소 용어

각

'각'은 여러 가지 의미가 있지만 크게 두 가지로 분류할 수 있다. 하나는 물품에 잡는 '각'이고, 또 다른 하나는 짬이 안 되는 이등병들의 경직된 자세를 뜻하는 '각'이다.

물품에 잡는 각은 물품을 반듯하게 정리정돈해 놓는 것이라 생각하면 이해가 쉬울 것이다. 훈련소에서는 모포(이불)와 옷 등을 반합(군용 밥 먹는 도시락 통) 뚜껑으로 문질러서 직사각형이 되도록 각을 만든다. 각을 잘 잡는 훈련병에게는 상점 등의 포상조치가 가해졌고, 못 잡으면 벌점을 주곤 했다.

이등병들의 경직된 자세를 뜻하는 '각'은 군기가 든 이등병의 모습을 상상하면 정확하다. 보통 선임들은 이등병이나 신병들에게 "각 잡고 있어"라는 말을 자주 하는데, 이때 신병들은 시선은 전방 15도를 주시하고, 팔은 곧게 펴며, 몸은 절대로 움직이지 말아야 한다.

'군대는 각'이라는 말이 있다. 군대에서는 각 잡는 것을 매우 중요시한다. 하지만 그것도 다 옛말이 되어가고 있다. 자대에 오면 예전처럼 이등병이 각을 잡고 앉아 있는 모습이 점차 사라지고 있으며, 침낭이나 옷 같은 것에 각을 굳이 잡지 않아도 뭐라고 하지 않는다. 어지러뜨리지 않고 적당히 깔끔하게만 정리해 놓으면 걱정을 안 해도 된다.

* DAY 33 일정

- 종합 각개전투 훈련 3일차
- 30km 야간행군

□ 각개전투 3일차

드디어 각개전투의 마지막 날이다. 3일차 때에는 2일차와는 달리 훈련장에서 실제로 산을 뛰어 올라가면서 실전훈련이 이루어진다. 이때는 연습용 수류탄과 공포탄도 발사하므로 영화에 나오는 전쟁장면과 같은 분위기가 연출된다. 조를 나누어 두 코스를 번갈아가며 연습한다. 한 코스를 두세 번 정도 올라가는데 긴 코스를 한 번 올라갔다 오면 정말 숨이 차고 쓰러질 것 같이 힘이 든다. 여름 장마철이나 비가 왔을 때 훈련을 하면 흙탕물 범벅에 위장크림을 바른 채로 숨을 벌떡거리고 있는 자신을 발견하게 될 것이다.

각개전투 3일 동안의 종합 TIP

각개전투 연습을 할 때 팔목보호대를 하는 것도 나쁘지 않다. 팔목보호대는 양말의 구멍 없는 끝 부분을 잘라서 사용하면 된다. 물론 아대를 착용하는 방법도 있으나 아대를 미처 준비하지 못한 병사들은 이 방법을 곧잘 사용한다. 이 팔목보호대는 종합 각개전투를 하는 3일차보다는 포복 연습을 집중적으로 하는 1, 2일차에 더 필요한 물품이다. 각개전투장에서의 포복 코스는 엎드려서 하는 포복보다 누워서 하는 포복이 많다. 겨울에는 땅이 얼어 있기 때문에 팔꿈치 보호를 위한 보호대가 더욱 필요하다. 여름 장마철일 때는 바닥이 진흙탕이 되어 팔목보호대가 덜 필요하지만 다른 어려움을 극복해야 한다.

각개전투를 할 때 먼지가 굉장히 많이 쌓이고 총에도 먼지가 많이 묻는다. 훈련장에서 돌아오면 총기를 닦느라 애를 많이 먹게 된다. 아무리 조심해도 흙먼지를 피할 수 없다. 또한 각개전투를 하고 나면 옷을 그냥 버리게 된다.

☐ 야간행군

야간행군이야말로 훈련소 일정의 피날레를 장식하는 힘든 훈련이며, 훈련 중 최고의 난이도를 자랑한다. 올림픽으로 치면 마라톤 같은 종목이다. 야간행군이 특별히 더 힘든 이유는 거리도 거리지만 밤이라 온도조절이 쉽지 않기 때문이다. 여름에는 무진장 덥고, 겨울에는 걸을 때는 덥다가도 쉬는 시간에는 추워서 견딜 수가 없을 정도가 된다. 필자는 행군 이후 500원짜리 동전 만한 물집 세 개가 양쪽 발에 잡혀서 걸어 다닐 수가 없었다. 행군할 때 군장은 대략 12kg에 총이 4kg 정도 되고, 여기에 방탄모(군에서는 '방탄'으로 줄여 말하기도 한다), 방독면 등 다 합치면 몸에 17~19kg를 걸치고 8시간을 걷는 것이다. 어깨가 정말 미칠 듯이 결려온다.

마지막에 하는 야간행군은 무척 힘들다. 행군할 때 시간을 빨리 가게 하는 유일한 방법은 옆 동기들과 계속 이런저런 얘기를 나누는 것이다. 그렇게라도 안 하면 시간이 원수로 느껴지고 고통이 인식을 지배한다. 조교가 뭐라고 하더라도 눈치 봐가면서 동기랑 이런저런 얘기를 해야 한다.

행군을 할 때 물품을 간소화하는 것은 매우 바람직한 행동이다. 행군은 숙영지에서 2박을 하고 돌아오는 것이어서 많은 물품들이 필요하다. 그러나 꼭 필요한 것을 제외하고는 다 빼내어 무게를 줄이는

것이 좋다. 또한 군장 끈을 최대한 꽉 조여 매게 되면 어깨에 가해지는 충격도 덜하니 참조하기 바란다.

이 외에도 행군에서 무엇보다 중요한 것은 발에 물집이 생기지 않게 하는 것이다. 군화를 처음 신게 되면 발에 익숙지 않아 물집이 생기는 경우가 많다. 특히 행군을 할 때에는 더더욱 그렇다. 따라서 행군할 때 다음과 같은 방법들을 추천한다.

1. 발을 끌지 않는다(제일 중요하다)

물집이 안 나게 하는 것의 핵심은 바로 마찰을 줄이는 것이다. 발을 끌면 발과 군화의 지속적인 마찰로 물집이 생길 수밖에 없다.

2. 전투화 끈을 꽉 맨다

전투화 끈을 꽉 매지 않으면 발이 전투화 안에서 따로 놀고, 그것은 곧 마찰의 원인이 되어 물집이 생기게 된다.

3. 양말 안에 비누칠을 한다

필자가 해보지는 않았으나 주변 지인들의 얘기를 종합해본 결과 양말 안에 비누칠을 하면 그 미끌거림 때문에 마찰이 덜 일어나서 물집이 안 생긴다고 하는 사람도 있는 반면, 미끌거림 때문에 오히려 열이 더 나서 물집이 악화된다는 의견도 있어 의견이 분분하다.

4. 발목보호대를 착용해 본다

PX 구매조사를 할 때 품목 중에 발목보호대가 있다. 하나쯤 구입해두는 것도 나쁘지 않다. 필자가 자대 와서 한 번 썼는데, 물집이 아예 안 나지는 않았으나 그런대로 괜찮은 효과를 보여주었다. 만약 발목 보호대가 없으면 우유갑 등을 활용해 보는 것도 좋은 방법이다.

5. 신발 깔창을 사용한다

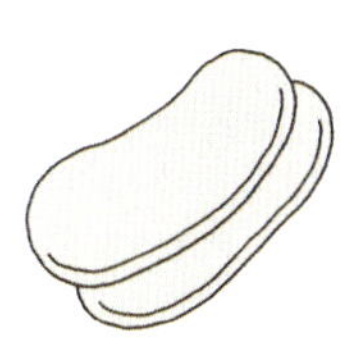

군화는 백병전에서 전투를 수월하게 할 수 있도록 만들어진 전투화이기 때문에 발바닥이 매우 딱딱하다. 따라서 불편하기도 하고 발에 피로도 많이 가해진다. 또한 자신의 발에 익숙해지는 군화 주름이 생기기 전까지는 군화와 발이 따로 놀게 되어 물집이 잡히기도 한다(이 때문에 일부러 군화를 마구 구겨 군화 주름을 만들고 군화 끈을 꽉 조여 신는 사람이 많다). 이런 불편은 깔창 하나면 어느 정도 해소된다. 필자가 주변인의 말을 듣고 미리 구입해간 깔창을 군화 바닥에 넣어 써 봤더니 나름 괜찮은 효과를 보여주었다.

행군과 종합 각개전투 훈련이 끝나고 나면 세상을 다 가진 기분이 든다. 성취감, 안도감, 충만감과 더불어 뭐든 해낼 수 있다는 자신감을 갖게 되는 것이 큰 수확이다. 성숙되어 간다는 것은 이런 것이 아닐까?

* DAY 34 일정

□ 12시 기상

□ 장구류 세탁

개인정비를 하는 시간이다. 우선 행군을 새벽까지 하고 돌아왔기 때문에 12시까지 취침시간을 준다(하지만 불침번 근무는 계속 투입). 일어나서 탄띠와 방탄모 등 장구류와 군장을 씻고 세탁한다. 아울러 숙영 때 입었던 옷들도 다 빨게 된다.

이제 마음의 각오를 할 시간이다. 자대에 갈 날이 일주일도 채 남지 않았다. 처음 입소했을 때의 어리바리하던 모습은 사라지고, 마음과 행동에서 여유가 묻어난다. 이제 어느 정도 군인의 자세를 갖추었다. 하지만 아직 자대라는 곳이 피부에 와 닿지는 않는다.

무사히 군 생활을 마치고, 전역 후 훌륭한 사람으로 성장하기 위해서는 약 1년 8개월간 군인 신분에 충실해야 한다. 나태하지 말고, '나는 뼛속까지 군인이다'라는 마음으로 하루하루를 보내다 보면 언젠가는 만기 전역의 날이 찾아올 것이다.

오늘의 TIP

이제 정말 끝이다(거의). 종교행사 때 "우리는 끝났다 각개전투!"를 외칠 준비를 하고 있을 시간이다.

* DAY 35 일정

□ 종교행사

□ 퇴소식 연습

퇴소가 가까워지면서 신고식 연습의 횟수가 점차 많아진다. 보통 주말에는 다른 훈련을 하지 않으나 필자의 기수는 퇴소식 연습 기회가 상대적으로 적었기 때문에(신종플루 등의 이유로), 주말에 퇴소식 연습을 1시간 정도 하게 되었다.

조교들의 말에 따르면 훈련소 퇴소식에 임하는 모습을 보면 그 사람의 나머지 군 생활이 어떨지 훤히 알 수 있다고 한다. 이유는 잘 모르겠으나 아마도 훈련소에서의 행동이나 태도가 전역할 때까지 유지되기 때문이 아닐까 생각된다(필자의 개인적인 생각이긴 하지만 군대를 전역하고 나서도 끝까지 나태해지지 않는 마음가짐을 갖는 것이 무엇보다도 중요할 듯하다).

훈련병들은 퇴소식에서 신고하는 연습을 배우게 된다. 이때에는 잘 모르겠지만 자대에 가면 신고는 매우 중요한 일이 된다. 근무 투입 전후, 그리고 휴가 · 외박을 나갈 때, 복귀할 때 등 무엇을 하건 간에 군대는 신고로 시작해서 신고로 끝나기 때문이다.

주말에는 PX에서 과자를 사먹을 수 있다. 단, 개별적으로는 불가능하고 자신이 속한 분대의 분대원들과 단체구매를 해야 한다. 분대원들끼리 먹고 싶은 음식을 종이에 적고 분대장과 부분대장이 PX로 먹을거리를 사러 간다. 주의해야 할 점은 구매한 음식을 그날 모두 먹어야 한다는 것이다. 행여나 먹고 남은 것을 숨겨놓거나 했을 시에는 모두 압수당하여 훈련소 퇴소하는 날에나 다시 볼 수 있게 된다.

* DAY 36 일정

- ☐ 실거리 기록사격
- ☐ 야간사격

난이도 ★★★★

☐ 실거리 & 야간사격 연습

사실 이 사격은 보통 3주차에 하는 것이 일반적이다. 하지만 필자는 각개전투까지 다 끝내고 하게 되었다. 실거리 사격은 영점사격 뒤 실제로 사격을 해보는 훈련이다. 사격 자체는 어려운 것이 없다. 하지만 날씨가 추우면 차례가 돌아올 때까지 기다리면서 추위에 떨어야 하기 때문에 힘들다.

실거리 사격의 과녁은 250m, 200m, 100m 세 가지가 있다. 세 군데를 번갈아가면서 쏘는데, 맞추면 과녁이 넘어가는 형식이다. 20발 중 12발을 맞추면 합격인데, 20발 중 10발은 엎드려서, 나머지 10발은 입사호에서 사격을 하게 된다. 12발 이하를 맞춰서 불합격이 되면 2차, 3차까지 가게 된다.

사격을 하지 않고 대기를 할 때에는 평원판 훈련을 하거나 자세를 교정하는 연습을 한다. 20발 중 18발을 맞추면 포상으로 전화조치를 받을 수 있고, 20발 모두를 맞추면 신병

위로휴가 때 1박을 더 하게 된다. 사격에 소질이 있는 사람에게는 큰 행운이
아닐 수 없다.

오늘의 TIP

사격을 할 때는 숨을 살며시 멈추고 집중한 상태에서 방아쇠를 당겨야 총구가 흔들리지
않는다. 그리고 표적은 7초 정도면 넘어가버리기 때문에 순발력도 요구된다. 총을 격발
할 때 가장 중요한 것은 긴장하지 않는 것이다. 필자는 사격 전에 긴장감을 덜기 위해 크
게 심호흡을 하며 손톱으로 손등을 꽉 꼬집어 주의를 다른 곳으로 돌리려 했다. 물론 필
자만의 방법이었지만 크게 도움이 되었다.

□ 정신교육
□ 야간사격

□ 야간사격

　야간사격은 야간에 하는 사격으로서 5발을 연습으로 사격하고 10발을 실전으로 사격한다. 야간사격의 경우 보이는 것이 하나도 없기 때문에 굉장히 답답하며, 한 발도 맞추지 못하는 사람들도 많다. 표적은 잘 보이지 않는다. 다만 운 좋게 한 발 맞추게 되었을 때 거기에다 대고 계속 쏘면 많이 맞는 경우도 있다.

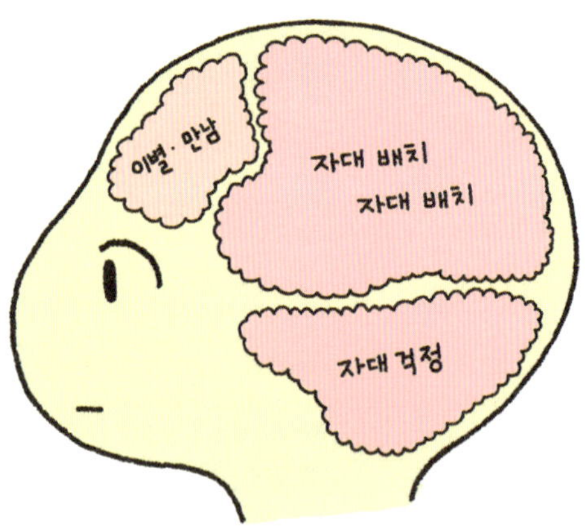

5주차 훈련병의 두뇌구조

　이제 자대에 갈 생각에 긴장도 많이 될 것이고, 머릿속이 복잡해지기도 할 것이다. 이등병 실버로크를 달고, 명찰 오버로크도 하는 등 이것저것 준비도 많이 한다. 한편으로는 설레면서 다른 한편으로는 그새 친해진 훈련 동기들과의 이별에 아쉬움을 느끼게도 된다.

오늘의 TIP

훈련소의 마지막 2, 3일은 자대나 후반기 교육을 갈 준비 때문에 매우 바쁘다. 대청소도 해야 하고, 짐들도 정리해야 한다. 자대가 어디로 배치될지 전혀 모르는 상황에서, 바쁘고 정신마저 없어 혼란스럽기만 하다. 동기들과의 이별도 훈련소에서는 꽤나 아쉽다. 자대에서는 옆에 아무도 없다. 혼자다. 무척 외로워진다.

*DAY 38 일정

□ 총검술 훈련

□ 교육평가

난이도 ★★★

□ 총검술 훈련

총검술은 백병전에서 총기 및 총기에 낀 대검으로 싸우는 기술을 연마하는 것이다. 훈련 과정은 제식훈련에서 좀 더 발전된 단계라고 생각하면 이해가 쉬울 것이다. 하지만 난이도 및 강도는 훨씬 더 높다. 총을 계속 들고 있어야 해서 팔이 끊어질 듯 아프다. 아마 4kg 정도의 아령을 들고 손을 앞으로 나란히 하고 있는 정도라고 보면 된다.

필자는 총검술을 완벽하게 배우지 못했다. 기본적인 찌르기 자세까지만 배우고 교육평가 때문에 오후에는 총검술 훈련을 하지 못했다. 하지만 그 2시간 만으로도 총검술이 충분히 힘든 과목이라는 것을 실감할 수 있었다.

□ 교육평가

훈련병들은 퇴소를 하기 전에 마지막으로 교육평가를 받는다. 과목은 제식, 대적관 등 훈련소에서 배웠던 과목들을 토대로 이루어지며, 규정대로 하자면 이 교육평가에서 저조한 성적을 냈을 시 유급이 된다.* 하지만 실제로 유급하는 경우는 극히 드물다. 필자는 대적관 시험을 보았는데, 육군훈련소 수첩에 있는 대적관을 외워서 똑같은 문제를 시험 보는 형식이었다.

오늘의 TIP

총검술은 본래 3주차에 하게 되는 과목이다. 그러나 필자는 훈련 일정이 거의 끝날 때쯤에야 실시하게 되었다. 총검술은 생각보다 힘들지만, 완전히 숙달되면 아주 멋있다.

영화 〈해안선〉을 보면 마지막 장면에 장동건이 총을 들고 총검술을 한다. 기존에 장동건의 팬이 아니었음에도 그 장면을 본 몇몇 여성들은 장동건을 좋아하게 되었다고 한다. 훈련병들은 그 모습을 생각하며, 자신의 애인에게 총검술을 멋지게 선보이고자 열의를 불태우며 총검술에 임한다.

조교들은 절도 있게 총의 개머리판**을 팔꿈치에 부딪치며 '탁! 탁!' 소리를 내면서 훈련병들에게 총검술 시범을 보인다. 훈련병들은 자신도 절도를 갖추고 흉내를 내보지만 저주받은 몸치라고 했던가? 같은 방법으로 하는데도 영 허접스러운 모습만 나온다.

---

* 유급은 훈련소에서 한 번 더 훈련받고, 다음 기수에 배출되는 것을 말한다.
** 총의 가장 아랫부분으로 사격을 할 때 어깨에 받치는 부분

□ 부대 분류
□ 대청소

□ 부대 분류

부대 분류는 자신의 자대가 어디로 배정되는지 결정되는 과정을 TV로 직접 보여주는 것이다. 부대 분류를 이렇게 실시간으로 진행하여 훈련병들에게 직접 보여주는 이유는 자대 배치가 공정하고 투명하게 진행된다는 것을 확인시켜주고, 훈련병들의 참여를 유도하기 위한 것이다.

부대 분류는 총 두 번에 걸쳐 실시되는데, 처음에는 진행방식을 설명해주기 위해 가분류를 실시하는 것이고, 두 번째에는 정식으로 진짜 부대 분류를 하는 것이다. 이 모든 추첨 과정은 컴퓨터에 의해 무작위로 이루어지며, 처음 가분류 이후 실시되는 정식 분류에서는 번복이 없다. 각 소대에서 대표 훈련병 몇 명이 현장에 직접 참여하여 각기 선호하는 숫자를 입력하면, 마치 로또 복권 추첨을 하는 것처럼 글자와 숫자가 마구 바뀌게 된다. 이후 글자와 숫자가 정지되면 부대 분류가 끝나는 것이다.

막상 부대가 분류되고 나면 희비가 엇갈릴 것 같지만, 꼭 그렇지만은 않다. 오히려 정적만이 흐른다. 훈련병 때는 자신에게 잘 맞는 부대가 어딘지, 그리고 어떤 특기가 좋은지 겪어보지 않은 상태이기 때문에 그냥 멍하니 넋놓고 있는 것이다. 이후 지인들에게 전화를 걸어 부대나 특기의 좋고 나쁨을 물어보기도 한다. 혼란만 가중될 뿐이다.

그럼에도 불구하고 군 생활의 운명은 바로 이 부대 분류에서 결정된다.

□ 대청소

훈련소를 퇴소하기 전에 대청소를 한다. 치약을 발라서 바닥을 닦고, 창문, 바닥, 침상, 심지어 모포까지 훈련소에 있는 모든 물품들을 다 청소한다. 자신의 관물대도 깨끗이 비워 짐을 싸고 자대에 갈 준비를 한다. 훈련소에서 썼던 물건들은 모두 더블백에 넣게 된다.

오늘의 TIP

39일차에는 자대에 갈 준비를 하고 자대 배치를 받는 날이다. 자대가 결정되면 희비가 교차해서 여러 가지 반응들이 나온다. 좋기로 유명한 자대라고 너무 기뻐하지 말고, 힘들기로 악명 높은 곳이라고 너무 낙심하지 말라. 군대는 군대일 뿐이다. 어딜 가든 자기 하기 나름이다.

- 각자 자대로의 배치
- 후반기 교육

□ 자대 배치

훈련소 일정이 모두 끝나고 드디어 작별의 시간이다. 자신이 몇 호 차를 타는지를 듣고 해당 차량에 몸을 싣는다. 자대 분류 현장에 없어서 자신의 자대가 어딘지 모르는 병사들도 있다. 그러면 자신이 어디로 가는지 모르는 채 불안한 상태에서 계속 여행을 하는 상황도 발생한다.

자대로 가는 교통편은 기차와 버스 두 가지가 있다. 대전 쪽이나 논산에서 가까운 자대로 배정받을 경우 버스를 타고, 나머지는 기차를 타게 된다. 자대로 가는 길은 긴장의 연속이다. 자신의 앞에 어떤 생활이 펼쳐질지를 전혀 모르는 상태여서 긴장이 최고조에 이른다. 긴장을 최대한 풀고 긍정적인 마인드를 가지는 것이 최선의 방법이다.

후반기 교육을 받는 병사들도 많을 것이다. 후반기 교육은 짧으면 일주일, 길면 4~5주까지 기간이 다양하다. 후반기 교육은 '이등병 생활의 친구'라고 보면 된다.*

후반기 교육을 받지 않더라도 일단은 신병 분류 때문에 306보충대나 그

외의 보충대에서 며칠간 대기를 하게 될 수 있다. 이때 마음은 긴장될 수 있으나 할 일이 없기 때문에 몸은 매우 편하다.

오늘의 TIP

드디어 자대가 결정되었다. 물론 후반기 교육을 받으러 가는 사람들도 있고, 자대로 바로 배치되는 사람들도 있다. 자대로 가게 되면 많은 선임들이 졸병인 자신을 기다리고 있다. 무섭기도 하고, 긴장도 많이 되겠지만 작은 일 하나라도 한 번 더 생각해서 이성적으로 행동한다면, 큰 실수는 하지 않을 것이다. 무엇보다 관등성명을 크게 외치고 대답을 또박또박 하면 선임들에게 좋은 인상을 심어줄 수 있다.

선임들이 자신을 갈구기 위해서 존재하는 것 같지만 절대 그렇지 않다. 오히려 본격적인 군 생활이 처음인 신병이 쉽게 적응할 수 있도록 도와주려는 이들이 더 많다.

---

* 후반기 교육에 대해서는 다음 장에서 좀더 자세하게 다루도록 한다.

해군 신병 교육훈련

해군 신병 교육훈련은 바다라는 특수한 환경에서 임무를 수행하고, 생활하는 전투원을 육성하기 위한 교육훈련이다. 해군 병들은 바다와 육지 모두에서 충분히 자신이 맡은 임무를 수행하기 위해 바다와 육지의 외부환경을 극복할 수 있는 체력과 정신력이 필요하다. 따라서 해군 신병 교육훈련이 지향하는 교육방향은 바다를 극복하고 육지에서도 충분히 임무를 수행할 수 있는 기초체력과 정신력을 구비하는 데 있다.

옛말에 '강한 파도가 강한 어부를 만든다'는 말이 있듯이 해군 신병 교육훈련은 바다라는 특수한 환경을 염두에 두고 바다에 경험이 없는 자를 위해 합리적이고 체계적인 교육훈련을 실시한다. 해군 신병 교육훈련은 육군과 공군처럼 군인을 만들기 위한 교육훈련도 실시한다. 그러나 육·공군과 달리 해군은 전투수영, 기초 항해실습 등 해군 특유의 교육훈련을 실시한다.

전투수영의 경우, 일반 사회에서 '맥주병'으로 불릴 만큼 수영을 못하더

라도 신병훈련대에서 기초
적인 체력 훈련과 수영기
법 교육을 통해 훈련 대상
자 모두가 신병훈련 종료
시에는 능히 바다에서 자
유로이 수영을 할 수 있는
단계까지 끌어올려진다.
특히 구축함, 호위함 등에

서 비상 이함 능력을 갖추기 위해 약 5m 높이에서 뛰어내리는 훈련을 실
시한다. 이처럼 해군 신병 교육훈련에는 젊은이라면 한번 도전해볼 만한
훈련들로 구성되어 있다.

해군의 경우 함정이라는 특수환경을 고려하여 교육훈련을 실시하고 있
다. 해군 함정은 수많은 격실로 나뉘어 있고, 여러 직별, 병종들이 모여 임
무를 수행하고 생활하기 때문에 무엇보다도 팀워크(teamwork)가 중요하
다. 해군 신병 교육훈련은 이를 감안하여 팀의 단결과 협력정신을 함양시
키는 교육을 시행한다.

가. 입영

입영은 해군 병 지원에서 합격통지서를 받은 입영자가 본격적인 신병 교육훈련을 받기 전에 실시하는 교육 및 검사 기간이다. 입영 기간에 실시하는 것으로는 가족과 함께하는 입영식을 비롯해 입교 준비 등이 있다. 특히 체력검정은 신병 교육훈련을 받을 수 있는 기본 체력이 구비되어 있는지를 확인하는 것으로 입영대상자는 입영하기 전에 심한 음주 등으로 체력을 소모하지 말아야 한다. 기초체력에 문제가 있으면 입영이 취소될 수도 있다. 그리고 해군은 입영자들에 대해 신체검사를 실시한다. 이 또한 입영자가 신병 교육훈련을 받을 수 있는지를 확인하고, 신체적으로 약한 부분이 있다면 이를 고려하여 효과적으로 훈련을 받을 수 있도록 조치하기 위함이다. 입영자 입장에서 볼 때 신체검사는 자신의 상태를 재확인할 수 있고, 훈련 시 조교가 이를 감안하여 훈련을 실시하기 때문에 큰 도움이 된다.

 # 입영단계

입영식	입영 시 가족이나 친지, 친구들을 동반할 수 있으며, 개인차량 이용 시 부대 출입이 가능하다. 동반가족 및 친지, 친구들은 학교시설(생활관, 식당 등)을 견학하며 해군 홍보사진 및 군악연주를 관람할 수 있다.
입교 준비	입영 기간 중에 신체검사 및 체력검정, 인성검사 등을 실시하는데, 불합격자는 입영 주 금요일 오후에 귀가 조치되고 합격자는 보급품 지급 및 군가교육 등 정식 입교 준비를 하는 기간이다.
체력검정	입영자들의 체력측정을 위해 윗몸일으키기, 팔굽혀펴기, 1,500m 달리기를 실시하며, 윗몸일으키기와 팔굽혀펴기는 기초체력 유무만을 확인하고 1,500m 달리기는 10분을 기초체력 기준으로 판정하며 합격여부가 결정된다.
신체검사	기초군사교육단(입교부대) 내에 위치한 의무대에서 분야별 전문 군의관이 엄격한 기준표에 따라 공정하게 실시하며, 특히 신체장애등급 3급 이상이어야 합격될 수 있다.

나. 입교 및 교육훈련

　　입영 기간을 거쳐 신병 교육훈련에 입교한 입영자는 크게 3단계 교육훈련을 받게 된다. 1단계에서는 일반 사회인에서 군인으로 전환되기 위해 필요한 군인 기본자세와 예절 그리고 강인한 체력단련 교육훈련을 받는다. 2단계에서는 1단계에서 교육받은 내용을 근간으로 군인으로서 기본적인 임무를 수행하기 위한 교육훈련과 해군으로서 특성화된 훈련을 받는다. 즉, 일반적인 군인으로서의 훈련인 경계근무, 사격훈련, 화생방 등과 해군으로서 갖추어야 할 전투요원 생존법, 해군정체성 교육훈련 등을 받는다. 3단계는 1, 2단계의 교육훈련을 총 결산하는 기간으로 해군에 대한 체험을 실시하고, 교육훈련을 평가하며 수료를 준비하는 기간이다. 이를 도표화하면 다음과 같다.

\# 훈련단계

1단계	입교식 행사 후 개인화기를 수령하고 군인 기본자세, 경례법, 제식훈련, 군법교육, 전투수영 등 군 생활에 필요한 기초적인 지식학습과 체력단련을 실시한다.
2단계	경계근무, 전투요원 생존법, 해군 정체성, 화생방, 소화방수, 사격훈련 등 해군 생활에 필요한 군사교육훈련을 실시한다.
3단계	해군의 근무환경을 이해 및 숙달하기 위한 함정 견학과 그간의 교육결과를 측정 평가하는 이론 및 실기평가 등을 실시하고, 금요일 15：00시에 수료식을 실시함으로써 교육을 종료하게 된다.

다. 주차별 교육훈련 내용

입영을 포함한 3단계의 교육훈련은 모두 5주로 나뉘어 세부적으로 훈련을 실시한다. 해군 신병훈련은 육군과 동일한 훈련들이 있으나 위에서 설명하였듯이 해군 특성화 훈련과 개인과 개인, 팀과 팀 간의 협동능력을 구비시키는 훈련이 포함되어 있다. 해군은 장교, 부사관, 병 모두가 한 배를 탄 공동운명체라는 인식 속에서 한 배 안에서 같이 먹고, 같이 자고, 같이 생존하기 때문에 서로를 믿고 따를 수 있는 신뢰와 협동정신을 최우선시 한다. 따라서 일반 사회에서 많이 알려져 있지 않은 협동능력 향상 프로그램들이 있어, 개인적으로 외롭거나 힘들어하는 훈련이 적고, 오히려 도움과 배려를 느낄 수 있는 훈련 내용들이 많다. 그리고 매주 주말에는 신앙별로 종교활동을 한다. 또한 매일 저녁에는 해군 정체성 교육으로 해군 군가, 바다에 대한 시 감상, 명상 등을 하고 있다. 주차별 교육훈련 내용은 다음과 같다.

주차별 교육훈련 내용

1주차	입영식, 입교 준비, 체력검정, 신체검사
2주차	좌학(실내학습) : 군인 소양교육, 기본 정훈교육
3주차	군인 기본자세(제식훈련), 전투수영
4주차	기초유격, 화생방, 사격훈련, 행군 등 기본 군사교육훈련
5주차	충무공 정신 교육, 해군 정체성 함양(군가, 정훈교육), 군사훈련 평가 및 수료식

공군 신병 교육훈련

공군 신병들의 기본 군사훈련은 실전적 교육훈련이 되도록 사격과 화생방 · 각개전투 등 훈련의 실습시간을 대폭 늘렸으며 교관 및 조교 1인당 교육생의 수를 감소시켜 밀착지도가 가능케 함으로써 훈련 효과를 증진시키고 있다. 또한 정신교육을 강화하였다. 과거에 비해 사회 및 학교에서의 안보관 교육이 약화된 점을 감안하여 확고한 국가관 · 안보관, 투철한 군인정신을 배양하기 위하여 기본 정훈교육 시간을 확대하고 시청각 및 CBT 교육을 활성화하고 있다. 교육생 스스로 참여할 수 있는 수업으로의 전환을 유도하고 있는 것도 그 일환의 하나다.

이러한 과정을 거친 병사들은 강화된 야외 종합훈련으로 공군 특성에 맞는 개개인의 능력을 강화함으로써 필승의 정예 공군 병사로 양성된다.

가. 가입소 기간 생활

가입소 생활

구 분	주요 내용	비 고
1일차(월)	인성검사 및 입대장병들의 기초적인 신상자료 작성	• 개인 피복류 및 신발류에 대한 측신 • 기초적인 군 생활 교육
2일차(화)	소변검사, 엑스레이 촬영, 혈액검사, 체력검정	
3일차(수)		
4일차(목)	정밀신체검사	
5일차(금)	신체검사, 체력검정, 인성검사 결과 2차 합격자 선발 ※ 불합격자 귀향조치	

나. 주차별 교육훈련 내용

주차별 교육훈련 내용

가입단	1주 (가입단)	교육 준비(신체검사, 체격검정, 보급품 지급, 군 기본예절 및 병영 생활 교육, 입단식)
1단계	2주 (훈련 1주차)	군 기본자세 확립(제식훈련, 도수체조, 소총사격 이론, 총검술, 화생방 이론, 전투장구 취급, 공군소개, 군대예절 및 복제)
2단계	3주 (훈련 2주차)	기초훈련습득(총검술, 태권도, 구보, 유격, 특기지식, 정훈교육, 화생방훈련, 소총 사격자세, 특별 병영 생활 교육평가, 금연교육, 군법교육, 소총 조준실습, 소총 사격훈련, 각개전투)
3단계	4~5주 (훈련 3, 4주차)	기초훈련 심화숙달(총검술, 제식훈련, 태권도, 유격, 각개전투, 기지방호훈련, 화생방 숙달 및 가스체험, 소총 야간사격, 군대윤리, 병의 역할, 정훈교육, 구보, 야외 종합훈련)
4단계	6주 (훈련 5주차)	평가 및 수료(이론 및 실습평가, 교육검열, 구보, 제식, 병영 생활 지도, 행정처리, 설문조사, 지휘관 시간, 수료식)

신병 교육훈련 기간은 가입단 1주를 포함하여 총 6주(42일)이며, 주중 공휴일이 있을 경우 그 공휴일 수 만큼 교육일수가 늘어나게 된다. 예를 들어, 훈련 5주 내에 주중 휴무가 없을 경우에는 5주차 금요일에 수료식이 있으나, 주중 휴무가 이틀일 경우에는 월요일에 수료식이 있게 된다.

□ 훈련 1주차

병영 생활화 교육기간으로서 군대예절, 병영 생활, 경례방법 등의 기본적인 군인의 자세를 교육하는 기간이다. 제식훈련을 통해 군 기본자세를 확립시키고 통일성과 군인으로서의 마음가짐을 새롭게 하는 기간이기도 하다. 또한 법규 및 규정을 인식하고, 국가관 및 대적관 확립을 위해 정신교육을 실시하며, 기초체력 향상을 위한 체조 및 구보훈련을 하게 된다.

□ 훈련 2주차

기초훈련 습득 단계로서 강인한 체력을 구비하기 위한 유격체조, 태권도, 전투구보를 실시하고, 기초 전기전술을 습득하기 위한 총검술, 화생방훈련, 각개전투 등을 훈련하게 된다.

□ 훈련 3, 4주차

기초훈련 심화 숙달 단계로서 지속적인 체력단련을 위해 단독 군장구보를 실시하고, 개인 전기전술을 숙달하며, 응용훈련으로서 총검술, 화생방훈련, 각개전투, 기지방호훈련, 사격훈련을 실시하고, 개인 생존능력을 향상시키기 위한 유격장애물 훈련을 시행한다. 또한 이 기간에는 제식경연대회, 최우수소대 선발, 체육대회 등 교육생들의 자발적인 행사를 통하여 사기를 진작한다.

평가 및 수료 단계로서 전체 교육수준을 평가하는 교육검열과 개인적인 능력을 측정하는 실습평가 및 이론평가가 이루어지며, 개인의 극기심과 인내력을 함양하기 위한 야외 종합훈련이 있다. 마지막으로 기본군사훈련단장이 주관하는 신병수료 행사를 거행함으로써 훈련과정을 마치게 된다.

해병대 신병 교육훈련

해병대 교육훈련단의 신병 양성 교육은 "투철한 해병대 정신과 강인한 전투체력으로 단련된 정예해병 양성"을 목표로 하며, 투철한 군인정신 함양 및 해병대 전통과 정신 배양, 군 기본자세 확립, 강인한 전투체력과 불굴의 투지 배양, 기초 전투기술 숙달에 중점을 둔 교육을 실시한다. 이를 위해 신병들은 6주 동안 목봉체조를 통해 단결심을, 격투봉 훈련을 통해 강한 전투의지 및 자신감을 배양하며, 전투사격, 화생방, 정신전력 분야 등 핵심과목을 비롯하여 유격과 공수기초, KAAV 탑승훈련, IBS 교육 등 해병대 특유의 훈련을 받게 된다. 이러한 극기의 과정들을 거쳐 상명하복의 기초가 튼튼한, 그 누구도 당해낼 수 없는 해병대가 요구하는 최상의 전투원을 완성하게 되는 것이다.

가. 가입소 기간 생활

 # 가입소 생활

구 분	주요 내용	비 고
1일차(월)	입영행사, 병적대조, 예치금 회수, 인성검사	
2일차(화)	신체검사(소변검사, 엑스레이 촬영, 혈액검사), 피복체적	
3일차(수)	병영 생활 전문상담관 소개교육, 군법교육, 사고예방 및 안전교육, 군사기초훈련	체력검정은 가입소 때 안 하고 1주차 토요일과 4주차 토요일 2번 실시
4일차(목)	피복지급, 정밀신체검사	
5일차(금)	귀가심의, 파상풍 예방접종, 이발	귀가심의위원회 결정에 따라 귀가조치
6일차(토)	입소식 준비	

　　해병대 병 대상자들은 1개월에 한 번씩 기수별로 입교한다. 입소 당일 함께 온 가족·친지·친구와 헤어지며, 이들 '예비 해병'들은 그간의 감사의 마음을 담은 큰절을 올린다. 신병 교육훈련을 받기 전에 일주일간의 가입소 기간을 거치게 되는데, 이 기간에는 신체검사, 체력검정, 인성검사 등 전반적인 입영장병들에 대한 검사를 실시하며 신체적인 결함이 있는 인원들은 마지막 날 귀가조치된다. 이렇게 일주일간의 가입소 기간을 거친 후 최종적으로 선발된 신병들은 입소식을 시작으로 본격적으로 6주간의 신병교육에 임하게 된다.

나. 주차별 교육훈련 내용

1주차	안보교육, 해병대 정신, 전투사, 인권교육, 군인복무규율, 군사기초
2주차	공수기초, 참호격투/격투봉 훈련, 화생방, 병과소개, 정훈교육, 전투수영(영법숙달, 급조부이수영, 이함훈련, 전투병 생존법 등 해상 생존능력 향상)
3주차	K-2 사격(영점사격, 연습사격, 기록사격, 야간사격)
4주차	유격기초훈련, 수류탄 투척, 부대 공개배치
5주차	극기주 훈련시작(5주차에는 수면시간 단축, 식사 배식량이 소량으로 조절됨), 야간 체력훈련, 기초전술훈련, 각개 및 침투훈련, 천자봉 행군, 빨간 명찰 수여식
6주차	교육훈련 평가 및 교육사열, 지휘관 정신훈화, 수료식

※ 군사기초과목(제식훈련, 총검술 등)은 주차와 관계없이 지속적으로 실시한다.

　신병 양성교육 과정은 1~6주까지 체계적인 MTP(교육훈련) 계획하에 진행되는 것으로 유명하다. 한 개의 훌륭한 칼이 만들어지기 위해서는 수없이 두들기고 담금질을 하듯, 주차별로 목표를 정하고 이에 맞는 군인화 단계를 시작으로 고되고 강한 훈련을 이겨내고 강한 정신력과 전투력을 겸비하기 위해 해병대 교육훈련단이라는 뜨거운 용광로에 담금질함으로써 정예 해병으로 거듭나는 것이다.

　처음 1주차는 신병들의 적응력 향상에 중점을 두고 교육에 임한다. 군인으로서의 기본적인 상식 및 행동요령이 미숙지된 상태이기 때문에 1주차에는 안보교육, 해병대 정신, 전투사 인권교육, 군인복무규율, 군사기초 등 군인으로서 필요한 기초 자질 구비에 중점을 두어 교육을 실시한다.

　특히 1주차는 '군 기본자세 숙달'을 목표로 하여 지속적으로 기초과목에 대해서 교육을 실시하고 있으며, 충·효·예 교육과 관련하여 식사 및 취침 전 등의 시간을 활용하여 수시로 인성교육을 실시하여 인성이 바른 군인으로 거듭나도록 하기 위해 노력하고 있다. 또한 1063기부터는 1주차부터 무적관(전투 생활훈련장)에서 해상 생존능력 향상을 위한 전투수영 교육이 시작되었다.

2주차는 기본 전투기술 숙달에 목표를 두고 해병대 관련 과목 위주로 교육이 진행된다. 2주차는 기본 전투기로서 이 기간 중 공수기초훈련, 참호격투/격투봉 훈련, 화생방을 통하여 전투의지를 배양하고 자신감을 함양한다. 또한 2007년 신축된 무적관에서 전투수영 훈련을 실시하여 해상 생존능력을 향상시킨다. 그리고 3주차 사격에 대비하여 사격술 이론 및 예비사격술을 집중적으로 실시한다.

3주차는 처음으로 야외훈련을 실시하게 되며, 해병대원으로서 필요한 개인화기 사격술 완성에 중점을 두고 교육훈련을 실시한다. 3주차에 신병들은 처음으로 K-2를 이용한 사격을 실시하게 되며, 최초 영점사격부터 연습사격, 기록사격 그리고 야간사격을 수행한다.

4~5주차는 핵심 전투기술 숙달, 극기심 및 해병정신 함양에 중점을 두고 교육이 진행된다.

4주차에는 총 3일간의 유격기초훈련 및 전술무장행군을 통하여 담력 배양 및 장거리 무장행군에 대한 자신감을 갖게 되며, 산악 극복능력 및 야지 적응력을 한 단계 높이게 된다. 또한 수류탄 투척훈련을 통하여 전투기술을 숙달한다. 지속적으로 군사기초과목(제식훈련, 총검술 등)을 실시하여 해병대원으로서 필요한 전투기술을 습득하게 된다. 해병대에서도 컴퓨터를 통한 공개 부대 배치를 실시하여 공정한 부대 배치가 이루어지고 있다.

5주차에는 신병 훈련의 정점인 극기주 훈련에 돌입한다. 이 기간에는 어떠한 극한 상황도 이겨낼 수 있는 인내력과 야간 극기훈련, 각개전투/침투훈련과 천자봉 행군을 통하여 '해병대의 혼'과 동기생 간의 끈끈한 전우애를 배양하게 된다.

길이 5m, 무게 300kg가 넘는 목봉을 들고 앉았다 일어서기를 반복하면서 병사들은 '나를 위해'가 아닌 '내가 먼저, 동기를 위해'라는 가치를 함께 땀을 흘리며 가슴 깊이 새겨나간다. 평소보다 훈련의 강도는 훨씬 강해지지만 수면시간은 짧아지고, 배식량도 줄어든다. 무장구보, 무장행군이 쉴 없이 이어진다. 훈련병들은 이러한 상황을 맞이하며 악조건 속에서 생존하는 법을 배운다.

극기주의 마지막은 극기훈련 중에서도 백미인 '천자봉 행군'이다. 천자봉 행군은 단순한 행군과는 그 의미가 다르다. 이곳을 거쳐 감으로써 병사들은 비로소 진정한 해병으로 탄생하는 기쁨을 만끽할 수 있다. 훈련병들은 완전군장을 갖추고 포항의 운제산(481m)에 오른다. 부대에서 이곳까지의 거리만 약 24km 정도이다. 아침 식사 후에 서둘러 출발을 해도 오후 4시가 훌쩍 넘어야 도착하는 힘든 여정이다. 훈련병들은 극기주 동안 인내로써 땀의 결실을 위해 고통을 끝까지 이겨낸다. '무적 해병!' 훈련병들은 천자봉 정산에서 힘찬 함성을 지른다.

천자봉 행군을 마친 뒤에는 이 행군의 뜻깊은 마침표가 찍힌다. '빨간 명찰 수여식'을 통해서 오른쪽 상의에 어색하게 붙어 있던 노란 명찰이 비로소 '빨간 명찰'로 바뀌게 되는 것이다. 연대장을 비롯한 훈련소 대장/교관들은 손수 훈련병들의 가슴에 '해병'을 아로새겨준다. 이들은 이렇게하여 빨간 명찰을 단 진정한 해병대의 일원으로 힘찬 발걸음을 내딛게 된다.

6주차는 전투기술 완성에 중점을 두고 진행되며, 군사기초 및 교육사열을 통해 신병들의 전투기술능력을 완성시키게 된다. 또한 지휘관 정신훈화를 통해 대한민국의 건장한 성인으로서 또한 군인으로서 목표를 설정하고 결의를 다짐하는 시간을 가지게 된다. 6주차 목요일에는 가족들을 초청한 가운데 수료식을 실시함으로써 드디어 자랑스러운 해병대원으로 다시 태어나게 되며 초청 가족과 면회를 영내·외에서 실시한다. 마지막 날인 금요일에는 각자의 실무부대 및 후반기 위탁교육학교로 지역별 그룹을 편성하여 떠나게 된다.

PART 4

후반기 교육
(특기교육)

각 군별 소정의 기본 군사훈련을 마치게 되면 특기를 배정받은 훈련병들은 각각 해당 특기학교 또는 병과학교에 입소한다. 이곳에서 짧게는 며칠간, 길게는 몇 달간 후반기 교육을 받게 되고, 이후 각지에 흩어진 부대로 자대를 배치받는다. 이제부터는 훈련병의 신분을 벗고 본격적으로 이등병이 되는 것이지만, 후반기 교육 대대에서의 이등병 생활은 자대와는 판이하게 다르다.
'이등별'이라고 칭할 만큼 편한 생활이 기다리고 있다.

PART 4에서는 후반기 교육과 관련된 내용들을 다루고자 한다. 본 장에서는 모든 훈련병들이 후반기 교육을 받는 것이 아니기 때문에 중요한 것들과 꼭 알아야 할 핵심적인 것들 위주로만 기술하였다. 각 군별로 어떤 과정을 거쳐 특기를 부여받는지, 후반기 교육이 무엇인지, 그리고 이곳에서 어떠한 활동들을 하게 되는지 알아보도록 하자!

육군 후반기 특기교육

　　육군훈련소에 입소한 장정들은 대부분 특기를 부여받고 후반기 특기교육을 받는다. 그러나 육군훈련소로 입대하지 않고 보충대를 거쳐 상비사단 신병교육대대에 입소한 장정들은 일단 제1신병교육대대에서 육군훈련소와 동일한 5주간의 기본교육을 마치고, 해당 사단 내 제2신병교육대대에서 3주간의 심화교육(1주차 군인화 심화교육, 2주차 기본 전투기술 숙달, 3주차 전투원 육성)을 추가로 받는데, 개인화기, 전투체력, 종합 각개전투, 화생방 등 4대 전투기술 향상에 중점을 두고 실시하며 엄격한 평가를 거친 후 자대에 배치된다.

가. 훈련소에서의 특기 부여

군사특기란 군에서 수행하는 임무의 종류를 구분한 것으로 육군 병으로 입영한 사람은 누구나 한 개의 군사특기를 부여받으며 대부분 부여받은 군사특기를 가지고 전역 시까지 복무한다. 군사특기는 하나만 부여되며, 부여된 특기는 가급적 변경하지 않음이 원칙이다.

육군훈련소에서 군사특기를 부여받는 절차는 ① 신체검사, ② 기술검사, ③ 인성/지능검사, ④ 특기 분류 면담, ⑤ 기본자료 입력 및 자원분석(여기서 기본자료 입력 및 자원분석이란 앞에서 실시한 신체검사 결과의 신체등급, 학력 및 전공과목, 자격증 및 면허증 소지여부, 경력, 인성/지능검사 결과 등을 바탕으로 자원분석한 결과를 육군본부에 보고하면, 육군본부에서는 특기 부여 계획을 훈련소로 하달하는 것을 말한다. 이러한 특기 부여 절차는 입소 3주차에 실시한다), ⑥ 마지막으로 신원조회 확인 등이다. 교육수료주차 월요일에 특기를 확정하여 부여한다.

훈련소에서 부여받는 특기는 꼭 자신의 적성이나 학력, 자격증 등에 의해서 결정되는 것은 아니다. 특기는 입영시기별 인원 보충계획에 따라 달라질 수 있다. 또한 특기검사 결과뿐만 아니라 신체검사, 인성/지능검사 결과도 군사특기 분류 시 적용된다. 또한 특정 군사특기의 인원 보충계획이 있다고 하더라도 같은 날 입영한 다른 사람들에 비해 해당 특기를 부여받을 수 있는 자격요건에서 우위에 있어야 한다. 예를 들면 워드 프로세서 처리능력이 아주 좋고, 일류대학의 행정학을 전공했다고 하더라도 다른 사람들에 비해 조건에서 밀리면 행정병으로 병과가 부여되지 않아 행정학교의 후반기 교육을 받을 수 없게 된다.

나. 병과(병 군사특기)별 전공계열

병 특기는 병과별 세부 특기가 약 250~300여 개로 분류되는데 각 병과별 전공계열은 다음과 같다.

병과별 전공계열

병과	임무 및 기능	관련 학과
보병	• 도보로 전투하도록 훈련, 준비되고 지휘자로 교육훈련, 부대관리, 전투 지휘임무 • 수행 · 구비자질: 도전성, 강인한 체력, 리더십, 통찰력	모든 학과(해당 전공계열 관련 자격증 소지자 우대)
포병	• 대포, 로켓, 유도탄 등으로 적의 전투력을 파괴, 제압, 무력화 • 아군의 기동을 지원, 적의 기동 방해, 화력의 핵심 기능 • 모든 화력을 연합/제병 협동작전에 통합하고 화력 전투를 수행	이 · 공 · 인문사회계열(해당 전공계열 관련 자격증 소지자 우대)
기갑	• 전차와 장갑차, 포를 이용한 화력/기동/충격 행동으로 적 격멸 • 화력, 기동성, 장갑의 보호하에 싸우는 기동부대	이 · 공학계열(해당 전공계열 관련 자격증 소지자 우대) ※ 안경 착용자 가능(안경 벗고 – 나안 0.2 이상)
공병	• 축성/건설로 기동부대 근접지원 • 기동부대 기동성 보장을 위해 장애물 설치/제거 • 진지 구축, 급수지원 등 전투와 관련된 축성/건설 업무 • 건설지원 및 지뢰지대 설치/매설, 폭파 등의 임무수행	건설공학, 건축공학/설비/설계/토목, 기계공학, 지리, 지질학, 측지, 토목공학/설계, 환경, 해양토목, 전기공학 등(공통: 이 · 공학계열, 해당 전공계열 관련 자격증 소지자 우대)

(계속)

병과	임무 및 기능	관련 학과
정보 통신	• 부대와 부대, 개인과 개인 간 각종 첩보/지시사항을 유·무선 통신장비를 활용, 전달 • 통신선로 가설, 지역 통신/중계소 운용, 통신보안자재 지원 • 통신 보급, 근무 지원 제공 • 전산, 사진반 운용, 통신선로 정비, 전자장비 관리 운용 • 인트라넷, 인터넷, 전산망 운영관리, S/W 개발, 운영 등	멀티미디어, 무선통신, 소프트웨어, 전기전자정보통신, 전산정보, 전자계산기·컴퓨터공학, 과학, 교육, 통신공학, 항공, 전자정보, 나노정보공학, 전산응용 등(공통: 이·공학계열과 해당 전공 관련 자격증 소지자 우대)
정보	• 작전부대에 적에 관한 정보 및 첩보를 수집/제공 　－ 정보 획득 활동: 기상/작전지역 분석, 적/아군, 해외 정보 수집 등 획득된 정보 분석 후 전투부대에 제공/지원 　－ 인간 정보(HUMINT): 인적 자원을 대상으로 수집된 정보 　－ 신호 정보(SIGINT): 통신 감청, 전자파 수집·탐색·처리·분석한 정보 　－ 영상 정보(IMINT): 레이더 합성 사진, 항공 사진 등 영상 자료에 의해 획득 • 심리적으로 적의 전투 의지를 약화시키는 임무	모든 학과(종교학, 음악, 미술, 의학, 가정/식품 등 특수학과 제외, 해당 전공계열 관련 자격증 소지자 우대)
항공	• 헬기를 이용 병력과 장비 수송 • 항공기기 및 부속품 검사, 교환 및 수리, 관제업무 수행	항공·자동차 기계정비계열, 컴퓨터 자동화 시스템 계열, 영어통역계열, 정보통신설비계열, 컴퓨터 응용기계, 금형·금속계열 등(해당 전공계열 관련 자격증 소지자 우대)

(계속)

병과	임무 및 기능	관련 학과
방공	• 아군의 전투력을 보존하고 행동의 자유를 보장하기 위해 적의 공중 공격 및 공중 관측을 무력화, 저지 • 대공포, 탐지레이더 등과 같이 고도의 첨단 무기와 장비를 이용, 적의 항공기나 미사일 등을 파괴 및 무력화	전자통신/공학, 유도전자무기공학, 전기공학, 전기전자공학, 전산체계, 전산학/수학, 전자계산기/공학, 전자컴퓨터/통신, 컴퓨터공학/과학/교육, 정보통신/처리 등 해당 전공계열 관련 자격증 소지자(공통: 이 · 공학계열)
병기	• 화포, 기동 장비 관리 및 정비 • 탄약, 특수 무기 관리 • 야전 정비지원 제공(정비/보급, 기술근무) • 각종 무기, 탄약, 대포/탄약을 수송하는 차량, 지휘 통제용 무전기 등을 적시에 보급, 정비, 수리부속 지원	금속, 기계공학, 기계교육/설계공학, 로봇공학/시스템공학, 메카트로닉스/신소재공학, 무기체계학, 병기공학, 자동차공학, 전자공학, 정보기계공학, 제어계측/기계공학 등(해당 전공계열 관련 자격증 소지자)
병참	• 보급품 청구, 저장, 분배/처리 • 전투력 유지를 위하여 먹는 것, 입는 것, 전투에 필요한 물자, 건설 및 축성자재, 환자 치료에 필요한 약품 및 의료 장비, 수송에 필요한 유류, 사무에 필요한 물자를 획득하여 저장, 보급, 정비 및 폐처리	가공식품, 경영학, 경제이론/제도학, 경제통상/행정학, 식품 가공/과학/생명공학, 영양급식경영/자원학, 원예과학, 조리, 식품미생물가공/화학 공학 등(해당 전공계열 관련 자격증 소지자)
수송	• 인원/장비/물자 수송 지원(철도, 항만, 육로, 항공기) • 전투/전투지원 부대에 대한 수송 지원 • 야전 정비 지원, 전투 부대에 인원 · 물자 수송 지원 • 여행장병 안내, 수송, 군작전 도로, 철도 관리, 통제 등	교통공학/행정학, 기계공학, 기관학, 물류학, 유통학, 자동차/전기공학, 전자전기공학, 항공관리/교통/운항학, 조선, 컴퓨터공학/경영/관리/과학 등(해당 전공계열 관련 자격증 소지자)
화학	• 화생방 대 테러작전 지원, 화생방 교육 및 훈련 지원, 연구 • 화생방 장비 및 물자 관리, 민방위 기구와 협조체제 유지	공업화학, 생물학, 미생물학, 생화학, 원자력공학, 핵공학, 화공학, 환경학, 화학공정, 화학공학, 환경생물 · 화공 · 화학, 천문, 핵화학 등(해당 전공계열 자격증 소지자)

(계속)

병과	임무 및 기능	관련 학과
부관	• 육군의 인사 · 행정 담당/지원 • 병/부사관/군무원 인사 관리 · 처리 • 상 · 벌 업무/각종 서무행정 지원 • 상훈 업무, 군사우체국 운영, 각종 행사 지원	개발행정, 도시행정, 무역사무자동화, 사무정보/정보화학, 전산사무자동화학, 전산학, 전자계산학, 정보사무자동화학, 지방행정, 지역개발행정학, 행정과학/실무 등(해당 전공계열 관련 자격증 소지자)
경리	• 부대의 재정과 회계 기능을 담당 • 예산 · 회계 · 경리 지원업무 수행 • 단위 부대의 회계 처리 • 예산 편성/집행, 결산, 급여자금 불출 • 국방 관리 회계업무 수행 • 군사시설 공사 및 납품자재에 대한 계약 체결	경제, 경영학, 회계학, 무역학, 금융학, 경제금융, 회계재무시스템, 컴퓨터학, 경영정보/회계/공학, 경제무역학, 전자계산기학 등(해당 전공계열 관련 자격증 소지자)
헌병	• 군기/군법, 질서 유지 • 낙오자 통제 • 호송, 경호, 교통 초소 관리 • 군 기강확립, 군 사법 경찰업무 수행 • 순찰, 군 이탈자 체포, 범죄예방/수사활동, 검문소 운용, 경호 경비 등	경찰행정, 경호행정, 공법학, 교정학, 국제법무학, 법규수사학, 법률학, 법학, 사법학, 행정과학/실무/행정학, 안전경호/공안행정학 등(해당 전공계열 관련 자격증 소지자)
정훈	• 장병 정신전력 강화로 전투력 배양 • 정훈교육/문화활동: 가치관 확립/호국정신 고취 • 장병 정신교육, 공보활동, 보도활동, 문화활동, 진중창작, 각종 간행물 보급 등	신문방송, 국민윤리, 심리학, 한국철학, 사학, 사회학, 교육심리, 국민윤리, 교육, 경제, 신문학, 국어국문, 언론, 북한학, 영상학, 문화영상창작, 방송언론, 역사교육학 등(해당 전공계열 관련 자격증 소지자)
의무, 의정	• 장병의 건강 증진, 질병예방, 환자치료, 환자후송, 입 · 퇴원, 재활 • 병원 및 야전 의무부대의 조직과 편성, 교육훈련 등의 군 보건사업 등 제반 업무 수행 • 분쟁지역에 대한 의료지원단 파병 • 기타 관련 병과: 군의, 치의, 수의, 간호	약학, 보건학, 위생공학, 보건행정학, 병원행정학, 산업보건학, 제약학, 물리치료학, 임상병리학, 식품영양학, 재활학, 의용/전자공학, 의약/의료생체공학, 전자공학, 심리상담치료학, 병원경영학, 영양학, 의공학, 의료행정학, 재활, 작업치료 등(해당 전공계열 관련 자격증)

(계속)

병과	임무 및 기능	관련 학과
군종	• 군 장병의 종교의식 및 신앙/인격 지도로 군인정신 함양	신학과 재학 및 졸업자
법무	• 범죄예방/군법교육 • 검찰업무, 징계업무 • 군사관계법령의 연구 및 유권해석 • 주요 현안의 법률적 검토 및 분석	법률 관련 학과 재학 및 졸업자

다. 육군 병 후반기 교육 장소 및 기간

병 후반기 교육 장소는 해당 특기에 속해 있는 병과학교이며 약 2주에서 길게는 6주까지 교육을 받게 된다.

\# 병과학교

학 교	해당 병과(특기)	교육기간	위 치
육군기계화학교	기갑	2~4주	전남 장성
육군포병학교	포병	3~4주	전남 장성
육군방공학교	방공	3~4주	충남 연기
육군정보학교	정보	2~4주	경기 이천
육군공병학교	공병	3~5주	전남 장성
정보통신학교	통신	2~5주	대전
육군항공학교	항공	4주	충남 논산
육군화학학교	화학	3~6주	전남 장성
육군종합군수학교	정비, 수리, 수송, 보급	1~6주	대전, 홍천, 경산, 가평
종합행정학교	헌병, 경리	3주	경기 성남

해군 후반기 특기교육

기초군사교육은 군인을 양성하기 위한 기본교육이다. 따라서 해군병들은 기초군사교육을 수료한 후 해군 함정(상륙돌격함, 구축함, 호위함, 상륙함, 소해함, 고속정, 지원정 등)과 육상 실무부대(육군은 자대 배치)에서 실질적인 임무를 수행하기 위한 지식과 기술을 습득하게 된다. 해군 함정과 육상 실무부대에서 병사가 수행하는 임무는 전문분야별로 나뉘어 있다. 특히 해군 함정은 첨단과학기술이 집약된 부대로서 특기가 세분화되어 있다. 해군 병은 특기교육에 들어가기 전에 각 병종으로 분류된다. 해군 병의 병종과 후반기 특기교육 관련 사항들은 다음과 같다.

가. 해군 병종 분류

해군 병종은 크게 일반 병종과 기술 병종으로 구분되어 있다. 일반 병종은 전문적인 기술을 습득하지 않더라도 일정 기간 병종 관련 교육훈련을 받으면 임무를 수행할 수 있는 병종을 말한다. 이에 반해 기술 병종은 해당 분야에 대한 전문지식과 기술이 뒷받침되어 있어야 하며, 군에서 집중적인 기술교육을 받아 임무를 수행하는 병종이다.

\# 해군 병종 분류

구분	병종
일반 병종	갑판, 조타, 전탐, 보급, 경리, 통기, 기정, 해양정보, 행정, 통정, 법무, 헌병
기술 병종	병기, 통신, 전자, 기관(보수, 화학, 가스터빈, 내연, 보일러), 운전(일반/대형/중장비), 의무, 전공, 시설, 화학, 전기, 이발, 환경관리, 특전, 심해잠수, 항공, 항공조작, 조리, 전산, 군악, 연예

나. 해군 병종의 기능

❶ 수병/갑판병(11)

해군의 가장 기본적인 병으로서 함정근무 시에는 주로 포갑부대에 배속되며, 선체를 청결하게 유지, 정비, 도장하고, 현문(함정의 출입문) 당직, 견시(함교에서 쌍안경으로 수면을 탐색하는 임무 수행) 및 타수(함정이 항해할 시 함정이 가야 하는 방향으로 유도하는 타를 잡는 임무 수행, 일반적으로 키라고도 함) 요원으로 근무한다. 필요시 기관실(함정에 동력을 제공하는 격실)을 제외한 각 부서에서도 근무한다. 또한 전투 시에는 견시요원, 포(함정 포는 장거리포, 단거리포, 미사일 등이 있음) 요원이 되며 육상근무 시에는 경계(부대 안전을 위한 경계임무)요원, 각 사무실 행정 보조요원으로 근무한다.

❷ 의장병(11-01)

국방부, 해군본부, 진해기지사령부(경남 진해) 의장대에 배속되어 부대를 방문하는 귀빈에 대하여 의장행사를 실시하며, 각종 행사에 참가, 의장 시범을 통하여 민·관·군 유대강화 및 해군 홍보 업무를 수행한다. 특수요건으로 신장 180cm 이상인 자로서 신체 건강한 자, 신원에 이상이 없는 자를 선발한다.

❸ 전산병(11-02)

전산병은 함정 및 육상 부대에서 컴퓨터 관련 업무를 수행하며 주 전산기(서버) 관리보좌 및 운용, 네트워크 관리보좌 및 운용, PC(Personal Computer) 관리보좌 및 정비, 업무 분야별 프로그램 개발 및 유지보수 업무 등을 보좌한다.

❹ 이발병(11-03)

함정 및 육상에서 장병 이발 및 개인/부대 위생업무를 담당한다.

❺ 조타병(11-12)

함정의 항해계기 일체와 해도(바다의 지도) 및 신호장비(기류, 탐조등, 기구 등)의 정비유지를 하며, 항해 시에는 타수, 항해일지 기록, 신호수(기류, 탐조등으로 의사전달 및 의사수령의 임무)의 업무를 담당한다.

❻ 병기병(11-13)

함포(포탄을 발사하는 무기), 소병기(포가 아닌 단거리 사격용 무기), 대잠(잠수함을 침몰시키기 위한 임무) 및 대유도탄(공중으로 날아오는 유도탄을 격추시키는 임무) 병기를 운용, 정비, 관리 유지하고 탄약과 이에 관련된 장치를 시험, 점검하는 업무를 보좌하는 역할을 담당한다.

❼ 항공조작병(11-23)

해상기동헬기(UH-1H, UH60P)에 탑승하여 항공기의 무장 및 부수장비 운용 등의 임무수행을 담당한다.

❽ 항공병(11-24)

육상에서 해상작전 초계 및 지원업무에 필요한 고정익, 회전익 항공기 정비관련 임무를 수행 보좌한다.

❾ 전자전병(11-26)

함정에 승조하여 전자파를 탐지, 식별하는 전자전장비를 운용하고, 전자전 부사관을 보좌하는 업무를 수행하며, 육상 근무 시 전자정보 수집장비를 운용한다.

❿ 보급병(11-28)

함정과 육상에서 군 임무수행에 필요한 군수물자의 수령, 획득, 창고보관, 분배에 관한 기본 업무 및 입·출고에 대한 행정업무를 수행하며 보급 부사관의 업무를 보좌한다.

⓫ 통정병(11-38)

신호정보(유·무선 통신, 음향, 전파)에 관한 특수직무를 수행한다.

⓬ 조리병(11-50)

함정 및 육상 식당의 조리사 보조요원으로 근무한다.

⓭ 헌병(11-61)

육상에서 법규시행, 부대 재산보호 및 각종 범죄예방 및 범죄수사 업무를 보좌하며, 교통질서를 유지한다. 군의 경찰이라고 생각하면 된다.

⓮ 특전병(11-62)

육상과 함정에서 수중폭파와 부여된 특수한 직무를 수행한다.

⓯ 잠수병(11-64)

각종 해난구조 임무를 수행하며, 항만 및 수로상 장애물 제거 등 잠수장비 정비 유지 업무를 수행한다.

⓰ 군종병(11-70)

군종장교를 보좌하여 각종 종교별 행사 집전 준비, 장병 위문활동 및 군종 행정업무 등을 수행한다.

⓱ 전탐병(15)

해상에서는 전투정보실에서 탐색레이더를 운용하고 전투에 필요한 정보를 수집하는 임무와 전탐일지 기록임무를 수행하며, 육상에서는 상황실 상황 당직근무에 임한다(즉, 전탐 부사관의 임무를 보좌한다).

⓲ 통신병(25)

무선통신기, 유무선 텔레타이프(teletype) 및 음성통신을 비롯한 위성통

신, PC 통신에 이르기까지 제반 운용업무 보좌와 전문 송·수신 수발업무
를 담당한다.

⓭ 통기병(33)

암호기기, 비밀전보, 암호장비 및 암호업무를 보좌한다.

⓴ 군악병(36)

군대의식, 원양훈련 시 해외동포를 위한 연주, 음악회 및 기타 각종 오
락행사에서 음악을 연주하는 역할을 맡는다.

㉑ 보수병(43-38)

함정의 정비(수리, 정비 등)임무를 위주로 선체 취환수리, 용접, 배관설
비, 공작기계를 이용한 수리, 부속품 가공 및 화재 또는 장비 파손 시 소화
작업과 손상을 복구하여 함 안전과 전투력을 유지시켜주는 손상통제를 위
한 기사 수리업무와 육상근무 시 소방대에 근무하여 제반 안전설비 및 소
방업무를 수행한다.

㉒ 가스터빈병(43-40)

기초 열이론부터 전문분야에 이르기까지 단기간에 심층 가스터빈 관련
지도교육 이수 후 함정 및 육상에 배치되어 가스터빈 운영 및 정비 근무에
임한다.

㉓ 화학병(43-41)

함정과 육상에서 근무하며, 전시 화생방전 발생 시 탐지, 측정, 제독의
업무를 수행하고 평시에는 함정 화생방 장비물자의 관리보조를 담당한다.

부가적으로 화재 발생 시 소화업무와 전투로 인한 파손 시 손상을 복구하
는 화생방전 업무를 수행한다.

㉔ 내연병(43-42)

내연기관(함정의 동력을 제공하는 장비) 및 발전장치와 냉동장치 등의 보기
(보조기관) 장비 등을 정비 유지하며 내연 부사관의 업무를 보좌한다.

㉕ 보일러병(43-43)

함정의 기관실 내 장치된 기관장비(내연기관, 가스터빈, 보일러, 발전기 등)
부속 기계를 운용 · 정비 유지하며, 함정의 연료 및 용수를 관리하고, 육상
근무 시에는 보일러실, 발전실, 보수공작실 등에서 임무를 수행한다.

㉖ 전기병(43-44)

함정 및 육상에서 각종 전기장비(발전장치, 조명장치, 항법장치, 자동제어 장
치)를 운영 유지하며 전기 부사관의 업무를 보좌한다.

㉗ 시설병(46)

군 시설물의 보수 및 관리유지, 기본설계도 작성능력을 바탕으로 시설
전반 업무를 보좌한다.

㉘ 환경관리병(46-01)

환경 관련 시설물(폐수처리장, 오수처리장, 소각로 등) 관리 및 환경업무를
보좌한다.

㉙ 전공병(47)

전공병은 교환기(PBX/ATM), 광통신장비, 마이크로 웨이브 통신장비, 위성통신장비, 초고속 정보통신망, 키폰 및 전화기, 통신 배선반(MDF, IDF, CDF 등), 정보통신용 케이블 등의 운용 및 정비 업무를 수행한다.

㉚ 일반운전병(48-01)

운전면허 자격증 취득자(1, 2종 보통 면허증)로서 각종 소형 자동차 운전/조작기능을 습득/숙달하여 군 생활 동안 차량을 운전/조작하고 관리하며 차량 담당관의 지시에 따라 업무에 임한다.

㉛ 대형운전병(48-02)

운전면허 자격증 취득자(버스, 트럭, 트레일러 등 기타 대형 면허증)로서 각종 대형 자동차 운전/조작 기능을 습득/숙달하여 군 생활 동안 차량을 운전/조작하고 관리하며 차량 담당관의 지시에 따라 업무에 임한다.

㉜ 중장비운전병(48-03)

건설장비(굴삭기, 불도저, 로더, 그레이더, 기중기, 지게차 등) 운전/조작 기능을 습득/숙달하여 군 생활 동안 차량을 운전/조작하고 관리하며 차량 담당관의 지시에 따라 업무에 임한다.

㉝ 의무병(49)

함정 및 육상(해병대 포함)에서 군의관(의무부사관)의 지시에 따라 업무를 수행하며 부상과 질병에 대한 보조 임무를 수행한다.

다. 병종 분류 절차

신병교육대에 입영한 훈련병들은 적성 분류시험, 개인 신상 평가, 희망 특기 및 특기별 소요를 반영하여 '특기 분류 프로그램'에 의한 전산서열에 따라 특기가 결정되는데, 공정성 제고를 위해 검증요원(담당교관, 교육생 대표, 헌병, 준사관, 원/상사) 입회하에 전산입력자료를 검증한다. 이러한 병종 분류는 3단계로 나누어 실시한다. 병종 분류 3단계는 다음과 같다.

❶ 1단계

개인 신상 정리표를 작성하여 입대 전 개인의 경력 · 학력 · 자격면허 등을 파악하고 논리, 기계적성, 산술적성 등 여덟 개 분야에 대한 적성 분류시험을 실시하여 개인의 잠재능력 및 소질을 파악한다.

❷ 2단계

개인별 인사(분과)면담을 실시하여 병종별 직무 및 근무 특성, 본인의 적성 등을 소개하고 개인별로 가장 적합한 직별을 선택할 수 있도록 도와주고 있다.

❸ 3단계

개인의 학력/학과 및 경력, 자격면허, 분류시험 등을 전산처리하여 점수서열을 정하고 이에 따라 개인의 병종을 분류한다(병종 분류 업무의 투명성을 보장하기 위해 별도 임명된 위원으로 하여금 병종 분류 입출력 자료에 대한 검정을 실시한다).

라. 해군 병 후반기 교육 장소 및 기간

해군 병 후반기 교육은 해당 특기가 속해 있는 교육기관에서 병종별로 1주에서 8주까지 전문지식 및 기술교육을 받는다.

특기학교 및 교육 기간

병 종	교육 장소	교육 기간	병 종	교육 장소	교육 기간
갑판	해군전투병과학교 (경남 진해)	4주	보급	해군기술행정학교 (경남 진해)	3~4주
조타		6주	조리		2~4주
전탐		4주	이발		4주
통기		4주	헌병		4주
병기	해군기술행정학교 (경남 진해)	3주	의장	계룡대근무지원단 해군지원부 (충남 계룡)	8주
보수		2주	군악		8주
화학		3~4주	항공	6전단 (경북 포항)	4주
가스터빈		3~4주	항공조작		6주
내연		3주	통정	육군3275부대 (경기 성남)	11주
보일러		3~4주	특전	특수전여단 (경남 진해)	10주
전기		1, 3, 4주	잠수		12주
시설		2~5주	환경	육군공병학교 (전남 장성)	3주
일반 운전		3~5주	의무	국군군의학교 (대전)	4주
대형 운전		3~5주			
중장비		3~5주			
통신	해군정보통신학교 (경남 진해)	6주			
전자전		6주			
전공		5주			
전산		3~4주			

마. 특기교육 기간 중 면회 및 외박제도

특기교육 기간 중 병 교육생과의 면회는 다음과 같다.

❶ 병 교육 기간이 4~5주인 과정

보수교육 2주차에 외박을 하며, 보수교육이 종료되는 주에 면회가 가능
하다. 해군에서는 1박 2일 외박의 경우 토요일 오전 8시~8시 30분 출발,
일요일 저녁 8시~9시까지 귀대한다. 그리고 외박 가능 지역은 24시간 동
안 왕복이 가능한 지역이다. 면회 장소는 각 교육기관 근처에서 실시한다.

❷ 병 교육 기간이 6주인 과정

보수교육 2주차에 외박을 하며, 보수교육 4주차 및 보수교육이 종료
되는 주에 면회가 가능하다.

바. 해군의 실무부대 배치

해군은 병종교육을 마치면 실무부대로 배치된다. 육군에서는 '자대'라고
표현하나 해군에서는 '실무부대'라고 칭하고 있다. 병이 배치되는 실무부
대는 크게 함정근무와 육상근무로 나뉜다. 해군 병의 기능에서 살펴보았듯
이 해군은 병종별로 대부분 함정에 배치되나, 일부는 육상으로 배치된다.
함정 배치는 총 16종류의 함정에 배치되는데 대표적인 것을 보면 다음과
같다.

❶ 대형 수송함 (독도함)

1만 8,000톤의 크기이다. 상륙군과 함께 작전을 수행하며, 격실이 넓고

쾌적하다. 장비보호와 승조원의 생활을 위해 24시간 자동 냉난방 온도조절이 된다. 함정 내에서 족구와 배구, 탁구 등 운동경기도 가능하다. 원양훈련에 참가 시 해외경험을 할 수 있다.

❷ 구축함

4,000만~1만 톤의 크기를 가지고 있다. 아덴만 여명작전에서 혁혁한 공을 세운 함정도 이에 속한다. 한국뿐만 아니라 세계를 누비며 항해를 한다. 장비 보호와 승조원의 쾌적한 생활을 위해 24시간 자동 온도조절이 된다. 족구, 탁구, 당구 등 운동이 가능하며, 원양훈련과 아덴만 작전, 평화지원작전에 참가 시 해외경험을 할 수 있다.

❸ 호위함

2,500톤급이다. 함정 내에 운동시설이 있으며, 동아리 활동 등 취미생활과 자신의 능력을 개발할 수 있는 시간과 장소가 보장된다. 장비 보호와 승조원의 생활을 위해 24시간 자동 냉난방 온도조절이 된다. 원양훈련과 아덴만 작전, 평화지원작전에 배속될 시 해외경험을 할 수 있다.

❹ 초계함

1,200톤급이다. 함정 내에 운동 시설이 있으며, 동아리 활동 등 취미생활과 자신의 능력을 개발할 수 있는 시간과 장소가 보장된다. 장비보호와 승조원의 생활을 위해 24시간 자동 냉난방 온도조절이 된다. 제1, 2연평해전 시 혁혁한 공을 세운 주력함이다. 많은 장병들이 무공표창과 훈장을 받은 바 있다.

❺ 수상함 및 잠수함 구조함

3,000톤급이다. 구조함은 수상함과 잠수함이 심한 파손 또는 침몰 시 구조 임무를 수행하는 함정이다. 승조원들은 구조경력과 경험을 쌓을 수 있다. 장비보호와 승조원의 생활을 위해 24시간 자동 냉난방 온도 조절이 된다.

❻ 군수지원함

9,000톤급이다. 군수지원함은 해상에 있는 함정들에게 급식, 유류 등을 지원하는 함정이다. 격실이 넓고 쾌적하며, 장비 보호와 승조원의 생활을 위해 24시간 자동 냉난방 온도조절이 된다. 원양훈련과 아덴만 작전, 평화지원작전에 배속될 시 해외경험을 할 수 있다.

❼ 고속정

150톤 규모이다. 함정근무지만 주로 육상에 대기하면서 출동하는 관계로 육지와 떨어진 생활이 아닌 육상 및 기지근무를 한다.

실무부대 배치는 병종교육 후 해군본부, 작전사령부에서 컴퓨터로 종합 분석하여 자동으로 배치되며 임의로 조작이 불가능하다. 다만 전문지식과 기술을 습득하는 특기교육에서 상위 10%의 우수자는 희망지로 우선 배치된다. 개인별로 희망지를 1~3지망까지 적어낼 수 있다.

육상근무는 병종기능에서 처음부터 육상 실무부대에 배치되는 경우와 최초에 함정근무를 하다가 육상 실무부대로 재배치되어 근무를 하는 두 가지 경우가 있다. 육상부대에는 충남 계룡시에 있는 해군본부, 경남 진해에 있는 해군교육사령부와 예하 학교기관, 해군사관학교가 있다. 그리고 해군 함정들과 관계된 육상부대는 부산 작전사령부, 동해 1함대사령부, 평택 2함대사령부, 목포 3함대사령부가 있다. 이 외에 전국적으로 여러 곳에 실무부대가 있는데 대부분 도시와 가까운 지역과 섬들에 위치해 있다.

함정근무와 육상근무는 각기 나름대로의 장단점이 있다. 함정근무는 젊은 패기와 용기로 바다와 육지를 아우르는 생활에 도전한다는 의미가 있다. 함정근무라고 해서 장기간 바다에 나가 있는 것은 아니다. 함정은 육지의 항구로 귀항하여 함정 수리와 휴식을 취하기 때문에 원양상선과 같이 장기간 바다 생활을 하는 것은 아니다. 그리고 함정에 근무할 때는 병들도 함정근무 수당을 받는다. 모든 함정과 항공기에 승조한 병들은 함정근무 수당 또는 항공 수당을 받을 수 있다. 함정의 경우는 바다에서 생활하는 근무환경을 고려하여 육상에서 근무하는 병보다 급식수준이 더 좋다. 함정근무 시에 일정 기간 바다에서 생활해야 하는 어려움이 있지만 임무수행 후 귀항할 때의 기쁨은 그 누구도 맛볼 수 없는 짜릿한 맛이다. 그리고 자신이 타고 있는 함정이 해외로 훈련 또는 작전에 투입될 시 해외경험을 풍부히 할 수 있는 장점이 있다.

공군 후반기 특기교육

　공군의 병 특기는 세부적으로 53개 특기로 분류되며 분류기준은 본인 희망을 최우선으로 하고 다음으로 본인이 소지한 자격증, 대학전공, 희망 특기 적성수준 순으로 평가하며, 절차는 우선 희망 특기를 전공별로 모집하고 개인 입대 인사자료와 자격증, 전공 등을 확인하여 적성지수 검사를 바탕으로 공군 특기 분류기준에 따라 전산분류한다.

　공군의 특기는 크게 17종류가 있으나 병들의 특기는 좀더 세분화하여 분류한다.

　특기 분류작업의 진행순서는 첫째로 자원현황 보고로, 입대지원의 직종별 인원, 특기 지원 입대자, 전문화 관리병, 특이자 등을 파악하여 공군본부에 보고한다.

두 번째로 특기 적성검사를 실시하여 결과를 훈련병에게 공지한다.

세 번째로 교육사에서 보고한 자원현황을 바탕으로 공군본부 인사참모부에서 특기별 인원배정안을 작성하여 하달한다.

네 번째로 특기교육 교관에 의한 특기 소개를 실시하고 특기별 인원배정을 확인 후 개인별 희망 특기를 조사한다.

다섯 번째로 훈련병 전원 입회하에 특기 분류의 절차 소개 및 개인 신상자료 입력상태를 확인 후 특기 분류 프로그램 공군중앙전산소를 활용하여 특기를 분류한다.

가. 특기 종류 및 임무

특기 및 기능

특기	임무 및 기능
조종	공중전투 및 항공작전 분야의 운용계획 수립, 정책계획 수립, 검열, 훈련, 지휘 및 이행에 관한 각종 직능을 수행하며 항공기(전투기, 수송기, 헬기, 전술통제기)를 조종하여 공중우세, 전술정찰, 근접지원, 공중수송, 특수작전, 탐색구조 등의 전술임무를 수행하며 전술전략 및 지원계획의 수립, 전술문제의 계획 및 집행, 장기전쟁계획 작성 등의 임무 수행
항공통제	영공방위의 핵심주체로서 비행활동 감시, 항공기와 방공포병 전력 통제 및 요격기 관제임무와 항공교통 관제기구(관제탑, 접근관제소 등)에서 항공기 이·착륙 허가를 발부하고 비행장 관제권 및 접근 관제구역 내의 항공기에 대한 항공교통 관제임무 수행
방공포병	중·장거리 대공방어 임무의 중추적 역할을 하는 주체로서 지대공 무기로 적 항공기나 유도탄 등 이륙한 비행물체를 파괴, 무력화하거나 공격효과를 감소시킴으로써 지속적인 방공작전을 수행하고, 전방지역 지상군의 방공기능을 지원하며 지대지 무기로 전략 및 전술임무를 수행하는 한편, 대공감시 및 전군 방공경보 전파임무 수행

(계속)

특 기	임무 및 기능
기상	군 작전 운영에 영향을 미치는 대기 및 환경지원 업무와 관련된 기상 분석, 기상예보 발표, 환경제원 관측과 탐지, 관련 부서에 대한 기상 및 환경 정보 지원, 기상학적 연구 및 기술개발, 환경 영향평가 및 개선과 아울러 항공기 상시설 및 장비의 설치, 환경 영향평가 기술의 개발 및 대책 수립 등의 임무 수행
정보통신	실시간 항공작전임무 수행을 위한 지휘통제 통신체계와 장거리 방공관제 레이더, 비행 및 항법지원시설, 각종 유무선 통신망을 설치/운영하며, 정보화 공군 건설을 위한 정보체계 구축 및 장병 정보화 교육 임무를 수행
항공무기 정비	대전의 핵심인 첨단 항공기/무기체계의 운용주체로서 공군 항공무기체계 정비업무 수행, 항공기 기체, 엔진 및 세부계통(전기, 계기, 유압 등)과 항공 장비에 대한 정비업무, 공대공, 공대지, 방공유도무기 등 항공탄약에 대한 정비업무와 폭발물 처리업무, 항공기 탑재 통신, 항법, 레이더, 전자전 장비 등 항공전자계통 및 운용 S/W에 대한 정비업무
보급 수송	군수품과 병력의 효율적인 지원에 관한 정책입안, 계획수립, 지시, 집행 및 운영에 관한 직능으로서 제한된 자원을 최대 지원하여 전력화하고 경제적인 군 운영에 기여하며 공군 수송업무를 계획, 개발, 조정감독하며 차량운영 방침과 차량 정비 방침을 수립 및 집행하는 등 공군의 모든 수송지원 업무 수행
시설	비행장 피해복구, 항공기 사고구조(소방), 화생방 방호 작전 등의 전투 공병 임무와 기지 건설 및 시설물 확보를 위한 소요판단, 설계, 시공 감독, 준공 등의 공사업무와 건축/토목시설물, 냉난방, 급수위생, 전기 발전/변전, 화생 방방호, 유류 저장, 소방 설비 등의 운영 및 유지보수 임무 수행
관리	예산계획 수립과 예산편성 및 예산집행, 운영, 통제와 이에 수반되는 국고금의 지출/출납, 공사 및 구매계약, 결산 등을 포함한 재정회계의 전반적인 임무 수행
인사행정	공군 인력운영의 기본정책 수립과 인적자원을 획득·분류하는 인력관리 업무, 획득된 인적자원의 배속·활용·유출을 조정 통제하는 인사관리 업무, 장병들의 사기·복지·원호·제 급여 등에 관한 인사근무 업무, 그리고 병력동원 계획수립, 예비역 자원 및 병적 관리 등의 인사업무와 각종 기록물 및 문서 관리, 행사계획 수립 등의 행정업무 수행

(계속)

특 기	임무 및 기능
정훈	공군 장병들이 군인으로서 갖추어야 할 가치관과 신념을 정립할 수 있도록 다양한 정훈교육 프로그램 시행, 공군의 공식 대변인으로서 언론에 대한 공군의 공식창구 역할 담당, 장병 사기진작을 위한 부대 내 문화활동 주관과 일반 국민을 대상으로 한 문화행사, 홍보 프로그램 제작 지원, 그리고 사이버 공간을 통해 공군의 활약상을 국민에게 올바로 알리는 일을 담당
교육	공군이 필요로 하는 군사전문가 및 전문기술인력을 양성하기 위하여 사관생도 교육, 군사 전문교육, 기본 군사훈련, 특기 기술교육, 인성교육, 국내외 위탁교육(박사, 석사, 지휘참모대학, 병과교육 등), 국가기술자격검정시험 운영 등 다양한 교육훈련 프로그램 시행 및 평가
정보	미래 항공 우주군 시대에 부응하고 공군 항공작전 수행에 요구되는 각종 정보를 수집하고 지원하며 군 전투력 보호를 위한 인원, 시설, 문서보안 등의 군사 보안임무 수행
헌병	군기 유지 및 법규 위반행위 단속, 범죄예방 및 수사, 영창 운영 및 관리 등 군사 경찰임무와 공군자원 및 시설 등 핵심전력에 대한 경계 및 방어임무 수행
법무 (특수특기)	군 관련 형사사건의 수사·기소, 군행형업무 감독 등 군 검찰업무 수행, 군사재판을 담당하는 군사법원 운영, 현역 장병 및 군무원의 비위행위에 대한 징계위원회 운영, 국방관계법령 해석 및 합의서 검토 등 각종 법제업무 수행, 국가배상 및 군과 관련된 각종 소송 수행, 기타 장병들에 대한 군법교육 및 법률상담
군종 (특수특기)	공군 구성원의 신앙활동, 인격지도, 선도활동, 기타 종교활동에 관한 업무를 수행하며, 고도사회의 형성과 급격한 주변환경의 변화에 따라 군의 무형전력 극대화가 요청되므로 신앙을 통하여 장병들의 사생관 및 국가관을 확립하고 사기를 진작시켜 정신전력 증강에 기여하는 임무 수행
의무 (특수특기)	장병의 건강한 신체 유지와 증진을 위한 제반 의학적 전문 임무 수행을 위해 공군 장병에 대한 진료, 신체검사 및 예방의학업무, 공군의 주임무인 항공작전 지원을 위한 항공우주의학업무, 항공기 승무원에 대한 항공생리 교육훈련을 실시 및 군 특수의학(항공의학, 군진의학)에 관한 연구 수행

나. 공군 병 후반기 교육 장소 및 기간

공군 병 후반기 교육은 해당 특기가 속해 있는 특기학교에서 1주에서 6주까지 교육을 받는다.

특기학교 및 교육 기간

후반기 교육 학교	특 기	세부 특기(병)	교육 기간
정보통신학교 (경남 진주)	항공관제	운항관제병	4주
	항공통제	항공통제병	3주
	기상	항공기상 관측병	4주
정보통신학교 (경남 진주)	정보통신	정보체계 관리병	5주 2일
		보안체계 관리병	4주
		지상 레이더체계 정비병	4주
		무선통신체계 정비병(분반 교육)	1주 3일, 3주
		전술 항공통신체계 정비병	4주
		유선통신체계 정비병	4주
행정학교 (경남 진주)	관리	회계병	2주
	정보	항공정보 운영병	2주
	헌병	헌병병	2주
	총무	총무병	2주
군수학교 (경남 진주)	시설	시설토건병	4주
		기지건설장비 운전병	6주
		전력운영병	4주
		항공설비병	4주

(계속)

후반기 교육 학교	특 기	세부 특기(병)	교육 기간
군수학교 (경남 진주)	시설	항공소방병	4주
		항공기 초과 저지병(전투기, 수송기 정비)	4주
		환경병	4주
		화학병	4주
군수학교 (경남 진주)	보급, 수송	보급수송 항공기재 보급병	3주
		항공 유류 보급병	3주
		급양병	4주
		항공운수 및 의장병	5주
		일반차량 운전병	4주
		특수차량 운전병	4주, 5주
		방공포 차량 운전병	4주, 6주
		경장갑차 운전병	4주
		차량정비병	4주
기술학교 (경남 진주)	항공무기정비	항공전자장비 정비병	3주
		전자광학장비 정비병	2주
		항공기 부속정비병	4주
		항공기 기체정비병	4주
		항공기 지상장비 정비병	4주
		항공기 제작정비병	4주
		항공기 기관정비병	4주
		항공기 무기정비병	3주, 1주 4일
		항공탄약 정비병	3주

(계속)

후반기 교육 학교	특 기	세부 특기(병)	교육 기간
방공포병학교 (대구)	방공포병	단거리 대공무기 운용병	4주
		단거리 유도무기 운용병	3주
		중거리 유도무기 탐지병	4주
		중거리 유도무기 발사운용병	4주
		중거리 유도무기 추적병	4주
		장거리 유도무기 탐지병	4주
		장거리 유도무기 발사운용병	4주
		장거리 유도무기 추적병	4주
		단거리 대공무기 정비병	3주
		중거리 유도무기 정비병	3주
		장거리 유도무기 정비병	3주
직접 배속	의장	의장병	자대 직접 배속
	항공의무	항공의병	
	군악	군악병	

후반기 교육의 내무 생활

후반기 교육은 각 군 공통으로 '이등병의 천국'이라고 불릴 정도로 편하게 생활한다. 일단 훈련이 없고 자신의 주특기 훈련만 계속 받기 때문에 특별히 힘든 것은 없다. 그리고 대부분 선·후임을 구분 짓기 어려운 신분이기 때문에 눈치를 볼 것도 없다. 조교들도 별로 훈련소 때처럼 힘들게 하지 않는다. PX와 전화도 이용이 자유롭다. 훈련병 시절에 단것이 너무 먹고 싶어서 후반기 교육 때 절제를 못하고 계속 먹게 될 수도 있다. 조심하지 않으면 월급은 날아가고 살만 남는다.

또한 후반기 교육대에서는 각 군별 차이는 있지만 면회가 가능하다. 그러나 안타깝게도 모든 특기병들이 면회가 가능한 것은 아니다. 장기간 훈련을 받는 특기병들에게는 주말에 면회를 시켜주는 경우가 있고, 면회를 오면 외출이 가능하다(그러나 외박은 허용되지 않는다). 장기간 훈련받는 훈련병이 아니더라도 부여받은 병과에 따라 2주 뒤부터 면회가 가능한 경우도 있다.

후반기 교육대에 가면 자신보다 먼저 온 선임 훈련병들이 있다. 이들은 교육대에 먼저 입소했기 때문에 선임이라고 불릴 수 있는 존재이다. 그러나 같은 자대가 아닌 이상 몇 주 뒤에는 영영 보지 못할 사람들이다. 그러므로 후임이라고 해서 위축되거나 주눅 들 필요는 없다. 친하게 지내되, 지나치게 선임 행세를 하려 하면 정중히 거절하라.

후반기 교육 기간은 군 생활 중 긴 시간은 아니지만 자기관리의 시작이라 볼 수 있다. 많은 후반기 교육생들은 이때부터 자기관리를 시작한다. 여유시간이 많아서 집에 전공서적을 보내달라고 부탁하여 전공공부를 하는 사람도 있고, 각종 화장품 등으로 훈련으로 거칠어진 피부를 관리하는 사람도 있다. 훈련소에서 마음대로 하지 못했던 전화도 마음껏 할 수 있기 때문에 친구들과 전화를 자주 하여 벌써부터 인맥관리에 들어가는 사람도 있다. 간단한 팔굽혀펴기나 윗몸일으키기 등으로 몸매를 관리하는 사람들도 속속 보이기 시작한다.

후반기 교육대에서는 훈련소에서는 받을 수 없었던 소포도 받을 수 있다. 그러나 '이등병의 천국'인 후반기 교육대에서도 금지되는 것들이 많으니 이런 품목들에 대해서는 가급적 자세히 알아보고 주의해야 할 것이다. 예컨대 취식물은 금지된다. 또한 후반기 교육대까지 소포가 가는 기간이 꽤 걸리기 때문에 이것도 계산을 잘해야 한다.

후반기 교육 이후 자대로 가게 되면 더블백 안에 넣어둔 자신의 물품들을 선임들과 간부들 앞에서 꺼내 보이게 되어 있다. 이것은 혹시 반입이 되지 않는 물건들을 가지고 온 것은 아닌가를 확인하기 위한 절차이다. 이때 지나치게 개념 없어 보일 만한 물건들이 나오면 남은 군 생활이 괴로워질 수도 있으니 주의해야 한다.

PART 5

자대 생활을 위해

입소대대에 근무하던 어느 조교는 훈련병들을 모아놓고 이런 말을 했다.
"너넨 자대 가면 X돼."
나와 동기 훈련병들은 고개를 떨굴 수밖에 없었다. 지금 이 상황도 미치겠는데, 이것보다 더한 나날들이 우리를 기다리고 있다니! 정말 눈앞이 캄캄했다.

훈련소와 자대는 크게 다르다. 분위기라든가, 업무 처리방식, 제한되거나 허용되는 활동, 계급, 대인 관계나 받게 되는 훈련 등. 어쩌면 자대와 훈련소의 공통점은 군대라는 것 하나밖에 없을지도 모른다. 하지만 자대도 사람들이 사는 곳이다. 기쁜 일, 즐거운 일이 함께하고, 정이 묻어나기도 한다. 이등병의 시간이 어느 정도 지나고 부대에 적응을 잘하면 자대는 분명 훈련소보다 마음이 한결 가벼운 곳이 될 것이다.

PART 5에서는 자대 생활을 하기에 앞서 알아두면 좋은 지식들을 기술하였다. 보다 수월한 군 생활을 하고, 자대에 빠르게 적응하기 위해서는 무엇보다도 군대가 자신에게 친숙하게 다가와야 할 것이기 때문이다. 그럼 이제부터 자대 생활을 하기에 앞서 알아야 할 것들과 유용한 정보들을 함께 공유해보도록 하자!

자대에 가기 전 알아두어야 할 지식들

가. 병사들 간의 분명한 상하관계

훈련소는 선임이 없기 때문에 사병들 간에 수평적인 관계가 유지된다.*
훈련병들끼리는 나이가 어떻든 따지지 않고 반말을 쓰며, 모두가 친구처럼
지내게 된다. 마음을 터놓고 이야기할 수도 있고, 화가 나면 화도 낼 수 있다.

하지만 자대는 다르다. 입대일 1주 차이로 기수가 갈려서 선·후임이
되는 수도 있고, 재수가 없으면 병장 때까지도 후임이 없이 지내야 하는
경우도 종종 발생한다. 이처럼 자대는 분명한 상하관계와 수직관계를 기
본으로 한다.

---

* 물론 조교들이 있기는 하나 이들은 선임이라기보다 훈육의 업무를 맡고 있는 기간병으로 간주되는
  것이 옳다.

이제 자대에 갓 전입한 이등병들은 선임밖에 없는 자대 생활 때문에 맘이 편치 않다. 자대라는 곳의 분위기는 훈련소와 영 딴판이어서 많이 긴장되고, 남아있는 날들 생각에 앞이 보이지 않아 막막하기만 하다. 고충거리들도 하나둘씩 생기기 시작한다. 속으로 앓고 있는 고민들을 누군가에게 후련히 털어버리고 싶지만 대상도 마땅치 않고, 괜히 선임들에게 고충을 잘못 털어놓았다가 '개념이 없다' 혹은 '벌써부터 빠졌다'라는 얘기를 들을 것이 뻔하여 이러지도 저러지도 못하는 진퇴양난 속에 머리만 복잡하다. 물론 자대에는 동기들도 있다. 하지만 소대가 다르다 보니 자주 만날 수가 없다. 설령 만난다고 해도 서로 막내이고, 또 바빠서 제대로 얘기를 할 시간조차 없다.

자대에서 '군대는 서열'이라는 말을 실감하게 된다. 선 · 후임이 분명히 구분되기 때문에 훈련소와는 판이하게 다른 분위기를 접하게 된다. 이 때문에 처음 자대에 배치받으면 적응하기가 쉽지 않다. 실수를 연발하고, 선임들이 나를 싫어하지는 않을지 걱정이 앞선다.

하지만 너무 위축되거나 힘들어 할 필요는 없다. 처음이니 모르는 것은 당연하다. 선임들도 그랬고, 선임의 선임들도 처음엔 다들 그랬다. 선임들도 아닌 척 하지만 속으로는 다들 신병의 처지를 이해하고 있다. 자대에는 마냥 갈구려는 선임들만 있는 것은 아니다. 군 생활을 올바르게 이끌어줄 좋은 선임들도 많다. 자신과 마음이 잘 통하는 선임을 선택하여 많은 이야기를 나누고 친해지는 것이 좋다. 그러다 보면 곧 상하관계에 익숙해질 것이다.

설령 쉽게 이야기를 붙일 선임이 없더라도, 맘을 단단히 먹고 열심히 하겠다는 의지를 갖는다면 군 생활이 그렇게 힘든 것만은 아니다. "나만 가는 거 아니고 세상 남자들 다 가는 군대인데 뭐…", "다들 이런 고생 하는데 나라고 못할 거 있겠어?"라고 담대한 마음을 갖는 것이 좋다. 자대에서는 전화를 자유롭게 할 수 있으므로 마땅히 고민거리를 털어놓을 곳이 없으면 가족들이나 친구들에게 털어놓을 수도 있다. 또 간부들도 있지 않은가? 언젠간 나도 선임이 될 터이니 상하관계는 돌고 도는 것 쯤으로 생각해두자.

□ 풀린 군번 그리고 꼬인 군번

자대에서의 서열은 여러 가지 일화를 낳는다. 일반적으로 자대에서 병장은 최고 대우를 받고, 일병이나 이병은 막내 생활을 하게 된다. 하지만 모든 자대가 그러한 것은 아니다. 어떤 자대에서는 병장이나 상병임에도 청소를 도맡아 해야 하며, 또 어떤 자대에서는 일병인데도 편하게 누워서 TV를 시청하는 경우도 있다. 왜일까? 그것은 바로 풀린 군번과 꼬인 군번의 차이 때문이다.

그렇다면 풀린 군번과 꼬인 군번은 무엇인가?

풀린 군번이란 운이 좋은 군번을 뜻하는 말이다. 보통 선·후임의 관계는 중대 단위로 구분된다. 중대가 다르면 자신보다 계급이 높다 하더라도 남남이다. * 그렇기 때문에 자신이 속한 중대나 소대에 자신과 군번의 터울이 큰 사람이 많을수록 자신의 군 생활은 편해진다. 자신보다 계급 간 터울이 큰 사람들이 많다는 것은 선임 병장들의 만기 전역 일자가 얼마 남지 않았다는 뜻이고, 선임들이 다 전역을 해버리면 상대적으로 내가 소대의 기득권을 잡게 되는 기간이 그만큼 빨라지기 때문이다.

이해를 돕기 위해 예를 들어 설명하면 다음과 같다.

자신의 소대 인원이 총 다섯 명이라고 가정해보자. 그런데 다섯 명 중 나의 선임 네 명이 모두 병장이고 나만 일병이라면 네 명의 병장이 만기 전역을 한 이후에는 내 위로 선임이 더 이상 존재하지 않게 되고, 그 네 명의 티오(TO)는 다른 이등병들로 채워질 것이다. 그렇게 되면 나는 일병임에도 불구하고 소대의 왕고가 되는 것이다.** 이것이 풀린 군번의 개념이다.

꼬인 군번은 반대로 생각하면 쉽다. 나와 터울이 적은 '맞 계급' 선임들이 많다는 것을 뜻하며, 이 경우 군번만 꼬인 것이 아니라 내무 생활과 군 생활 전체가 꼬이는 것이 된다. 필자의 지인 중 한 명은 정말 제대로 꼬인 군번이었다. 소대에 터울이 적은 선임들만 주르륵 있었고, 상병이 된 후 5개월까지도 최고 막내 생활을 해야 했다. 매일 아침저녁으로 내무실의 슬리퍼를 정돈하고, 청소 때에는 가장 힘든 일을 도맡아 해야 했다. 참으로 안타까운 일이지만 이러한 풀린 군번과 꼬인 군번은 자신이 마음대로 선택할 수 있는 것이 아니다. 군에서는 운도 크게 작용한다.

나. 복지혜택만 보면 한결 편한 자대 생활

자대에는 사이버 지식정보방(PC방과 같은곳), 노래방, 플레이스테이션(있

는 부대도 있고, 없는 부대도 있다), 헬스장 등을 갖춰 놓고 병사들이 자유롭게 이용하도록 하고 있다. 병사들은 개인 정비시간이나 자유시간을 활용하여, 이곳에서 다양한 문화 및 여가활동을 할 수 있다. 물론 이등병 때는 선임이 데려가주지 않으면 자신의 의지만으로 갈 수 없는(이런 것들은 암묵적으로 약속이 됨) 곳들도 존재하지만, 그래도 훈련소에서는 꿈도 꿀 수 없었던 복지 시설이다.

훈련소 생활은 민간인을 군인으로 바꾸는 과정이기 때문에 자대보다 훨씬 더 강력한 통제를 한다. 그러므로 훈련소에서는 PC나 TV, 플레이스테이션 등은 물론, 자대에서 누릴 수 있는 각종 자유시간이나 여가활동, 외부와의 소통 등이 엄격히 제한된다. 예를 들면, 자대에서는 마음만 먹으면 손쉽게 할 수 있는 전화 한 통화도 훈련소에서는 일정 이상의 상점을 얻지 못하면 할 수 없다. 통화가 허용되더라도 시간은 단 3분으로 제한된다. 매

일 같이 병사들이 이용하는 PX도 훈련소에서는 맘대로 갈 수가 없다.

사회의 소식을 알기 위해 국방일보를 글씨 하나 빠짐없이 읽고 편지에 매달렸던 훈련병 시절보다는, 복지시설만 따지고 보면 자대가 한결 더 낫다고 할 수 있다.

다. 집에 다녀오자! 출타

훈련소에는 출타라는 개념이 없다. 훈육 기간 중에는 외박이나 외출 등이 허용되지 않기 때문에 부대 밖으로 놀러 나간다는 것은 상상도 할 수 없는 일이다. 하지만 자대에서는 부모님이나 친구들의 면회가 가능하고, 외박, 휴가도 나갈 수 있다.

무엇보다도 군인들에게 가장 큰 관심사는 바로 이 출타이다. 포상휴가장 한 장에 목숨을 걸고 사회의 공기를 1초라도 더 느끼고 싶어 하는 것이 군인이기 때문에 때로는 출타로 인해서 병사들끼리 크고 작은 웃지 못할 해프닝이 발생하기도 한다. 그중 대표적인 것이 바로 '군대스리가'로 불리는 군 축구이다. 휴가를 논할 때 이 축구는 절대 빼놓을 수 없는 것이다.

만약 축구 시합에 포상휴가 하나라도 걸려 있는 날이면 모두 전투 준비 태세 모드로 돌입하고 반드시 이겨야 한다는 마음가짐으로 축구에 임한다. 이때에는 대한민국 월드컵 16강보다 더 치열한 전투(?)가 진행된다. 만약 짬이 안 되는데 열심히 뛰지도 않고, 게다가 경기에서 지기라도 하면 그날은 소대 전체 분위기가 안 좋아진다. 심한 몸싸움을 하든, 공을 날로 주어먹기를 하든 상관없다! 수단과 방법을 가리지 말고 골을 넣어 이겨야 한다.

라. 이미지 게임

처음 자대에 가면 점호시간에 이미지 게임을 하는 경우가 있다. 점호시간에 선임들을 주~욱 앉혀놓고, 소대 왕고가 여기서 누가 제일 잘생겼는지, 혹은 제일 못 생겼는지 대답하기 곤란한 것들을 신임 병사에게 물어본다. 질문은 만들어내기 나름이지만, 대부분의 공통적인 질문들은 다음과 같다.

- 여기서 제일 못생긴 사람은?
  (실제 질문은 이거보다 더욱 곤란하다. "너무 못생겨서 식판으로 찍어버리고 싶은 사람"이 좋은 예이다.)
- 잘생긴 사람 혹은 여자가 많을 것 같은 사람?
- 여기서 고문관이었을 것 같은 사람은?
- 제일 악독하게 보이는 사람은?

다양한 질문이 있지만 대부분은 신병들이 답하기 곤란한 질문들이 많다. 물론 장난이지만 신병의 답변에 따라 그의 센스를 판단하는 데 중요한 요소로 작용한다. 괜히 소심한 선임을 잘못 지목했다가는 초반에 약간 힘들어질 수도 있다.

좋지 않은 질문엔 전역이 얼마 남지 않은 병장이나 일병·이병의 선임을 지목하는 것이 좋고, 좋은 질문엔 이제 갓 병장을 달았거나 상병 말호봉의 실세를 쥐고 있는 병사들을 지목하는 것이 좋다.[*] 대부분의 말년 병장들은 이런 것을 너그럽게 이해하는 편이기 때문에, 나쁜 것에 지목되어

---

[*] 말호봉이란 직급의 마지막 개월을 말한다.

도 크게 관심을 두지 않는다. 반면 이제 곧 기득권을 갖게 된 병사들에게는 그들의 위엄을 존중해주는 태도를 보이는 것이 계급체계로 이루어지는 군 생활을 무리 없이 하는 방법이다. 또한 질문이 나오면 바로바로 지목하는 것이 좋다. 어떤 신병들은 계속 망설이게 되는데 그러면 선임들에게는 정말 고민한다는 인상을 준다. 생각 없이 손이 가는 대로 찍는 것이 오히려 더 현명한 방법이다.

중요한 것은 지나치게 한 사람만 지목하게 되면 아무리 말년 병장이라도 기분이 좋지 않을 수 있다는 것이다. 되도록 골고루 지목하는 센스를 발휘하고, 나쁜 질문에 응답할 시엔 말 앞뒤에 미사구어를 넣어 좋게 포장하여 말하는 것이 좋은 방법이다. 예를 들면 "여기서 누가 제일 무서운 선임 같은가?"라는 질문에는 "김개똥 병장님이 조금 무섭습니다. 얼굴은 잘 생기셨지만, 조금 카리스마가 있어 보여서 그렇습니다"라는 식으로 말이다.

마. 자대에 처음 가면 실수하는 것들

훈련소나 후반기 생활에 익숙해진 신임 병사들은 지나치게 편한 생활을 했던 나머지 본인의 신분을 잠시 망각한 채 자대에서 실수를 하는 경우가 종종 있다. 신임 병사들이 쉽게 저지르는 실수, 그리고 사소하지만 군기가 빠져 보일 수 있는 행동들을 몇 가지 정리해보았다.

□ 점호시간에 번호를 잘못 외치는 행동

군대에서는 매일 밤 취침 전에 야간점호를 한다. 야간점호 시에는 각 소대 및 중대 전체의 현재 인원을 파악하게 되어 있다.* 이때 중대 대표보고자와 당직사관이 각 소대를 순찰하며 인원을 보고받게 되는데, 소대원들은 점호 때 보고자의 구령에 맞춰 "하나!", "둘!", "셋!"과 같이 큰 목소리로 일련번호를 외쳐 인원수를 점검한다.**

이때 긴장을 많이 한 신임 병사들이 실수를 자주 한다. 자신의 번호 대신 왼쪽이나 오른쪽의 다른 사람 번호를 외치기도 하고, 때로는 왼쪽 사람이 번호를 외치지도 않았는데 급한 마음에 자신의 번호부터 외치는 경우도

---

* 당직사관은 그날 당직을 하며 유동병력 및 특이사항을 점검하는 간부이다.
** 야간점호란 야간에 잠을 자기 위해 하는 일종의 의식과 같은 것이라고 생각하면 이해가 쉬울 것이다.

허다하다.

정상적인 번호 대신 '열다', '열여'를 외치는 신병들도 많다. 일석점호 때 이 '열다', '열여' 실수를 하게 되는 신병이 속한 소대는 바로 냉랭한 분위기가 감돌게 된다. 그렇다면 '열다', '열여'란 무엇인가?

이처럼 '열다'와 '열여'는 열다섯과 열여섯을 줄인 말이다. 군에서 '열다', '열여'는 통하지 않는다. 번호를 건너 띄거나 하는 실수는 어느 정도 이해될 수 있지만 '열다', '열여'와 같은 실수는 선임들의 머릿속에 각인되어 군 생활 내내 자신을 괴롭힐 수도 있다.

□ 짝다리를 짚는 행동

군대에서는 짝다리를 짚는 행동은 절대 용납되지 않는다. 이 행동은 자신보다도 기수가 훨씬 높은 상병들도 쉽게 하지 않는 행동이기 때문에 특

히 조심해야 한다. 물론 습관이라는 것이 무서워서 하지 않으려 해도 무의식적으로 툭툭 튀어나오기 때문에 자신도 답답할 때가 많을 것이다. 필자는 신병 기간에는 항상 긴장을 늦추지 말라고 말하고 싶다. 긴장을 조금이라도 늦추면 느슨해지고, 나머지 군 생활을 좌우할 수도 있는 신병 기간에 선임들에게 좋지 못한 이미지를 심어줄 수 있다.

필자의 경험에 따르면 신병들 대개가 전화통화를 하면서 짝다리를 짚는 경우가 많았다. 아무래도 가족이나 친구들과 통화를 하다 보니 마음이 편안해지고, 잠시나마 사회의 향수에 젖어 그런 것이 아닌가 생각된다.

□ 앉아서 피복을 입는 행동

처음 자대에 배치받고, 신발이나 양말 혹은 군복을 입게 될 때 침상에 걸터앉아서 착용하는 신병들이 많다. 하지만 이 모습은 선임들의 눈에는 '편한 것만 추구하려는 후임'이라는 좋지 않은 인상을 심어주게 된다. 신병 때는 무엇이든 쉽고 편한 것보다는 조금 더 어렵고 불편하더라도 정석대로 하는 것이 좋다. 더불어 신발을 신을 때 신발이 잘 들어가지 않는다고 해서 신발의 앞머리를 바닥에 콩콩 찍어서 신는 행위도 삼가야 한다.

□ 정말 아무것도 하지 않는 행동

처음 자대에 가면 약 2주간은 대기병 생활을 해야 한다. 대기병 기간에는 부대 적응기간이라고 하여 선임들이 아무 일도 시키지 않으며, 정말 아무것도 하지 않는 잉여(?)생활을 하게 된다.[*] 하지만 그렇다고 해서 이 기간에 정말 아무것도 하지 않고 가만히 있는다면 자신의 센스를 의심해야 한다.

이 기간에는 열심히 할리우드 액션을 펼치는 것이 좋다. 예를 들면 청소시간에 "저도 하게 해주십시오"라고 한다든가, 혼자서 간단한 실내화 정리를 해본다든가 하는 행동들 말이다. 어차피 이 기간에는 하겠다고 나서도 그만하라는 등의 말로 더 이상 하지 못하게 금지시킨다.

물론 대기병 기간에는 아무것도 시키지도, 하지도 않는 것이 맞다. 그렇다고 해서 정말 가만히 있으면 그 사람은 바보다. 한 가지라도 더 배우고, 더 빨리 적응하도록 최대한의 노력을 기울여야 한다. 자신의 바로 윗선임을 들들 볶아서라도 부대 전반에 대한 지식을 깨우치도록 하자. 그러한 적극성이 A급 이등병을 탄생시킨다.

이상에서는 우리는 신병 때 저지르기 쉬운 실수 네 가지를 살펴보았다. 물론 이 외에도 많은 실수들이 있을 것이다. 하지만 필자가 한 가지 강조하고 싶은 것은 눈과 머리를 편하게 두지 말고 계속 굴리고, 또 굴리라는 것이다. 모르는 것이 있으면 무엇이든 물어보고 적극적으로 대처해야 한다. 이것이 신병생활을 잘할 수 있는 방법이다.

---

[*] 심지어는 간단한 청소조차도 시키지 않는다.

선임들의 유형 분류

군대에서는 선임과 후임이 함께 어울려 생활을 한다. 선임들 중에는 나와 성격도 잘 맞고 후임들에게 모범이 되는 좋은 선임들도 있지만, 어디에서나 그렇듯 사람의 유형은 다양하기 때문에 좋은 선임들만 있는 것은 아니다. 본보기가 되기는커녕 후임들을 괴롭히기만 하는 선임도 있고, 말도 안 되는 것을 가지고 선임이라는 지위를 내세워 우기기만 하는 사람도 있다. 그런가 하면 선임으로서의 도리를 잊고 후임들에게 무관심으로만 일관하는 사람들도 존재한다.

한마디로 군대 선임들의 모습은 매우 다양하다. 이들의 행동과 유형을 세세하게 분류해보면 수백 수천 가지의 모습이 그려질 수 있을 것이다. 하지만 이들의 공통적인 부분만을 추려 대략적으로 분류해보면 그 패턴을 약 다섯 가지로 요약분할 수 있을 것 같다. 20여 년간 각자 다른 환경에서 자라왔다는 점에서 어느 정도 이해해줄 수는 있지만, 무턱대고 그들의 행동을 이해하려고만 하다 보면 스트레스만 받고 피해보는 일이 종종 생긴다. 따라서 이들의 대체적 유형에 대해 잘 알아두고 그에 맞게 대처할 수 있는 방법을 생각해 두는 것이 바람직 하다. 선임들의 5대 유형은 다음과 같다.

가. 악마형

그냥 악마다. 툭하면 후임들에게 장난을 치고, 무리한 것을 시키고, 별 이유도 없는데 끊임없이 갈군다. 일반적으로 후임들이 제일 무서워하고 싫어하는 스타일이다. 잠시라도 엮이면 무슨 일이 터질까 두려워 이리저리 피해 다니지만, 용케도 숨어있는 후임들을 찾아내 말을 건다. 이런 선임들은 꼬투리도 굉장히 잘 잡는다. 갈구려고 혈안이 되어 있는 사람이라서, 이들에게 잘못 보이면 군 생활이 괴롭다.

악마형 선임들은 전역 후에도 부대에 전설로 남아 후임들에게 자신의 이름을 남긴다. 악마, 저승사자 등 온갖 닉네임이 붙어 다니며 직접 얼굴을 보지 못한 신병들조차도 그들의 이름을 기억하곤 한다.

그런데 악마형 선임들은 이렇게 후임들은 칼같이 다루는 반면, 윗선임들은 하늘같이 챙긴다. 따라서 윗선임들은 자신들을 잘 챙기고 더불어 후임 관리까지도 잘하는 악마형 선임을 신뢰할 수밖에 없다. 그러다 보니 그 밑에 있는 후임들은 악마형 선임의 윗선임들에게 자신의 힘든 고충을 이야기할 수도 없다. 혹시 자대에서 악마형 선임을 만나게 되면 이들을 절대 적으로 두어서는 안 된다. 그냥 묵묵히 열심히 하는 모습을 보여주고 가끔 재밌는 농담도 주고 받으며 좋은 관계를 유지해두는 것이 좋다.

나. 이기주의형

　무관심형이라고도 불릴 수 있는 이기주의형은 평소에는 후임들에 대해 별로 신경 쓰지 않는 타입이다. 보통 구석에 짱박혀(?) 자신만의 세계를 사색하거나 조용히 은둔하며 지낸다. 그러나 이기주의형은 자기애가 아주 강하기 때문에 자신에게 조금이라도 피해가 오면 결코 용납하지 않는다. 예를 들어 평소에는 본채 만채 하다가도 후임 때문에 자신이 꾸중을 듣거나 피해를 보면, 절대로 그 후임을 가만 놔두지 않는다. 피해에 상응하는 갈굼을 선물로 준다든가 하는 방식으로 반드시 되갚는다. 후임들도 이기주의형을 별로 좋아하지 않고 잘 따르지도 않는다. 간혹 이기주의형과 아주 마음이 잘 맞는 후임 한두 명이 있는데, 이들은 이기주의형과 무엇인가 통하는 사람들이다. 이기주의형은 자신과 마음이 잘 맞는 이 후임들에 대해서는 다른 후임들과는 다르게 관심으로 돌본다. 그러나 이기주의형은 후임들보다는 자신의 동기나 터울이 얕은 선임들과 친분을 유지하는 경우가 대부분이다.

　이기주의형 선임에 대한 처방행동은 두 가지가 있을 수 있다. 하나는 이기주의형과 선임과 아주 극친한 사이가 되어 같이 이기주의 집단(?)을 형성하는 방법이고, 다른 하나는 적당히 예의를 갖추고 그렇저럭 나쁘지 않은 관계를 유지하면서 지내는 것이다. 이기주의 집단이라고 해서 남에게 해를 끼치는 행동을 하라는 것은 아니다. 다만 이기주의형 선임의 라인을 타게 되는 것으로, 그의 그늘 아래에서 군 생활을 조금이나마 편하게 할 수 있다. 그러나 다른 병사들과의 교류가 적어져 자신의 인맥이 가는 실핏줄처럼 될 수 있다는 점도 유의해야 한다.

이기주의형 선임은 1차적으로 후임들에게 무관심한 편이기 때문에 적당히 예의만 갖추는 방법도 나쁘지 않다. 이기주의형 선임에게 피해만 주지 않으면, 자신에게 돌아올 피해도 없기 때문이다.

다. 참된 군인형

군대 생활을 모범적으로 잘하는 사람들이다. 일도 잘하고, 예의도 바르고, 후임들 관리도 잘한다. 후임들에게는 엄격하고 혼낼 때 혼내더라도 PX에서 맛있는 것도 많이 사주고 상담도 잘 해준다. 자신의 선임들에게는 반대로 또 예의 바르게 행동하고 재미있게 농담도 많이 해서 그의 선임들도 좋아한다.

보통 이런 참된 군인형들은 이등병 때부터 그 두각을 나타내기 시작한다. 작업이나 주특기 면에서 탁월한 역량을 보여주고, 스스로 군 생활이 재밌다고 느끼는 병사들이다. 짬을 먹어도 FM대로 규칙을 잘 지킨다. 일도 열심히 하고 좋지만 바로 그 이유 때문에 주위 사람들이 보기엔 약간 피곤한 스타일이라고 생각될 수도 있다.

라. '나는 군인이 되고 싶지 않아'형

이등병 때부터 욕을 많이 먹어온 부류들이다. 이등병 때 욕을 많이 먹고 괴롭힘을 많이 당한 병사들은 두 부류로 성장하게 되는데, 한 부류는 악마로 성장하고 다른 부류는 '군인 거부' 타입으로 성장한다. 군인 거부 타입은 대단한 사람들이다. 후임들에게 굉장히 잘해주고 잘못을 해도 쿨(cool)하게 넘어가는 경우도 많다. 후임들이 굉장히 편하게 생각하고, 나중이 되면 대들기도 한다. 하지만 기어오르는 것도 신경 쓰지 않는다.

마. 찌질이형 또는 왕따형

　사회에서도 적응을 못했던 사람들이 군대에서도 비슷하게 찌질해진다. 혼잣말을 하거나, 일을 너무 못하는데도 당당하다. 사회에서 친구가 없어 괜히 군대 후임들과 휴가를 맞춰 나가 온종일 놀자고 제안하기도 한다. 선임들도 좋아하지 않고 후임들도 좋아하지 않는다. 다가오면 괜히 짜증이 난다. 이런 사람들은 피하는 것이 정석이다.

각종 보직의 장단점

군 부대에는 여러 가지 보직이 존재한다. 물론 이러한 보직들을 모두 정리하기는 어렵지만 부대마다 어느 정도는 공통적인 보직이 있게 마련이다. 본 단원에서는 군대에 존재하는 공통적인 보직들을 정리하고, 이들이 주로 하는 일은 무엇인지, 그리고 장단점은 무엇인지 살펴보고자 한다.

가. 보병, 포병 등 전투병과 특기

□ 보병이란?

보병은 말 그대로 '걸어다니는 병사'를 의미한다. 해군에서는 갑판 병이 이에 해당한다. 특정한 특기 없이 전쟁에서 백병전을 할 때 적을 총이

나 포로 쏴서 사살하는 임무를 맡게 된다. 사람들이 흔히 생각하는 군인의
이미지는 바로 이 보병이다.

□ 보병의 일과

❶ GP/GOP에서 경계근무

보병의 가장 기본이 되는 임무는 경계근무이다. 그중에서도 많은 보병들은 GP나 GOP로 경계를 나가게 된다. GP와 GOP는 비무장지대를 둘러싸고 있는 지대로서, 일종의 전방 초소라고 보면 된다. 이런 곳에 투입되면 몇 개월씩 외로운 경계 생활을 해야 하며, 휴가도 통제된다. 보병들에게는 이때가 정말 힘들다. 하지만 동시에 사회에서는 할 수 없었던 새로운 것을 경험해볼 수 있기 때문에 나름대로 얻어가는 것들도 많다. 전방에서 보는 경치는 일품이라고 한다. DMZ는 역사적 가치 말고도 관광의 가치도 충분히 있다.

❷ 타 부대의 경비근무 지원

보병들은 간혹 자신의 부대가 아닌 타 부대로 경비근무 지원을 나가기도 한다. 예를 들어, A라는 부대가 자체인력이 부족하여 경계근무에 어려움을 겪게 되면, B부대와 협력을 맺어 부족한 인원을 지원받는데, 이는 인근 부대 간에 흔히 있는 일이다. 지원근무 기간은 보통 3~4개월 정도이며, 일반적으로 하루 3교대를 기본으로 한다.

지원근무 시 쉬는 시간에는 당직사관의 통제를 받아 작업을 하거나 개인 정비를 할 수 있다. 개인마다 차이가 있겠지만 특별히 어려운 점은 없다.

❸ 각종 전술훈련 및 작업

보병은 다른 보직들보다 각종 전술훈련도 자주 한다. 심하면 한 달에 두세 번씩 있다고도 한다. 전술훈련의 기본은 천막 치기, 진지 구축 등이 주를 이룬다. 전시 대비를 하는 것이기 때문에 일이 쉽지는 않지만, 자주 하다 보면 능숙해진다.

흔히들 말하는 군대의 '삽질'은 보병사단에서 비롯된 말이다. 근무를 서지 않는 일과시간에 보병들은 각종 작업을 하게 된다. 땅을 파서 구덩이를 만들거나, 각종 청소, 또는 병영 및 지역 보수작업을 한다. 군인이 되면 훈련 때문에 힘들기도 하지만, 이 작업 때문에 힘들어하는 병사들도 많다.

그렇다면 군은, 특히 보병은 왜 이렇게 작업이 많은 것일까? 군대는 전쟁을 대비하는 특수 집단이기 때문에 항상 임무 수행을 위한 준비가 중요하다. 따라서 작전지역이라든가 시설 등은 항상 유지관리를 철저히 하여 비상시 바로 이용이 가능한 상태로 유지해야 한다. 이 때문에 군인들은 자주 삽으로 구덩이를 파고, 눈을 치우고 하는 것이다. 또한 훈련이 없는 경우 병사들이 나태하거나 안이한 마음을 갖게 될 수 있으므로 작업은 긴장감 유지의 수단으로 이용되기도 한다.

□ 보병의 장점

❶ 몸은 힘들지만 마음은 상대적으로 평안하다

보병은 상대적으로 단순한 보직이다. 경계를 서는 일 자체가 몇 가지 규칙만 준수하고 있으면 그다지 어려운 것이 아니고, 작업도 단순작업이 많기 때문에 머리를 쓰는 일이 상대적으로 적다. 그래서 몸은 힘들지 몰라도 마

음은 편안할 수 있고 머리가 비교적 덜 아프다(마음이 아주 편하다는 말은 절대
아니다. 행정병에 비해서는 편하다는 말이다).

❷ GP/GOP 근무가 많은 것을 가져다줄 수 있다

GP와 GOP에서 근무를 서게 되면 외롭고, 정신적으로는 조금 힘들겠지
만, 역으로 장점들도 존재한다. 아름다운 자연과 함께하기 때문에 남다른
경외감도 느낄 수 있고, 무엇보다 공기가 좋기 때문에 신체적으로 건강해
진다(근무를 하는 동안, 물론 그래서는 안 되지만, 아름다운 자연에 취해 사색을 즐
기는 사람들도 많다). GP 쪽 자체가 워낙 산이 험준해서 순찰을 한 번 돌기만
해도 살이 빠진다.

근무 기간에는 훈련도 없고, 근무 자체도 어려운 것이 별로 없기 때문
에 매우 편하다(GP/GOP에서는 교대근무로 하루에 일정 시간만 근무하면 나머지
일과는 자유롭게 보낼 수 있다. 근무 외의 다른 활동은 하지 않는다).

보급품들도 일반 부대와는 질적으로 다르게 빵빵하고, 무엇보다도 GP
근무는 자체사고 예방 등에 가장 민감하기 때문에 상대적으로 선임과 후임
간의 관계도 매우 좋다고 한다.

❸ 훈련과 작업, 경계근무 등으로 인해 몸이 좋아진다

보병들은 활동량이 대단히 많다. 초소 경계근무만 해도 산을 타고 오르
면서 순찰을 계속 돌아야 하기 때문에 하체 힘이 아주 강해진다. 초소들이
대부분 산 중턱에 많기 때문에 오르락내리락 하면서 본의 아니게 운동을
많이 하게 된다.

❹ 자유시간이 꽤나 많다

보병들은 군에서 규정한 일과 종료시간이 잘 지켜지는 편이다. 그래서

일과시간이 끝나고 점호를 하기 전까지 시간이 꽤나 많이 남는다. 자기 계발이나 운동 등을 할 수 있는 기회가 행정병들보다 많다. 물론 특별한 작업을 하게 되는 때는 예외다.

□ 보병의 단점

❶ 몸이 피곤하다

보병은 정신적으로 신경을 쓰거나 머리를 쓸 일이 많지 않기 때문에 심적으로는 괜찮으나 몸이 힘들 수 있다. 계속되는 근무와 훈련, 작업 등으로 몸이 좋아지기는 하나, 그만큼 체력적으로는 힘들 수 있다. 짬을 먹을수록 가장 편해지는 보직이 보병이지만 졸병 때는 선임들보다 육체적인 일을 더 많이 해야 하기 때문에 매우 힘들 수 있다.

❷ GP/GOP 근무의 단점

GP나 GOP에서 얻을 수 있는 것도 많지만 그것을 얻기 위해 치뤄야 하는 대가도 크다. 단절된 곳에 있기 때문에 군것질을 마음대로 할 수 없고 사회 및 외부와의 연락도 거의 끊기다시피 한다. 산에서 순찰을 할 때는 오로지 산만 주구장창 타야 한다. 말 그대로 산적이 되는 것이다. 게다가 GP/GOP 근무 시에는 휴가도 몇 개월 동안 나갈 수 없기 때문에 많이 힘들 수 있다.

□ 보병의 자대 배치는?

대부분의 소총수나 보병은 사단으로 자대 배치를 받는다. 어느 사단으로 배치되느냐에 따라 GP/GOP로 들어가는지의 여부가 결정된다. 전방이 아닌 후방 사단들은 GP나 GOP가 없으나 GOP와 견줄 수 있는 해안경계가 있다.

나. 행정병

□ 행정병이란?

사무실에서 갖가지 행정 업무를 보는 병사들을 통틀어 행정병이라 일컫는다. 행정병들은 다양한 일들을 한다. 각 중대의 행정반에 배치되기도 하고, 참모부에 투입되어 인사과, 군수과, 정작과(정보작전과) 등에서 일을 하기도 한다. 하는 일은 부서마다 다르고 부대마다 다르며, 워낙 방대하기 때문에 일일이 다 기술할 수는 없다. 하지만 컴퓨터 앞에 앉아서 문서작업을 하는 것이 공통된 업무이다. 참모부에서는 해당 부서에 관련된 문서를 작성하고, 중대의 행정반에서는 상황, 각종 보급품 및 휴가 관리를 하는 것이 일반적이다.

□ 행정병의 일과 및 업무

행정병은 간부가 지시하는 문서를 작성하거나 결재 시 필요한 기획 보고서 등을 만드는 일을 주로 하는데, 어떻게 보면 회사의 사무직이라고도 할 수 있다. 작성해야 하는 문서는 맡은 보직에 따라 조금씩 다르다. 일반적으로 서무계는 부대의 자금이나 휴가, 진급 등 인사에 관련된 일들을 맡게 되며, 보급계는 물자수급에 관련된, 그리고 교육계와 같은 경우 부대 내 일이나 훈련 등에 관련된 문서를 작성한다(이 부분에 대해서는 아래에서 조금 더 자세히 설명하도록 하겠다).

❶ 참모부 행정병

행정병의 문서작성이나 서류관리 일도 맡은 보직에 따라 조금씩 차이를
보인다. 예컨대 참모부 행정병의 경우, 기본적인 보직으로 정작과, 지원통
제과, 인사과, 군수과 등이 있다.

- **정작과** : 교육훈련 예정표, 보안 관련 및 정훈 업무 등을 담당한다(상위 부대
  는 정훈과가 있기도 하고, 정보과와 작전과가 나누어져 있는 부대도 많다). 보통
  정작과 과원들은 상황을 유지하면서 업무를 본다.
- **인사과** : 병사 및 간부들의 휴가, 전입신병, 병사의 보직 등을 관리하는 곳이
  인사과이다. 진급 업무도 인사과에서 담당한다. 또한 각종 부대 내의 행사(체
  육대회, 진급식, 하사 임관식 등)도 담당한다.
- **군수과** : 병사들의 각종 보급품, 탄약, 음식 등을 총괄적으로 관리한다. 과원들
  은 탄약, 부식 및 음식 등과 특성에 맞추어 특화되어 있다.
- **지원통제과** : 대대에서 주로 하는 업무들의 핵심을 맡는다. 대대장의 일정
  을 관리하고, 각종 지휘보고서 등을 작성한다.

이밖에 상위부대에는 이보다 더 다양한 부서들이 존재하며, 부대의 성
격에 따라 많이 다르다.

❷ 중대/소대 행정병

중대/소대 행정병들은 각 소속의 행정반에서 근무하면서 여러 가지 행
정 업무를 본다. 전달해오는 상황을 보고받고 중대에서 무슨 일이 있을 시
엔 사령과 부관에게로 보고하는 상황 업무를 보게 된다.

- **상황 근무** : 행정병은 각종 상황을 보고받고 중대에서 무슨 일이 생기면 사
  령과 부관에게로 지체없이 보고하는 임무를 수행한다.

- **보급품 관리** : 행정보급관의 통제를 받아서 병사들에게 주어지는 각종 보급품의 수량을 파악하고 필요한 물품을 나누어주는 일이다.

- **인원 관리** : 각 중대의 행정반에서는 출타와 파견을 관리하는 등 유동인력을 파악하여 근무에 차질이 없도록 하는 일을 한다.

- **교육훈련 관리** : 정작과의 교육계와 연계하여 중대의 교육훈련 일정표 등을 관리하는 일이다.

□ 행정병의 장점

❶ 몸이 좀 더 편하다

업무 자체가 사무 일이기 때문에 몸이 힘들 일은 거의 없다. 또한 대부분 사무실 내부에서 근무하며, 보병처럼 부대 외각에서는 근무하지 않기 때문에 날씨에도 크게 구애받지 않는다. 신체적으로는 보병보다 좀 더 편하다고 할 수 있다.

❷ 컴퓨터 문서작업 능력을 키울 수 있다

행정병들은 매일 컴퓨터로 워드프로세서 작업을 하기 때문에 워드 프로그램을 활용하여 문서를 작성하는 능력이 발달하게 된다. 필자가 속했던 부대의 행정병들을 보면 대부분 마우스 한 번 쓰지 않고 모든 단축키를 숙달하여 문서를 작성하는데, 그 모습이 가히 일품이었다. 워드프로세서나 컴퓨터 프로그램과 관련된 자격증을 딸 수도 있어 자기 계발에도 큰 도움이 된다.

❸ 경계근무에서 제외된다

부대 상황에 따라 다르지만, 행정병들은 보통 경계근무 등의 외각근무에서 제외된다. 대신 야간에 부대 내에서 상황병으로 투입되거나 교환병, 불침번 등을 선다. 겨울에는 야간에 초소에서 근무하는 것이 큰 고역이며, 여름에는 아주 덥고 모기들까지 득실거려 정말 힘들기 때문에 이러한 경계근무에서 열외되는 것은 큰 장점이다.

❹ 군것질을 많이 한다

양날의 검일 수 있으나, 항상 사무실에 앉아 있기 때문에 PX를 많이 이용하게 된다. 입은 즐겁지만 살이 찌고 돈 씀씀이가 헤퍼질 수 있다.

□ 행정병의 단점

❶ 살이 찌기 쉽다

행정병들은 살이 찌기 쉽다. 군의 식단 자체가 고기가 많이 들어간 고칼로리 식단이고(보통 군에서는 칼로리 소모가 많기 때문에 그것을 보충하고자 식단에 고기를 많이 추가한다), 몸을 쓰는 일이 없으며, 군것질을 자주하기 때문에 쉽게 살이 붙는다. 꾸준한 운동과 식단 조절이 필요하다.

필자의 부대에 있던 한 행정병은 행정 일을 하면서부터 체력관리를 잘하지 않아 저질 체력이 되었다. 보통 군에 입대하면 몸짱이 되거나 말 근육을 갖는 사람이 많다고 하는데 행정병의 경우는 예외인 듯하다. 철저히 관리하지 않으면 체중 증가를 피할 수 없다.

❷ 정상적 일과시간이 끝나도 퇴근하기 힘들다

행정병은 일이 꽤 많다. 물론 부대마다 처나 부서에 따라 일의 양이 다르다. 또한 간부들의 성격에 따라 일의 양이 더 많아질 수도, 혹은 적어질 수도 있다. 하지만 일반적으로 행정병은 일이 많고, 게다가 감찰이나 검열 등이 있을 때에는 밤을 새야 하는 경우도 허다하다.

보병들은 오후 5시가 되면 대부분의 일과가 끝나고 쉬지만 행정병은 빠

르면 6시 정도에 일과가 끝나거나, 늦으면 7시를 넘길 수도 있다. 몸이 편할 수는 있으나 다른 보직들에 비해 개인 자유시간이 부족할 때가 많다. 일과시간이 끝나도 잔업무가 많이 남아 제때 개인정비를 하지 못해 잘 씻지 못하는 병사도 있고, 세탁할 여유가 없어 힘들어하기도 한다. 이 때문에 행정 일을 돌보는 병사들은 상대적으로 꼬질꼬질(?)하다.

❸ 간부들과의 작업

행정병들은 사무실에서 간부들과 같이 일한다. 높은 부대의 참모부에는 소령이나 중령과 같은 고위급 간부들이 많은데, 행정병들은 간혹 이처럼 높은 사람들과 같이 일하게 되는 경우도 많다. 높은 사람들과 일을 하면 중요한 일을 하고 있다는 자부심을 가질 수는 있지만, 역으로 힘든 점도 굉장히 많다. 높은 간부와 함께 군 생활을 해본 지인들의 이야기를 들어보면 눈치도 많이 보이고, 일을 잘해야 한다는 부담감도 적지 않다고 한다. 간부와의 마찰은 병사들과의 마찰보다 훨씬 더 풀기 힘들고 스트레스도 크다. 어떤 간부들은 같은 사무실에 있는 것만으로도 숨이 턱턱 막히게 하는 포스를 내뿜는다고 한다.

❹ 각종 훈련에도 딱히 열외가 많지 않다

행정병이라서 행정 일만 계속 할 것 같지만, 실제로는 각종 전술훈련과 유격훈련 등에도 다 참여해야 하며 열외가 없다. 힘들 것은 다 힘들다. 그리고 행정병은 높은 선임이 되어서도 자신의 맡은 일은 다 해야 한다. 보병

의 경우 짬 먹을수록 편해지지만 행정병의 경우 짬 먹어도 크게 달라지는
것이 없다.

□ 행정병의 자대 배치는?

행정병은 각종 부대에 다 있다. 사단부터 군단 사령부, 특공여단까지 모
든 곳에 행정병이 존재한다. 어디로 배치가 될지는 아무도 모른다. 행정병
이 되는 길은 차출과 지원이 있다. 지원은 말 그대로 입대부터 지원하는 것
이고 차출은 훈련소에서 차출되는 것이다.

다. 취사병/조리병

□ 취사병이란?

취사병은 '밥 짓는 병사'다. 병사 및 간부들
을 위하여 밥을 짓고 식당 관리를 책임진다.

□ 취사병의 일과

취사병들은 일과가 거의 일정하다. 아침, 점심, 저녁밥을 짓고 취사기구
들을 설거지하는 것을 반복한다. 일과는 매우 단순하다. 휴일에도 똑같은
일과이고, 심지어 훈련이 있을 때도 취사병들은 남아서 밥을 짓는다. 다른
병사들과의 차이점은 아침 식사를 만들어야 하기 때문에 4시 반 정도에 먼
저 일어나서 식당으로 나가 밥을 지어야 한다는 것이다. 그 대신 불침번이

라든지 다른 근무에서 제외되는 경우가 있다(그렇지 않은 부대도 있음).

□ 취사병의 장점

❶ 근무와 훈련 열외

이것은 별것 아닌 것 같지만 실제로는 꽤나 큰 장점 중 하나이다. 취사병은 작은 훈련(예: 병 기본)에서부터 큰 훈련(예: 혹한기, 유격)까지 많은 경우 열외가 되며, 경계나 불침번 등의 근무도 없는 경우가 많다. 하지만 큰 훈련이 있는 경우 훈련장에서 취사를 지원해야 한다.

❷ 머리 쓸 일이 적다

취사병은 조식, 중식, 석식을 준비하는 일 외에 다른 일이 없다. 비교적 단순한 보직이기 때문에 심적으로는 편안하고, 병사들과의 관계가 나쁘지만 않으면 골치 아플 일도 별로 없다.

❸ 요리 방법을 터득할 수 있다

1년 반 정도 요리를 하면 요리 실력이 당연히 좋아질 수밖에 없다. 칼 잡는 방법부터 배워나가기 때문에 요리를 새로 배우더라도 기본이 되어 있어서 더욱 빨리 배울 수 있다. 또한 한식조리사나 양식조리사 같은 자격증을 따는 데에도 큰 도움이 된다. 후에 사회에 나가서 요리해주는 멋진 남자로 거듭날 수 있는 기회도 된다. 게다가 맛있는 음식을 많이 먹어볼 수 있기 때문에 미각을 다스리는(?) 데에도 큰 몫을 한다.

❹ 전투복 입을 일이 별로 없다

점호시간을 제외하면 취사병들은 항상 활동복 차림이다. 활동복은 굉장히 편하다.

❺ 개인 시간이 많다

오전과 오후에 취사와 뒷정리가 끝나면 휴게실에서 쉴 수 있다. 아침부터 저녁까지 온종일 일하는 행정병들보다 개인 시간이 많아 좋다. 위에서 언급했듯이, 식사 준비 외에는 다른 일이 없기 때문이다.

□ 취사병의 단점

❶ 몸에서 '짬' 냄새가 난다

이것은 은근히 치명적이다. 취사병들은 항상 식당에서 음식물을 접하기 때문에 자연스럽게 몸에 음식냄새가 배게 된다. 2년 가까이 식당에서만 있게 되면 그 찌든 냄새는 꽤 오래 지나야지만 없어진다.

❷ 일찍 일어나고 늦게 잔다

취사병은 병사들의 아침식사부터 저녁식사까지 관리하기 때문에 다른 병사들보다 더 일찍 일과를 시작하고 늦게까지 일해야 한다. 아침에는 다른 병사들보다 일찍 일어나서 밥을 짓고, 저녁엔 다른 병사들보다 늦게까지 남아서 식당

청소 및 설거지를 한다. 보통 4시 반 정도에 기상하고 일과는 8시 정도에 끝난다. 중간에 휴식시간이 많긴 하지만 은근히 고되다.

❸ 공휴일이 없다

휴일이라고 해서 밥을 먹지 않을 수는 없다. 공휴일이어도 똑같은 일을 계속 해야 한다.

❹ 몸이 고되다

항상 무거운 짬을 나르고 적어도 몇백 인분의 밥을 지어야 하기 때문에 몸이 힘들다. 한여름에 불 앞에서 조리를 하거나 겨울에 냉수를 퍼서 음식을 조리하는 일은 여간 힘든 것이 아니다.

❺ 일상이 반복적이어서 지루할 수 있다

일과 변동이 거의 없기 때문에 시간이 잘 안 가고 지루할 수 있다.

□ 취사병의 자대 배치는?

취사병들은 어느 부대로든지 다 가게 된다. 밥을 먹지 않는 부대는 없기 때문이다. 군에서 취사병들이 일할 수 있는 곳 몇 군데를 알아보자.

❶ 병사식당

가장 많이 배치되는 곳이다. 병사들의 밥을 짓고 뒷정리를 한다. 병사식당의 힘든 정도는 그곳에 병사들이 얼마나 많이 있느냐에 따라 좌우된다. 병사들이 많을수록 힘든 곳이다. 예를 들면, 육군훈련소 식당의 경우 끼니당 1,500인분의 밥을 해야 한다. 육군훈련소는 보통 훈련병 한 기수가 끝날 때마다 포상휴가가 하나씩 나온다고 한다(보통 분기별로 휴가 하나 정도를 받는다). 그렇기 때문에 일이 매우 고되다(흥미로운 것은 한번에 밥 하는 양이 많으면 많을수록 밥의 맛이 없다). 영외 중대 같이 중대 하나만 있는 경우 150인분에서 200인분 정도의 밥만 하면 된다. 그만큼 밥은 맛있고 취사병들도 덜 힘들다.

❷ 간부식당

간부들이 식사를 하는 곳을 관리하는 병사들이다. 병사식당에서 만든 밥을 간부식당으로 옮겨온 뒤 그곳에서 배식 및 식기관리를 한다. 보통은 병사식당에서 조리 업무도 같이 한다. 병사식당보다 간부식당이 일하기에 더 편하다. 높은 부대의 간부식당 병사들은 가끔 직책이 높은 간부들을 위해 따로 음식을 준비하기도 한다.

❸ 장군 조리병

취사병이 갈 수 있는 최고의 보직이다. 따로 관사에서 거주하며 장군들의 음식을 조리한다. 내무 생활을 하지 않으며 관사에서 공관병과 같이 생활하게 된다.

❹ 회관

취사병의 또 다른 최고 보직 중 하나이다. 군에서는 회관이라고 하여 군인들(간부)이 꽤나 싼 가격으로 식사를 할 수 있는 중·고급의 식당이 있는데 이곳에서 서빙을 하거나 음식을 제공하는 일을 하는 것이다. 이들은 모두 취사병에서 차출된다. 머리도 기를 수 있고, 근무복이 와이셔츠 등의 정장 차림이다. 또한 대부분 시내에서 근무한다. 이 병사들은 상근(집에서 출퇴근하는 병사)들이 많다.

라. 운전병

□ 운전병이란?

운전병이란 군용차를 운전하고 관리하는 병사이다. 각 부대마다 수송부가 따로 있는데, 간부들을 태우고 다니거나 여러 가지 물자들을 적재하여 다른 부대로 수송하는 일을 하게 된다. 운전병이라고 해서 운전만 하는 것은 아니고 차량 보수도 해야 하고, 전투 시에는 전투도 해야 하기 때문에 각종 훈련에 모두 참가하게 된다.

□ 운전병의 일과

❶ 운행

운행이 있는 날이면, 다른 부대로 갖가지 물자 및 인적자원들을 싣고 목적지로 이동한다. 운전병은 소형차, 중형차, 대형차로 나뉘는데, 소형차는 간부 및 병사를, 중형차 및 대형차는 대형 물자를 적재하여 이동한다. 또한 중형 및 대형차는 병사들을 대량으로 수송하기도 한다.

❷ 차량 정비

운행이 없으면 차량 정비를 한다. 엔진 정비나 타이어 정비 등을 하며 운행으로 인해 손상된 차량을 보수하거나 업그레이드 한다. 운전병이 편하지도, 또 그렇다고 너무 힘들다고도 할 수 없는 이유는 한편으로는 운행이 있을 때에는 큰 불편함이 없다는 점과 다른 한편으로는 운행이 없으면 차량정비 등 기름을 묻혀가며 힘든 노동을 해야 한다는 점 때문이다.

❸ 갖가지 작업

일반적으로 운전병은 보병이 하는 삽질이라든가, 콘크리트 작업, 훈련 등에서는 열외가 된다(물론 유격과 같은 큰 훈련은 필히 참가해야 한다). 하지만 운전병은 유류 운반이나 물자 적재 등 수송부에서 하는 작업들을 도맡아 하기 때문에 무거운 물건을 자주 싣고 내리는 등 운전병만의 특유한 작업을 해야 한다.

□ 운전병의 장점

❶ 바깥 구경을 많이 할 수 있다

대부분의 병사는 휴가, 외박 날이 아니면 자대 안에 갇혀서 바깥 구경도 제대로 못하고, 답답한 하루하루를 보내야 한다. 하지만 운전병은 운행이 있는 날이면 외지로 나갈 수 있기 때문에 자연스레 바깥 구경을 할 수 있다. 이 때문에 사회에 대한 고립감도 조금이나마 덜하다. 일반인들은 잘 모르겠지만 이것은 군인에게는 정말 큰 장점이다. 자대에 따라서는 서울이나 경기, 인천 등의 시내로 나가는 경우도 있기 때문에 운전병들은 고립감을 덜 느낀다.

❷ 외부 음식을 많이 먹는다

운행으로 인하여 식사 시간을 놓치는 경우가 많다. 이런 경우 선탑*을 한 간부들이 외지에서 맛있는 사제 음식을 사주기도 하고, 다른 부대에 가서 PX를 이용하거나 한다. 지겨운 짬밥 대신 먹을 수 있는 사제 음식은 마른 땅에 내리는 소나기와도 같은 것이다.

❸ 개인 시간이 많다

운행을 나가서 목적지에 이르면 선탑한 간부가 용무를 끝낼 때까지 개인 시간이 많이 남는다. 이 시간을 이용해서 잠을 잘 수도 있고, 공부까지는 아니더라도 책을 읽는 시간을 가질 수도 있다. 또한 운전병도 일반 보병과 비슷하게 일과가 일찍 끝나는 편이기 때문에 일과 후 개인 시간이 꽤 많은 편이다.

❹ 차에 대한 지식 및 정비법을 배울 수 있다

군 차량은 사회에 있는 일반적인 자동차들보다 정비를 자주 그리고 많이 한다. 따라서 정비 실력이 향상됨은 물론이고, 차량 전반에 대한 지식도 습득할 수 있다. 남자라면 자동차에 대해 기본적인 정비는 알아야 하지 않겠는가? 자신만 열심히 하면 기본을 넘어 경지에 이르게도 될 수 있다. 이뿐 아니라 운전병은 운행이 주목적인 보직이기 때문에 1년 반 사이에 운전 실력 역시도 크게 향상시킬 수 있다.

---

* 선탑이란? 운행을 나가면 일반적으로 사병 혼자 차량을 운행하는 것이 아니고 간부가 운전병 옆좌석에 동승하여 안전운행 감독 및 차량 운행 상태, 물자에 대한 책임을 지게 되는데 이를 '선탑'이라 한다. 일종의 운행감독을 말한다.

❺ 대형 운전면허

일반적으로 대형 차량 운전병은 군에서 별도로 모집하게 되어 있다. 하지만 모집 병력으로 충당되지 않을 경우 현재 소속된 병력 중 교육을 시켜 대형 면허를 취득하게 해주는 경우도 있다.

군에서는 1종 대형 면허가 없어도, 1종 보통 면허만으로도 지속적인 교육을 통해 군에서 대형 차량을 운행하게 하기도 한다. 만기 전역 이후 이 경험을 바탕으로 손쉽게 대형 운전면허를 취득할 수 있을 것이다. 미래에 버스나 트럭, 혹은 레이싱 등의 운전 관련 직종에 종사하고 싶은 병사들에게는 큰 도움이 될 수 있다.

☐ 운전병의 단점

❶ 전투복이 더러워진다

그리 큰 단점은 아닐 수도 있지만, 수송부에 근무하는 병사들을 보면 하나같이 전투복이 기름에 절어 있다. 정비를 많이 하고, 항상 기름과 가까이 있기 때문이다.

❷ 운전을 못하면 운행을 나가지 못한다

운전을 잘 못하고, 운행 시 좋지 못한 인상을 지속적으로 주면 운전병이 아니라 정비병으로 전락하게 된다. 운행도 나가지 못하고 종일 정비만 하는 안타까운 상황에 놓이게 되는 것이다. 물론 눈물 나는 노력으로 운행실력을 향상시켜 운전병으로 복귀할 수도 있다. 또한 군에서는 운전을 잘 못한다고 해서 무조건 운행을 정지시키지는 않는다. 지속적으로 교육을 시키고, 교육을 통해 얼마나 개선되고 있는가를 평가하여 결정한다. 결국 본인의 의지에 달렸다.

❸ 예상치 못한 운행

일과시간 외에 운행이 있을 수가
있다. 갑작스러운 순찰이 있게 되면
운전병들은 쉬는 시간에라도 나가서
운행을 해야 한다. 1호차(대대장 차)나
폭발물 처리반 운전병, 엠뷸런스 운

전병 같이 항시 대기해야 하는 운전병들이 특히 그렇다. 호출이 떨어지면
주말이나 일과 후에 쉬고 있는 상황에서도 예외 없이 운행을 나가야 한다.
이 때문에 조금 고될 수도 있다.

□ **운전병의 각종 보직**

❶ 1호차 운전병

대대장이나 사령관, 참모장 등 중령급 이상 지휘관들은 각자 운전병들
을 한 명씩 데리고 있다. 이러한 간부들의 운전병으로 보직이 배정되면 항
시 대기를 하게 되고, 용무가 있어 나가게 되면 함께 동행하게 된다. 다른
운전병들보다는 운행이 많지만 수송부에서의 각종 작업에서 열외되며, 나
머지 대기시간은 자유다. 하지만 높은 간부들의 운전병일수록 차에 광을
내고 정비하는 시간은 많아진다. 장군들의 운전병일 경우, 운행시간을 제
외한 나머지 시간의 대부분은 차에 광택을 내는 데 소비한다. 하지만 이러
한 생활에 익숙해지면 남는 시간을 자유롭게 활용하여 하고 싶은 활동을
마음껏 할 수 있다. 또한 높은 사람들을 가까이에서 마주하게 되는 영광을
누리게도 되며, 따로 관사에서 병영 생활을 하기도 한다.

❷ 엠뷸런스 운전병

말 그대로 엠뷸런스를 운행하는 운전병이다. 대대마다 다른데, 어떤 대

대의 엠뷸런스 운전병은 의무실에서 의무병들과 항시 대기를 하면서 환자가 발생했을 때 병원으로 바로 이송할 수 있는 준비를 하고 있어야 한다. 엠뷸런스 운전병들은 병사들이 사격을 갈 때에도 사격 응급대기라고 하여 의무병과 함께 동행한다.

❸ 소형차 운전병

보통 레토나를 운행한다. 간부들이 용무가 있을 시 이 차를 몰고 운행을 나간다. 이 소형차 운전병은 무엇보다 시기가 부합해야 보임될 수 있다. 짬이 좀 되었을 때 티오가 발생해야 임명될 수 있는 보직이니만큼 운이 좋아야 하고, 또 다른 운전병들보다 상대적으로 편하다.

❹ EOD 운전병

폭발물 처리반과 함께 출동하여 처리반의 불량탄 처리를 돕는 운전병들이다. 신고가 들어오면 처리병들과 같이 즉시 출동하므로 항시 대기를 하고 있어야 한다. 폭발물 처리반 운전병은 생명수당도 같이 받으므로 월급이 오른다.

❺ 중형차 운전병

카고나 11.5톤 트럭, 부식차 등을 운행한다. 병사들을 한꺼번에 많이 싣고 갈 일이 있을 때나 각종 물자들을 운반할 때 운행을 나간다. 급양대에서 부식을 받을 때도 중형차 운전병들이 운전을 맡게 된다.

❻ 대형차 운전병

대형 버스, 중장비 수송 트럭 등을 운행하며, 아주 많은 인원이 이동해야 될 때나 큰 물자들을 적재할 때 운행을 나간다.

□ **운전병의 자대 배치는?**

자동차가 있는 부대 어느 곳이라도 자대 배치 될 수 있다. 처음부터 운전병의 특기를 받고 입대하면 훈련소 5주 이후 야수교에서 한 달간 교육을 수료하게 된다. 여기에서 교육을 수료한 후 군 운전면허를 취득하게 되며, 이후 각 자대로 배치가 된다.

처음부터 운전병으로 배치된 것이 아니고 훈련소에서 차출된 것이라면, 자대 전입 전에 연대본부 수송부 등에서 운전에 대한 전반적인 교육을 받은 후, 자대로 배치되어 운전병으로 근무하게 된다.

마. 당번병

□ **당번병이란?**

당번병, CP병, 부속병, 근무병 등은 모두 다 같은 말이다. 당번병은 중령(대대장급 – 대대장급은 당번병을 따로 두지 않고 1호차 운전병을 당번병으로 겸해서 쓰기도 한다) 이상 되는 간부들 옆에서 그들을 보좌하는 역할을 한다. 비서 역할과도 비슷하지만 일정 관리와 같은 일은 하지 않고, 대대장실, 내실 등을 관리하는 일을 주로 한다. 손님이 오면 접대하는 일도 한다.

□ **당번병의 일과**

❶ 손님 응대

당번병은 손님이 왔을 때 간단한 차나 음료 등을 준비한다. 대대장실이

나 사령관실에서 회의가 진행될 때에도 이와 유사하게 차, 음료, 간단한
다과 등을 준비한다.

❷ 사무실 청소 및 관리

자신이 모시는 상관의 사무실을 깨
끗하게 청소, 유지, 관리한다. 사무실
의 청소 상태는 상관이 볼 때 깨끗하다
고 느낄 정도로 해야 한다.

❸ 각종 심부름

상관의 심부름을 하게 된다. 각종 우편물을 받아오거나, 신문을 매일 책
상 위에 올려놓거나 하는 것도 당번병의 몫이다.

❹ 상관의 위치 파악

상관의 일정을 보고 지금 상관이 어디에 있는지, 그리고 사무실에 있는
지 없는지 등을 파악하여 다른 사람들이 물어올 때 적절히 응대해야 한다.
없으면 어떤 용무 때문에 자리를 비운 것인지도 등도 잘 알려줘야 한다.

❺ 전화 받기

상관이 사무실에 부재중일 때 걸려오는 전화는 모두 당번병의 몫이다.
오는 전화를 대신 받아 메모를 남겨 차질이 없도록 한다.

❻ 군복, 군화 관리

상관의 군복을 틈틈히 빨래하고 구두의 광 상태를 유지한다.

□ 당번병의 장점

❶ 다른 보직들보다 조금 더 편하다

당번병은 다른 병사들에 비해서 시간이 많은 편이다. 별을 단 장군들의 당번병보다는 대대장급인 중령 정도의 당번병들이 상대적으로 시간이 더 많다. 손님이 훨씬 적기 때문이다. 사무실 청소 같은 업무를 하지 않을 때 남는 시간은 모두 자기계발 시간이라고 봐도 된다. 잠을 자도 되고, 책을 읽어도 되며, 공부도 할 수 있다.

❷ 배려하는 방법을 알게 된다

필자는 외동아들이고, 개인주의적 성격이 강해서 그런지 꽤나 이기적인 편이었고, 또한 게을렀다. 때문에 당번병의 임무를 수행하면서 종종 혼나곤 했다. 당번병은 알아서 혹은 눈치껏 해야 하는 일들이 많다. 상관의 편의와 입장을 고려하여 일을 하는 것이 정말 중요하다. 이런 점을 하나하나 배워나 가면 나중에 사회에 나가서도 큰 도움이 될 것이다. 가장 기초적인 예로는 매너가 좋아지며 상대방을 배려하는 마음이 많이 생겨 후에 회사 같은 곳에 취직해서도 좋은 평가를 받을 수 있는 태도를 배우게 된다.

❸ 조용하다

이것은 장점이 될 수도 있고, 단점이 될 수도 있다. 당번병은 따로 부속 실이라는 곳에서 운전병과 함께 대기하면서 근무한다. 때로는 간부들이 결 재를 받기 위해 이곳에 들어오긴 하나 그래도 다른 사무실보다는 조용한 편이다.

❹ 당번실의 존재

당번실은 운전병과 당번병 둘이 가꾸어 나가는 공간이다. 당번병의 사무실은 간부가 상주하지 않기 때문에 '자신의 공간'을 갖게 되며, 이곳은 집과 같이 편안한 느낌을 준다. 이것은 큰 혜택이다. 필자는 당번실에 오기 전에 정작과에 있었는데, 정작과는 지휘통제실과 연결되어 있어 새벽에도 당직근무를 서는 사람들 때문에 나만의 공간이라고 느낀 적이 한 번도 없었다. 그런 의미에서 당번실은 참 괜찮은 곳이다.

□ 당번병의 단점

❶ 심리적 압박감이 크다

보통 당번병이 모시는 사람들은 중령 이상이며, 군대에서는 매우 높은 지위에 있는 이들이다. 그렇기 때문에 항상 긴장을 해야 하고 심리적인 압박을 받게 된다. 높은 사람들에게 직접적으로 혼나는 것은 선임 병사들, 혹은 상대적으로 계급이 낮은 간부들에게 혼나는 것과는 기분이 다르다. 사소한 일로 혼나는 것만으로도 느껴지는 충격은 배나 크다.

❷ 피곤할 수 있다

당번병은 배려와 눈치의 연속이기 때문에 피곤할 수 있다. 당번병은 부지런한 사람이 절대적으로 유리하다.

❸ 상관이 찾을 때는 항상 대기를 해야 한다

상관이 주말에 출근을 하거나 야근을 하면 당번병도 같이 대기하고 있어야 할 때가 많다. 그렇기 때문에 주말에 쉬고 싶지만 어쩔 수 없이 앉아서 대기해야 하는 상황이 올 수도 있다.

❹ 간부들의 예상치 못한 터치가 있다

당번병이 하는 일이 없다고 아니꼬워하는 간부들을 심심치 않게 만날 수 있다. 이들은 갖가지 꼬투리를 잡아서 당번병을 괴롭힌다. 조금만 더러워도 심하게 뭐라고 한다든지, 당번병에서 끌어내려 버리겠다고 협박하는 사람들도 있었다. 필자는 이 점이 가장 큰 스트레스였다.

바. 의무병

□ 의무병이란?

의무병은 게임 〈스타크래프트〉에 나오는 '메딕'이라고 생각하면 된다. 항시 대기하면서 환자가 생기면 돌봐주고, 군의관이나 간호 장교들을 옆에서 보좌하는 역할을 한다. 동시에 각종 의무 장비나 약품 등의 재고를 관리하며 의무실을 운영하기도 한다. 사격이나 체력 측정, 훈련 등의 상황에서는 응급환자가 생기기 쉬우므로 엠뷸런스에서 의무대기를 하여 돌발 상황이 발생하였을 때 즉각적으로 대응할 수 있도록 한다.

의무병은 기본적으로 국군의무학교에서 4주간의 후반기 교육을 받고 자대에 투입된다. 후반기 교육에서 다른 의무병들을 만나게 되는데 의무병으로 지원하는 사람들은 대부분 대학교에서 의학 관련이나 과학을 전공하고 온 사람들이다. 비슷한 환경의 사람들이 모이기 때문에 마음에 맞는 사람들도 많이 만나게 된다. 말도 잘 통하고 의학 관련 정보나 자대, 의무병에 대한 좋은 정보도 많이 얻을 수 있다.

□ 의무병의 일과

❶ 의무대기

의무병들은 큰일이 발생하거나 아주 중요한 행사가 있지 않고서는 대부분 의무실에서 대기를 하는데 이것은 환자가 올 경우를 대비하기 위해서이다. 환자가 뭐 그리 많이 생기겠나 하고 고개를 갸우뚱할 수도 있지만, 군대에서는 생각보다 환자들이 정말 많이 생긴다. 또한 의무실이 대대 안에 가까이 있다 보니 사소한 문제로 의무실을 찾는 병사들도 많다.

만약 아픈 환자가 의무실을 찾았는데 의무병들이 대기하고 있지 않으면 문제가 될 수도 있고, 급한 환자일 경우에는 대형 사고로 이어질 수도 있다. 따라서 의무병들은 항시 의무대기를 생활화하고 있다.

❷ 군의관 보좌

환자들이 일과시간에 군의관과 면담 후 약 처방이나 주사 등의 조치를 받으면 의무병들은 그에 따라 약을 지어주거나 주사를 놔주거나 한다.

❸ 외진 관리 및 수행

환자들의 상태가 심각하여 대대 내 의무실에서는 해결할 수 없는 경우가 생긴다. 이런 환자는 가까운 군 병원에 가서 진료를 받고 조치를 받아야 하는데 이때 환자들과 같이 동행하여 이들을 관리한다.

❹ 의약품 및 장비관리와 재고 파악

의무실을 관리하는 일 또한 의무병의 몫이다. 따라서 부대로 들어오는 의약품이나 장비의 재고 및 상태를 관리하는 일도 의무병이 하게 된다. 상위 부대로부터 의약품을 수령해오는 일까지도 의무병들이 직접 담당한다.

❺ 응급처치 및 환자 간호

의무실을 찾는 환자들은 간단한 소독을 받거나 약을 받으러 오는 경우가 대부분이다. 의무병들은 이러한 간단한 의무활동에서부터 응급환자를 조치하는 난해한 일까지도 모두 도맡아 한다.

❻ 응급대기

사격이나 체력 측정 등을 할 때에 의무병들은 엠뷸런스에서 응급대기를 한다. 환자가 쉽게 생길 수 있는 행사이기 때문에 돌발 상황이 발생하였을 시 즉각적으로 대응할 수 있는 준비태세를 갖추고 있어야 한다.

□ 의무병의 장점

❶ 개인 시간이 많다

의무실에서 대기하는 의무병들은 대대 내의 다른 보직들보다 개인 시간이 많은 편이다. 환자를 돌보는 시간을 제외하면 행정 업무 등이 다른 보직들보다 상대적으로 적기 때문이다. 단, 병원으로 자대 배치를 받게 되면 자유 시간은 거의 없다고 생각하면 된다.

❷ 각종 의학지식을 얻을 수 있다

'서당개 3년이면 풍월을 읊는다'고 했듯이, 의무병으로 20개월가량 생활하다 보면 의학지식을 많이 얻게 된다. 군의관과 함께 환자를 돌보는 동안 기초적인 의학지식을 꽤 많이 축적하는 것이다. 병원에서 근무하는 의무병들의 경우 웬만한 환자들은 증상만 보고도 자신이 혼자서 처방을 할 수 있는 경지에 오른다고 한다.

❸ 폭넓은 사람들과 친해질 수 있고 도움을 받을 수도 있다

대대에서 같은 중대 사람들끼리는 선·후임 관계지만 다른 중대 사람들과는 아저씨인 관계가 보통이다. 그렇기 때문에 같은 중대가 아니면 서로 친해지기가 쉽지 않다. 하지만 환자는 모든 중대에서 두루 발생하기 때문에 다른 중대 사람들과도 폭넓게 친해질 수 있다. 그리고 아저씨 관계인 사람과는 선·후임이 아니라 '친구' 개념으로 친해질 수 있기 때문에 말도 편하게 할 수 있고 진솔한 대화를 나눌 수도 있다.

❹ 의무대기의 장점

의무대기는 여러 가지 이점이 많다. 병원은 그렇지 않지만 대대의 의무병들은 의무실에 한 명은 꼭 남아있어야 한다(대대의 의무실에는 보통 약제병 한 명과 의무병 한 명이 같이 대기한다. 약제병은 약을 짓는 병사지만 실질적으로는 의무병과 거의 같은 일을 한다). 따라서 점호나 병 기본 훈련, 정신교육을 받지 않을 때가 있다. 각종 훈련에도 열외되는 경우가 많으며 개인 시간을 그만큼 많이 가질 수 있다.

□ 의무병의 단점

❶ 항상 긴장상태에 있어야 한다

환자는 언제 어떻게 생길지 모른다. 그렇기 때문에 의무병들은 항상 긴장을 하고 있어야 하고 응급환자가 생겼을 때 즉각적으로 대응할 수 있어야 한다. 이런 스트레스가 의무병들에게는 꽤나 크다고 한다.

❷ 쓸데없는 환자들이 많이 찾아온다

대대급 의무실의 경우 여드름을 치료해 달라, 티눈 좀 빼달라 하는 환자들이 굉장히 많다. 군대에 오면 아주 사소하고 또 사회였다면 그냥 넘어갔을 법한 일로도 의무실을 찾게 된다. 그렇기 때문에 의무병들은 매우 피곤하고 가끔은 어떻게 해야 할지 대책이 안 서는 경우도 있다.

❸ 의무실에 사람들의 출입이 잦다

별 이유도 없는데 그냥 찾아오는 사람들이 많다. 점심시간에 그냥 한숨 자러 오는 사람들도 있다. 그래서 의무실은 정신이 사나울 수 있다. 병 아닌 병을 가지고 의무실에 입실하려고 떼쓰는 사람들도 많다.

❹ 휴가를 나가기 힘들다(병원에 근무하는 의무병들의 경우)

병원은 항상 의무병들이 대기를 하고 있어야 하고, 언제나 바쁘기 때문에 병원에서 근무하는 의무병들은 휴가를 자주 나가지 못한다. 하지만 사단의 의무중대나 대대에서 근무하는 의무병들은 휴가를 나가는 데에 있어서 큰 제약은 없다.

☐ 의무병의 자대 배치는?

❶ 병원

의무병들이 꽤나 많이 배치되는 곳 중 한 곳은 병원이다. 군 병원에서 근무를 하게 되면 군의관, 간호장교 등을 보좌하여 치료를 담당하게 된다. 병원에서 근무하면 좋은 점 한 가지는 훈련이 거의 없다는 것이다. 있다 해도 구급법 교육 등으로 강도가 상대적으로 약하며, 유격과 같은 큰 훈련은 비상시를 대비하여 일정을 모두 소화하지 않고 절반 정도만 소화하는 경우가 많다. 하지만 중환자들이 많기 때문에 그만큼 스트레스가 심하다.

❷ 사단의 의무중대

각 사단에는 의무중대라고 해서 의무병들만 따로 모아놓은 중대가 있다. 이곳에서 의무병들끼리 단체로 생활을 하는데 행정 업무를 하다가 환자가 생기면 파견을 나가는 식으로 운영된다. 병원보다 긴장감은 덜 하지만 훈련이 좀 힘들고 전방으로 파견될 수도 있다는 점에서 편하다는 생각은 접어두는 것이 좋다.

❸ 대대의 의무병

각종 사령부나 군단의 예하대대의 의무병으로 가게 되는 경우도 많다. 이 의무병들은 각 대대의 의무실에서 의무대기를 하며 환자들을 돌보게 된다.

❹ 학교의 조교

어떤 의무병들은 국군의무학교 같은 곳에 배치받을 수도 있다. 이 의무병들은 후반기 교육을 받으러 오는 의무병들을 가르치는 역할을 하는데, 학교라는 곳 자체가 훈련이 없기 때문에 다른 사단이나 병원보다 상대적으로 편한 자대라고 알려져 있다. 하지만 보이지 않는 곳에서 남모르게 혹독한 훈련을 치룬다는 이야기도 있다.

사. PX병

□ PX병이란?

부대마다 병사들이나 간부들이 이용할 수 있는 PX, 충성클럽이라는 매점이 있다. PX에서는 각종 간식류, 생필품 등을 판매하는데, 이

PX를 관리하는 병사들을 PX병이라고 일컫는다. PX를 찾는 사람들의 계산을 도와주며, 동시에 재고관리, 돈 관리 등을 담당한다.

□ PX병의 일과

❶ 계산 및 상품진열

PX를 찾는 사람들의 계산을 도와준다. 편의점 아르바이트와 큰 차이가 없다. 바코드 찍어주고 돈을 받는 식으로 일을 하고 받은 물품들을 진열대에 진열하면 된다.

❷ 돈 관리

돈을 내지 않고 PX에서 물품을 가져간 사람은 없는지, 혹은 불미스러운 일은 발생하지 않는지 가끔 상급 부대에서 감찰이 나오는데, 이에 대비하여 PX병은 항상 돈 관리를 철저히 해야 한다. 매일매일 여러 번의 정산을 통하여 잔고가 일치하는지 확인하는 것도 PX병의 일이다.

❸ 재고 관리

PX에 현재 어떤 물품이 몇 개 남았는지 재고 수량을 파악하는 일이다. 재고 관리 또한 실수가 있게 되면 감찰 때 지적사항이 될 수도 있다.

❹ PX 물품 수령

외부에서 들어오는 각종 물품들을 PX병이 수령하게 된다.

□ PX병의 장점

❶ 일과시간이 한가한 편이다

일과시간에 PX를 찾는 사람들은 별로 없다. 모두들 일과를 보고 있고,

밖에 나가서 작업을 하는 사람들은 PX에 들를 여유조차 없다. 가끔 행정병들이 출출할 때 과자나 빵을 한두 개 정도 사갈 뿐이다. 때문에 PX병은 일과시간이나 평일 낮 시간에는 한가할 때가 많다.

❷ 정기적으로 휴가가 나온다

PX병은 분기마다 한 번씩 포상휴가가 주어진다. 포상휴가가 많지 않은 부대라면 아주 유리한 장점이다.

❸ 돈 관리하는 법을 배운다

감찰이 나오기 때문에 돈 관리를 철저히 해야 하는 것이 PX병의 특징이다. 돈 계산을 정확히 하는 것을 배워나갈 수 있다.

❹ 일이 어렵지 않아 편한 편이다

일 자체가 계산과 재고 관리만 잘 해주면 크게 문제될 것이 없기 때문에 편하다. 또한 돈 감찰도 자주 나오는 것이 아니므로 그때그때 열심히 하면 문제될 것이 없다.

☐ PX병의 단점

❶ 남들이 쉴 때 쉬지 못한다

PX를 가장 많이 이용하는 시간은 병사들이 쉴 때이다. 일과가 끝난 뒤나 휴일에 PX를 가장 많이 이용한다. 그 때문에 PX병들은 쉬고 싶을 때, 남들이 다 쉴 때 쉬지 못한다. 분기마다 휴가가 나오는 이유이다.

❷ 결손이 발생하면 큰 스트레스를 받는다

PX에 근무할 때 돈 관리를 제대로 하지 못해 금액에 결손이 발생하면 큰 스트레스를 받게 된다. 결손 금액에 대해서는 사실상 PX병에게 책임을 물어야 하나 그렇다고 해서 그 금액을 메워야 하는 것은 아니다. 하지만 이런 일이 발생할 때마다 관리관에게 보고해야 하기 때문에, 스트레스를 받게 된다. 그리고 재고와 금액이 정확히 일치해야 하므로 재고조사를 할 때마다 긴장할 수밖에 없다.

□ PX병의 자대 배치는?

PX가 있는 부대 어디로든지 배치될 수 있다. 보통 PX병은 특기를 따로 받고 가는 것이 아니라 자대 배치 이후 부대의 결정으로 인해 보직을 배정받게 된다. 즉, 차출이다.

아. 이발병

□ 이발병이란?

이발병이란 이발을 해주는 병사이다. 이발병은 크게 두 가지로 분류해볼 수 있다. 정식 이발병과 소위 '깍새'라고 불리는 이발병이 그것이다. 정식 이발병은 큰 부대에서 정식 보직을 부여받고 부대 내의 이발소에서 일과시간에 병사나 간부들의 머리를 잘라주는 일을 하는 것이고, 깍새는 평소에는 자신의 주특기대로 훈련을 받고, 주말이나 평소 시간이 날 때에 사병들의 머리를 깎는 일을 한다. 즉 이들은 정식 특기를 부여받은 것이 아니다.

□ 이발병의 일과

❶ 이발

이발소에서 대기하면서 병사들이나 간부가 올 때 이발을 해준다.

❷ 이발소 청소

이발소를 청결하게 유지하는 일을 한다.

□ 이발병의 장점

❶ 개인 시간이 많다(정식 이발병의 경우)

이발병은 작은 부대일수록 오는 사람이 적기 때문에 개인 시간이 많이 남는 편이다. 손님만 없으면 앉아서 책을 읽거나 해도 상관없다. 그러나 정식 이발병이 아닌 깍새는 주말이나 여가시간에 사병들의 머리를 깎아줘야 하기 때문에 자신의 개인 시간을 희생해야 하는 경우가 많다.

❷ 미용업을 하는 사람의 경우 감각을 유지할 수 있다

이발병들은 계속 머리를 깎기 때문에 감을 조금이라도 유지할 수 있다. 물론 파마나 다른 스타일은 감을 잃을 수밖에 없겠지만.

□ 이발병의 단점

이발병은 다른 보직들보다 단조로운 편이어서 일이 지겨울 수 있다. 배부른 소리일지도 모른다. 하지만 군에서는 단조로움도 고통이다.

□ 이발병의 자대 배치는?

비공식적인 이발병은 웬만한 부대에 다 한 명씩 있다. 하지만 정식으로 이발병의 보직을 받을 수 있는 곳은 이발소가 있는 큰 부대이다. 정식 이발병 특기가 부여되지 않는 부대에서는 평소에는 자신의 특기대로 훈련을 하고, 여가시간에 머리를 깎는 임시 이발병을 둔다.

자. 군견병

□ 군견병이란?

모든 부대마다 있는 것은 아니지만, 어떤 부대들은 군견이 있다. 군견이 있으면 이 군견을 키우는 병사도 당연히 필요하다. 이들을 군견병이라고 부른다. 밥을 주고, 훈련시키고, 군견순찰을 하는 일을 담당한다. 지난 2010년 6월에 육군 병장으로 만기 전역한 배우 '조현재'와 같은 경우도 군견병으로 보직을 부여받아 군 생활을 했다.

군견병은 제1군견훈련소를 거치는 정식 군견병과 그렇지 않은 일반 군견병이 있다. 정식 군견병의 경우 정식으로 보직을 부여받아 군견을 양성하는 일을 하게 되고 그렇지 않은 일반 군견병은 위에서 언급한 '깍새'처럼 자신의 정규 보직대로 훈련을 받으면서 겸직으로 군견을 돌보는 일을 한다.

□ 군견병의 일과

❶ 군견 훈련

군견병들은 군견에게 각종 복종훈련이나 폭발물 처리 등과 같은 훈련을 시키게 된다.

❷ 군견 사육

군견에게 밥을 주고 배변관리를 하는 것 또한 군견병이 담당하는 일이다. 아침에 군견의 배변상태가 어떤지, 건강상태가 나쁘지는 않은지 등을 관리하며, 적어도 하루에 한 번씩은 군견의 견사장을 정리정돈 및 청소해야 한다.

군견은 각별한 주의를 기울여 사육해야 한다. 군견이 죽으면 헌병대에서 내려와 사인을 조사하기 때문이다.

❸ 군견순찰

새벽의 전반야, 후반야를 나누어 군견순찰을 나가게 된다. 부대에 특이사항은 없는지 순찰하고, 수상한 물건이 있으면 군견이 파악을 하고 군견병이 이를 보고하게 된다.

□ 군견병의 장점

❶ 군견막사가 따로 있다

군견막사가 따로 있다는 점은 자신만의 공간이 생긴다는 것이다. 군견막사는 또한 간부의 출입이 적기 때문에 조용한 가운데 자신만의 시간을 가질 수 있다.

❷ 시간이 많이 남는다

군견병은 개와 함께 동고동락하는 보직이다. 하지만 현실적으로 개를 항상 훈련시키는 것이 아니어서 자연스럽게 개인 시간이 많이 남게 된다.

❸ 동물 사육이 익숙해진다

군견병은 개가 어떤 상태에 있는지 개와 교감을 하므로 동물 조련사나 수의사 등 동물 관련 직종을 꿈꾸고 있는 사람들에게는 도움이 될 만한 보직이다.

□ 군견병의 단점

❶ 외롭다

군견병은 사람들을 자주 만나지 않기 때문에 외로울 수 있다. 군견병은 개와 대화를 많이 한다고 한다. 외롭다 보니 자연스레 개들과의 대화가 많아지는 것인데, 나중에 어떤 개들은 말을 하면 알아듣는 모양새를 보이기도 한다고 한다.

❷ 개가 죽으면 일이 커진다

군견이 사망하면 헌병대에서 사인을 조사하러 감찰을 나온다. 만약 군견이 군견병의 과실로 인하여 사망했다고 판명이 났을 시 군견병은 영창을 가게 된다. 군 생활이 개 하나 잘못 키워서 틀어져버리는 것이다.

□ 군견병의 자대 배치는?

군견병이 될 수 있는 방법은 두 가지이다. 하나는 군에 입대하기 전에 군견 특기를 지원하는 것이고 다른 하나는 차출되는 것이다. 우선 입대 전 군견 특기를 지원하는 방법은 간단하다. 사전 입대로 102보충대를 선택 후 지원하면 되고, 입소 후 주특기 분류 시 50%의 확률로 추첨을 하게 된다. 만약 떨어지더라도 배치받은 부대에 티오가 있으면 군견병으로 차출될 수 있다.

군견병을 특기병으로 지원하려면 고등학교나 대학교에서 축산이나 수의학과 등을 전공했거나 6개월 정도의 관련 경험이 있어야 한다(동물병원 등).

차. 어학병

□ 어학병이란?

어학병은 만들어진 지 채 10년이 안 되는 보직이다. 어학병은 토익 900점 이상의 영어 우수 인재를 선발하여 번역 및 통역을 담당하도록 하는 보직을 말한다. 카투사 선발이 토익 780점 이상의 무작위 추첨제이기 때문에 카투사 지원에 떨어진 영어 우수자들이 최근 어학병으로 많이 몰려 인기가 치솟고 있는 보직이다. 최근에는 어학능력평가로 선별하는데 경쟁률이 높다.

□ 어학병의 일과

어학병은 엄격히 말하면 어학 행정병이다. 기본적으로 행정병 일을 하게 되며 통역이나 번역을 할 일이 생겼을 때 어학 일을 하게 된다. 어학병은 자대를 어디로 가느냐에 따라 하는 일이 많이 차이가 난다.

❶ 번역

각종 문서를 한/영이나 영/한으로 번역하는 일들을 담당한다. 국군은 미군과 항상 협력을 해야 하기 때문에 번역업무가 대단히 많다.

❷ 통역

미군의 장교 등이 한국군 부대를 방문하여 회의 등을 할 때 어학병들이 통역을 담당한다. 상위 부대로 가면 통역장교를 보좌하여 도움을 주기도 한다.

❸ 영어 선생님의 역할

학교 같은 곳으로 배치되면 해당 학교의 영어 과목을 담당하는 역할도 하게 된다.

❹ 어학과 관련 없는 행정 일

운이 좋지 않은 어학병들은 영어를 거의 쓸 곳이 없는 곳으로 자대 배치를 받기도 하는데, 대부분 행정병으로 넘어가서 행정 일을 담당한다. 어학병들은 특기번호가 따로 부여되는 것이 아니라 부가적인 특기이기 때문에 (0000.E의 특기번호이며, 자대에서 2911E, 4111.E 등 자대의 성격에 따라 새로운 특기를 부여받는다) 어떤 보직으로든 편성될 수 있다.

□ 어학병의 장점

❶ 엘리트 취급을 받는다

어학병은 엘리트 취급을 받고, 실제로도 엘리트 경력을 가진 병사들이 많다. 또한 통역이나 번역을 하는 부대는 상위 부대가 많아서 자대를 서울에 가깝거나 상급부대로 배치받을 가능성이 높다. 설령 어학 일을 하지 않더라도 대대장 이상의 고위급 인사들이 당번병 등으로 차출할 가능성이 높다.

❷ 파병 갈 때 유리하다

군대에서는 파병의 인기가 꽤 높은 편이다. 6개월 동안 돈도 많이 받고, 경력에도 도움이 되며 새로운 경험을 할 수 있기 때문이다. 또한 6개월간의 파병이 끝나면 한 달가량의 휴가를 바로 받게 된다. 파병은 해외에서 직접 활동을 하는 것이기 때문에 당연히 영어 우수자를 선호하고, 어학병 특기인 0000.E 마크는 영어 우수자라는 것을 한눈에 증명하는 징표가 된다. 파병을 가는 상당수 병사들이 어학병 특기를 가지고 있다.

❸ 영어를 잊지 않을 수 있다

업무에 영어를 쓰기 때문에 자연스레 영어를 잊지 않고 쓸 수 있다. 또한 군 영어는 일반 사회에서 쓰는 영어와는 다른 점이 많아서 새로운 분야의 영어를 배울 수 있는 기회가 되기도 한다.

❹ 카투사/어학병들끼리 훈련을 같이 받는다

훈련소에서 어학병들과 카투사는 같은 날 입대하여 같은 중대로 입소하는 경우가 많다. 상황이 비슷한 사람들끼리 훈련을 받으면 다른 사람들과의 마찰이 상대적으로 적다.

☐ 어학병의 단점

어학병인데 어학 일을 하지 않는 병사들도 꽤 많다. 필자도 어학병이지만 영어를 쓴 적이 별로 없다. 물론 비상상황을 위한 것이라고는 하지만 영어를 가끔 쓰는 부대라면 어학병 편제를 두기보다는 상위본부대에서 파견을 나와서 일을 수행하는 식이 어떨까 생각한다.

☐ 어학병의 자대 배치

어학병은 육군병무청 홈페이지에서 신청할 수 있으며 1년에 3~4번의 모집공지가 발표된다. 어학병과 비슷한 카투사의 경우 오직 한 번의 지원 기회만 주어지지만 어학병의 경우 원한다면 재수, 삼수 등 여러 번의 지원 기회가 있다. 자대 배치는 훈련소에서 훈련을 받고 후반기 교육 이후 어학병이 필요한 곳이라면 어디든 무작위로 배치된다.

□ 어학병 시험

  최근 어학병의 인기가 치솟아 병무청에서는 어학병 모집 전형을 굉장히 까다롭게 바꾸었다. 예전에는 일정 영어 점수만 넘으면 결정났지만, 이제는 영어 점수로 한 번 거른 뒤, 시험을 거쳐 어학병을 선발한다. 시험 과목은 통역, 번역, 인터뷰로 진행되며, 분기마다 한 번씩 시험을 본다. 어학병은 육·해·공군에 다 있으며 시험 난이도나 경쟁률이 각 군별, 시기별로 차이를 보인다.

PART 6

자대 생활

훈련소와 후반기 교육이 모두 끝나면 드디어 군 생활이 본격적으로 시작되는 자대로 향하게 된다. 자대에서는 어떻게 생활하는 것이 좋을까? 또 어떤 마음가짐으로 행동하는 것이 바람직한가?

PART 6에서는 병영 생활의 전반적인 업무와 일과, 내무 생활 등을 알아보고 이등병에서부터 병장까지의 생활 및 마음가짐, 그리고 갖춰야 할 자세 등에 관하여 기술하였다.

병영 생활

병영 생활은 육군, 해군, 공군, 해병을 막론하고 동일한 목적을 갖는다. 병영 생활이란 내무 생활, 교육훈련, 근무, 복지, 병영관리 등 병영을 중심으로 이루어지는 일련의 활동을 말한다. 부대를 위한 희생정신, 복종심, 단결심, 생사고락을 함께하는 전우애, 어떤 어려움이 있더라도 임무를 완수할 수 있는 능력 등은 병영 생활을 통해서 형성된다.

가. 내무 생활

내무 생활이란 영내 거주의무가 있는 군인의 내무실을 중심으로 이루어지는 일상활동을 말한다. 전우애를 기르고 단체 생활에 필요한 협동정신과 자율성을 배양하며 병영 생활에서 오는 심신의 피로를 회복하고 유사시 즉각 임무를 수행할 준비를 갖추는 데 그 목적이 있다. 항상 주위환경을 깨끗이 하여 쾌적한 분위기를 조성하며 장비 및 보급품 등을 정리정돈하여 유사시 즉시 대응할 수 있는 전투 준비태세를 유지해야 한다.

그러나 일과 후나 휴일에는 자유시간에 컴퓨터, 풍물, 태권도, 당구, 탁구, 각종 구기종목, 독서, 바둑 등 동아리 활동이나 개인 공부, 개인 시간, 편의시설, PX 이용 등을 할 수 있다. 내무 생활은 육·해·공군이 대등소이하며 내무반 편성, 내무 생활 지도, 부착물 및 관물정돈 등은 각 부대의 임무와 각 군의 특성에 맞게 규정되어 있다.

□ **내무반(생활관)의 편성**

병사들의 내무 생활의 효율을 기하기 위하여 각 군별 부대의 규모, 임무, 편성, 시설 및 상황 등을 고려하여 내무반(생활관)을 편성하고 있다. 육군의 경우 분대 단위로 내무 생활이 이루어지도록 내무반을 편성하고 분대 유지를 위해 분대장은 가급적 분대 내에서 전투지위 및 교육훈련 수준이 우수하고 품성이 올바른 선임병 중에서 선발하여 일정한 책임과 권한을 부여한다. 또한 분대 생활은 점호, 식사, 집합, 인솔, 근무, 교육훈련, 체육활동, 청소, 5분 대기조 등으로 구성된다.

공군의 경우, 자율적인 병영 생활 분위기 조성과 구타 및 가혹행위 근절을 위하여 부대 전 병사를 대상으로 동일 기수 또는 가까운 기수 간 생활관원을 편성하여 운영하고 있으며, 생활관(내무반) 별로 생활관장(내무반장)을 임명하여 운영한다. 특히 이등병을 위한 새내기 생활관을 별도 운영하여 조기 부대적응 및 사고예방을 유도하고 있다.

나. 일과

일과란 교육훈련, 근무, 내무 생활 등으로 구성되는 일일 과업을 말한다. 기상, 점호, 국기게양 및 강하, 식사, 오전 및 오후 과업, 자율활동시간, 취침 등으로 구분된다. 군대는 1일 24시간 계획된 일과를 수행하기 때문에 병영내 모든 군인은 일과표를 반드시 준수해야 한다. 단 육군, 해군, 공군 등 각 군의 특성과 각 부대의 특성, 계절, 지역적 환경에 따라 일정 이상의 지휘관이 일과를 조정할 수 있다.

\# 표준일과표

구 분 \ 기 간	하절기(3. 1 ～ 10. 31)		비 고
	월~금요일	공휴일	
기 상	06:00	07:00	
일조점호 체력단련 청 소	06:10	07:10	
조 식	06:30 ～ 07:30	07:30 ～ 08:30	
오전 일과	08:00 ～ 11:45	－	
중 식	11:50 ～ 12:55	12:00 ～ 13:00	
오후 일과 체력단련	13:00 ～ 17:00	－	동절기(11. 1~2. 28)에는 기상시간이 30분 늦어지고 일과시간이 30분씩 늦어진다. (연등시간은 22:00~24:00)
석 식 청 소 자율활동 근무자 신고 장비 손질	17:10 ～ 21:30	17:10 ～ 21:30	
일석점호	21:30	21:30	
취 침	21:50	21:50	
소 등	22:00	22:00	

다. 점호

점호는 병사들의 이상 유무 파악 및 건강상태를 확인하고 투철한 군인정신을 함양하기 위해 실시하는 일이다. 기상 직후 인원 파악과 건강상태를 확인하기 위한 일조점호, 소등 전 인원 파악과 건강상태를 확인하고 하루를 결산하기 위한 일석점호, 외출·외박·휴가자가 귀영한 후 인원 파악과 사고 유무를 확인하기 위한 귀영점호, 그리고 특별한 사유가 있을 때 지휘관의 사전 승인 후 취침상태로 인원 및 건강을 확인하기 위한 취침점호 등이 있다. 한마디로 군인의 하루는 점호로 시작해서 점호로 끝난다.

라. 근무

근무란 부대의 인원과 재산을 보호하고 규율과 보안을 유지하며 각종 사고를 예방하고 비상사태에 대비하기 위하여 실시하는 제반활동을 말한다. 모든 근무는 계급과 직책에 따라 공정하게 편성되며 통상 1회 근무시간은 1시간 이상, 2시간 이하이다.

근무시간은 선임, 동료, 후임들과 일대일로 만날 수 있는 소중한 시간이다. 평소 편견을 버리고 진심에서 우러나오는 대화를 통해 서로를 이해하고 많은 것을 얻을 수 있어야 한다. 또한 좋은 병영 생활을 하기 위해서 스스로의 하루를 돌아보고 매일을 점검할 수 있는 자기반성의 시간으로 활용하는 것이 좋다.

□ 초병(외곽근무)

초병은 경계를 임무로 지정된 초소에 배치되어 근무하는 자를 말한다. 초병은 정당한 사유 없이 자신이 근무하는 초소를 이탈해서는 안 되며 지정된

시간 동안 초소에 있어야 한다. 초병은 두 명이 같이 서는 경우가 일반적이다. 선임과 후임 두 명이 서기 때문에 서로 친해질 수 있는 기회가 주어지기도 한다.

근무자 서로가 관심을 갖고 대화의 질을 높여가면 지루한 시간을 이겨낼수 있다. 서로에게 힘을 줄 수 있는 이야기로 전우들에게 도움을 주어야 한다. 단 주 임무인 경계근무를 소홀히 해서는 절대 안 된다. 넋을 놓고 있다가비상사태에 적절한 조치를 취하지 못해 생기는 사건·사고들이 매우 많다.

육군과는 달리 공군의 근무는 외곽근무, 위병근무 등을 헌병 특기가 전담하며 불침번 근무에는 전원이 순번을 정하여 담당한다. 단, 24시간 근무장소(상황실, 작전실, 기타 지휘관이 정한 장소)에 편성된 장병은 제외된다.

□ 불침번

불침번은 저녁점호 직후부터 다음날 기상 시까지 당직사관의 지시를 받아 내무실이나 주위 복도에서 근무하는 것을 말한다. 육군, 해군, 공군 공히전우들이 편하게 잘 수 있도록 내무반에 깨어 있어야 하는 불침번은 환자 발생이나 생활관의 온도 및 습기 상태를 확인하고 혹시 모를 총기 도난, 탈영, 자살 등의 사고를 방지하는 임무를 맡게 된다. 부대마다 다르나 보통 불침번은 1시간에서 2시간 정도로, 한 사람 혹은 두 사람이 근무를 선다.

□ 당직부사관(병)

당직사관(간부)을 보조하여 중대의 인원과 건강상태, 특이사항을 관리한다. 점호시간을 활용하여 중대원의 건강상태와 요구사항 등을 확인하고 휴식과 취침이 편안한 시간이 되도록 중대원들을 돕는다. 동시에 생활관별 인원과 휴가, 외박, 외출 등에 같이 데리고 나가는 일도 맡는다.

마. 교육훈련

전투부대의 경우, 일과는 거의 교육훈련으로 채워지는데 전투임무 또는 해당 부대의 임무에 필요한 모든 과목을 반복적으로 학습한다. 계획된 교육표에 따라 통상 소대장, 선임부사관이 교관을 맡는다.

교육훈련은 각 군별, 병과별, 특기에 따라 다르지만 기본적으로 일정수준의 개인별 교육을 마치면 부대 임무에 따라 선후배들과 팀을 이루어 기본 전술훈련, 조원훈련, 장비훈련 등을 받게 된다. 또한 자신의 군사주특기 또는 보직에 따라 교육훈련의 세부사항들이 달라진다.

평상시 일과 중 교육훈련은 각 부대의 임무수행에 필요한 교육훈련 과목을 정하여 교육계획표에 의해 과목별, 개인별, 분대별, 소대별, 중대 단위로 실시하고 월간, 분기, 반기, 연간 등 주기적으로 실시한다. 육군의 경우, 유격훈련, 혹한기 훈련, 중대 종합전투력 측정, 대대 종합훈련, 연대 전투단훈련, 사단 전투검열, 공중강습훈련 등 열거할 수 없을 정도로 많은 영외훈련이 있다. 이런 훈련들의 기본적인 목표는 전쟁이 일어났을 때를 대비해 어떤 상황에 놓이더라도 침착하게 대응할 수 있는 역량을 개발하는 데 있다.

어려울 때 사람의 진짜 모습이 나타난다는 말이 있다. 훈련을 통해서 전우를 진심으로 사랑하고 소중히 여기는 대한민국의 당당한 병사의 모습을 갖추게 된다. 평상시 체력단련을 열심히 해둬야 훈련장에서 빛을 발할 수 있다. 또 자신을 지켜줄 여러 보조수단들을 미리미리 챙기는 것도 매우 중요하다. 예를 들어 행군에 대비해서 스타킹을 신는 것 등 조금만 신경을 써도 큰 도움이 되는 것이 있다.

흔히들 군대 생활은 훈련으로 시작해서 훈련으로 끝난다고 한다. 군사훈련은 크게 육·해·공군의 각 군 자체에서 하는 훈련과 각 군이 합동으로 실시하는 합동군사훈련, 전 국민적으로 실시하는 민·관·군 합동훈련, 그리고 미군과 함께하는 연합훈련으로 나눌 수 있다. 훈련의 규모가 클수록 기간 이 길어지는 경우가 많다.

육군의 훈련은 전시에 수행하는 임무에 따라 부대별로 과제 중심의 훈련 제도를 운영하고 있다. 훈련의 종류에는 대략 소대 근접전투훈련, 야간훈련, 혹한기 훈련, 유격훈련, 야외종합훈련, 각종 사격훈련, 화생방훈련, 도하훈 련, 포술훈련, 방공훈련, 대전차공격훈련, 진지점령훈련, 공중기동훈련, 제 대별 전술훈련, 각종 제대별 전투검열, 전투단훈련, 대침투작전 훈련 등을 비 롯하여 많은 훈련이 있다.

해군의 훈련은 크게 해상훈련과 지상훈련으로 나뉘는데 잠수훈련, 기뢰전 훈련, 폭발물처리훈련, 해난구조훈련, 특수전훈련, 상륙기습훈련, 상륙훈련 등이 있다.

공군의 훈련은 제공권 확보와 육·해군 지원을 위한 훈련 등이 있는데 불 시방공훈련, 각종 방공훈련, 필승훈련, 공지합동훈련, 실무장훈련, 각종 사 격훈련 등이 있다.

바. 종교활동

종교활동은 군인으로 하여금 올바른 인생관과 가치관을 확립하고, 신앙전 력화로 무형 전투력을 극대화하기 위한 것으로 각급 부대에서는 군에서 인정 하는 종교(기독교, 천주교, 불교, 원불교)에 한하여 1인 1종교를 갖도록 권장하고 있다. 수요일 자율활동시간 및 일요일 종교활동시간에는 자유롭게 종교활동 을 할 수 있도록 보장하고 있으나 개인의 의사를 존중해 절대 강요하지는 않 는다.

이러한 종교활동은 허가된 교회, 사찰 및 성당 또는 지정된 장소에서 실시 하지만 군종장교가 보직되어 있지 않거나 종교시설이 없는 부대는 인근 부대 종교시설 또는 민간 종교시설을 이용해 종교활동을 할 수 있다.

사. 체육활동

군에서는 장병 기초체력 강화와 전투임무 수행에 필요한 강인한 전투기질 육성을 위해 오전에는 점호시간에, 오후에는 일과표에 반영하여 구보 등 체력단련을 실시하고 있으며, 각 군별 부대 실정에 맞는 체력단련 활동을 장려하고 있다. 또한 병사들은 일과 외 시간의 상당부분을 체육활동으로 보낸다. 축구, 족구, 농구가 주종을 이루며 배구, 집단축구 등도 즐기는 종목이다. 체육활동에서 없어서는 안 될 사람이 되는 것은 전우들 사이에서 자신의 위상을 높일 수 있는 좋은 계기가 될 수 있다. 통상 각 부대에서는 신병이 처음 받는 질문 중에 "축구 잘해?"가 꼭 포함된다. 운동을 잘하는 것은 체육활동이 생활의 많은 부분을 차지하는 군 생활에서 그만큼 생활력이 높은 사람으로 보이기 때문일 것이다. 그러므로 운동 자질이 부족하더라도 적극적으로 참여하여 운동실력을 늘릴 필요가 있다.

아. 외출 · 외박

외출 · 외박은 사병들의 기본적인 권리이나 잦은 외출 · 외박은 위화감을 조성하기 때문에 두드러지게 많이 하는 것은 자제해야 한다. 또한 군에서는 외출 · 외박을 먼 길을 찾아준 부모님, 친구, 연인들에게 자신의 생활을 나누고 서로를 굳세게 세우는 시간으로 해석한다. 병영 생활의 연장으로 보아 단정한 복장 및 용모, 절도 있고 패기 있는 자세를 견지하도록 요구하고 있다. 이러한 외출은 공휴일에 정기적으로 실시하는 정기외출, 포상 · 위로 등의 목적으로 특별히 허가하는 특별외출, 업무연락 및 기타 공무수행을 위해 실시하는 공용외출로 구분하며, 특별한 사유가 있어 영외에서 숙박하고 귀영하는 외박과는 구별된다. 외박은 48시간(공휴일을 포함할 경우 72시간)을 초과할 수 없으며, 외출·외박 시기 및 기간 등은 각 군 또는 각 부대별 임무 및 여건에 따라 다르다.

자. 휴가

군인들이 전역 다음으로 손꼽아 기다리는 것이 휴가이다. 휴가는 군인들 생각의 40% 이상을 차지한다고 필자는 보고 있다. 휴가는 정기휴가, 신병 위로휴가(외박), 포상휴가 등으로 나뉜다. 신병 위로휴가는 4박 5일(이등병 마지막 달에 썼을 경우), 1차(일병) 정기휴가 9박 10일, 2차(상병) 정기휴가 8박 9일, 3차(병장) 정기휴가 8박 9일이다. 포상휴가는 보통 4박 5일이나 3박 4일씩 많이 받는다.

휴가를 가려면 우선 분대장이나 중대 사람들과 최대한 겹치지 않도록 날짜를 선택하여 휴가 전 달에 신청한다. 그리고 휴가증이 나오면 중대장까지 신고를 마치고 출발하게 된다.

집안에 급작스러운 일로 나가게 되었을 때는 청원휴가를 사용한다. 이것은 따로 휴가가 주어진다기보다는 3차 정기에서 깎는 시스템이다.

포상휴가는 보통 표창의 형식으로 받거나 지휘관의 자격으로 주는 경우가 많다. 몇 가지 사례를 들어보겠다.

- 주요훈련 및 검열에 열심히 참여하여 성공적으로 끝냈을 경우
- 자격증 취득 및 어렵다고 판단되는 시험에서 합격해서 군인의 위상을 높인 경우
- 부대에서 개최하는 스포츠 대회에서 우승한 경우

- 각종 표어/포스터/아이디어 경연대회에서 우승한 경우

- 체력단련을 열심히 하여 그것을 증명한 경우(특급전사)

- 사격에서 20발 중 20발 모두 맞추었을 경우

세부사항은 부대마다 조금씩 차이가 있을 수 있다.

병사들의 계급별 병영 생활

가. 신병 또는 이등병의 생활

무사히 훈련소를 마치고 자대로 향한다. 누구에게든지 첫 시작은 떨리고 긴장되는 순간이다. 더군다나 지금 가려는 곳은 그동안 힘들다는 얘기를 많이 들어온 군의 자대가 아닌가? 떨릴 수밖에 없다. 필자도 그랬고, 다른 모든 신병들도 그렇다. 긴장을 하지 않는 신병은 본 적이 없다.

자대에 도착한 후 공식적으로는 2주 동안, 또는 생활에 적응하는 정도에 따라 두 달까지 신병이라 부른다. 신병에게는 모든 것이 낯설고 어설프다. 도대체 신병 시절을 어떻게 맞이해야 하는가? 우선 고참들은 먼저 군에 들어와 고생하며 살았기 때문에 적어도 자신보다는 훨씬 유능한 군인이라는 사실을 잊지 말아야 한다. 입대 전의 나를 잊고 겸손한 자세와 담담한 마음으로 시작하는 것이 좋다. 입대 전에 쌓았던 경력이나 인간관계, 학력, 특기, 재력, 나이 등 모든 개인적 차이는 별 의미가 없다. 고참들에게 나를 알아달라고 해서 되는 일도 아니고, 개인적 스펙으로 고참과 친해질 수도 없다. 고참과 친해지고 인정받는 길은 오직 그들의 눈에 성실한 신병으로 인정받는 것뿐이다. 하루하루를 성실히 생활하려는 노력을 게을리하지 말고, 무엇보다도 바로 위의 고참에게 착하고 성실하며 똑똑한 부하로 인정받도록 해야 한다. 바로 위 고참이 신병 시절에 가장 많이 대하는 사람이고 도움을 가장 많이 줄 수 있는 사람이며, 군 생활에서 가장 오랫동안 같이 살아야 하는 사람이기 때문이다. 또한 동기가 있다면 위로와 격려를 주고받으며 형제처럼 도와야 한다. 정신없이 뛰어다니면서도 내무반 질서와 분위기를 빨리 익혀야 한다.

이등병 시절은 분명히 군 생활에 있어서 매우 힘든 시기이지만, 당황하지 말고 긍정적인 생각으로 버텨내다 보면 어려움도 어느새 지나간다. 이등병의 시간이 군대에서 가장 빨리가기 때문이다.

□ 이등병 때에 드는 생각 15가지

❶ 힘들다

사람들에게 '이등병의 생활은 어떠할 것 같은가?'라고 물으면 아마도 '힘들다'라는 단어를 가장 많이 떠올리게 될 것이다. 그렇다. 이등병의 생활은 힘들다. 새로운 환경에 적응도 해야 하고, 선임들의 눈치도 봐야 해서 정신이 없다. 이등병 시절 욕 한 번 안 먹고 아무 일 없이 넘어가는 병사는 거의 없다. 왜냐하면 군대에 아직 적응이 되지 않은 이등병들은 비교적 실수가 잦은데, 선임들이 이를 바로잡기 위해 따끔한 질타를 가하기 때문이다. 또한 실수를 안 하더라도 사람마다 선호하는 것이 다르기 때문에 모든 선임이 자신을 좋아할 수는 없다.

힘들다 보니 부모님 생각도 많이 나고, 첫 휴가는 언제 가는지 애가 타기도 한다. 자대 전입 100일이라는 시간은 결코 짧은 시간이 아니다. 이등병은 4박 5일의 첫 휴가를 손꼽아 기다린다. 힘든 나날들을 조금이라도 탈피하고 싶다. 이등병은 첫 휴가를 기다리며 긴장된 마음을 달랜다.

이등병의 생활은 긴장되고 힘든 것이 맞다. 하지만 이등병은 이러한 과정을 통해 한층 성숙해진다. 자신이 맡은 임무를 어떻게 해야 하는지 배우고 숙달하게 된다. 하루하루 내무실 생활에도 익숙해져 간다. 시간이 지나면서 이등병의 머릿속을 짓누르고 있던 '힘들다'라는 생각들도 점차 사라지게 된다.

❷ 말실수 하면 안 되는데…

1년 8개월 정도의 자대 생활을 얼마나 편하게 보낼 수 있는지의 여부는 이등병 때의 행동이 많은 영향을 미친다. 선임들에게 일도 열심히 하고, 작은 실수도 하지 않으려 노력하는 모습을 보여준다면, 이르면 이등병 마지막 개월부터 생활이 편해질 수도 있다.

하지만 초반부터 실수를 연발하고 일도 못하면서 하고자 하는 의지도 별로 보이지 않는다면, 상병 때까지도 선임들로부터 갈굼을 당할 수 있다.

필자의 자대에 있던 한 상병은 이병 때부터 일도 못하고, 자기 얘기만 하고 혼잣말을 너무 많이 해서 아무도 좋아하지 않았다. 병장이 되었음에도 그는 계속 욕을 먹었고, 다른 병장들에게 꾸중을 듣기도 하였다. 당사자는 얼마나 힘들었겠는가?

이처럼 말을 얼마나 잘하느냐는 매우 중요하다. 말 한마디에 천냥 빚을 갚는다는 말은 군에서도 그대로 적용되는 격언이다. 오히려 군대는 사회에서보다 말하기 능력이 훨씬 중요한 곳이라고 할 수 있다. 말을 잘하면 실수를 해도 그냥 넘어갈 수 있지만 말을 잘못해서 작은 실수가 큰 사건으로 번지기도 한다.

❸ 외롭다

이등병은 외롭다. 자신의 고충을 털어놓을 사람이 없다. 훈련소에 있을 때는 주위에 모두 동기들이기 때문에 힘들 때마다 그들에게 털어놓음으로써 어느 정도 스트레스가 해소된다. 하지만 자대는 다르다. 온통 윗사람들밖에 없다. 물론 자대에서도 고민 상담을 할 수 있는 경로는 다양하지만, 갓 들어온 전입 신병으로서 마음을 터놓고 이야기하는 데에는 한계가 있다. 그렇기 때문에 이등병은 항상 외롭다.

❹ 단것이 먹고 싶다 / PX 가고 싶다

훈련소에서 갓 나온 신병들은 설탕에 굶주려 있다. 훈련소에서 당분 섭취를 거의 못하기 때문이다. 훈련소에서 필자는 동기와 먹을 것 이름 대기를 하면서 단것 갈증을 이겨냈다. 자대에 처음 왔을 때는 이 단것 갈증이 아직 채 가시지 않은 상태다. 선임들도 이것을 안다. 그래서 자대에 가면 선임들이 PX로 데려가서 먹고 싶은 것을 맘껏 먹게 한다. 라면, 피자, 냉동식품, 아이스크림 등을 배 터지도록 먹인다. 선임이 고맙고 행복하다. 하지만 이등병 시절에 PX를 너무 자주 간 탓에 훈련소에서 빠졌던 살이 다시 되돌아오는 사람들이 많다. 입대 전보다 더 찌는 사람들도 있다. PX 살을 조심해야 한다.

❺ 인터넷을 하고 싶다

요즘은 인터넷 시대다. 인터넷을 하지 않고서는 하루도 못 살 사람들이 많다. 훈련소에서는 컴퓨터 사용이 일절 금지된 탓에 인터넷 금단현상을 보이는 훈련병들이 많다. 자대에 오면 사지방(사이버 지식정보방, 부대에서 인터넷을 할 수 있는 곳이다)을 사용할 수 있는 시간만을 기다린다. 요즘은 이등병 전용시간이라고 해서 평일 및 주말에 일정시간을 할애하여 이등병들이 자유롭게 PC를 이용할 수 있도록 배려하고 있다. 하지만 이등병의 시간이라고 해서 눈치 없이 자신의 개인 시간을 인터넷에 모두 쏟아붓는 것은 금물이다. 선임들에게 안 좋은 이미지로 비춰질 수 있기 때문이다.

❻ 가족을 만나고 싶다

군대에 오면 사회에 있을 때보다 가족의 소중함을 훨씬 더 많이 느끼게 된다. 군대를 이미 경험해본 사람들은 부모님의 목소리를 듣거나 편지를 받았을 때 눈물 흘렸던 경험이 한 번 쯤은 있을 것이다. 또한 사회에서 가족들에게 잘못했던 것이 후회로 남아 밖에 나가면 정말 잘해야겠다고 마음 먹어본 사람들도 많을 것이다. 이렇듯 군대는 가족을 생각나게 하고, 그립도록 만든다.

힘든 군 생활을 잘 견뎌내기 위해서 병사들은 정신적으로 의지할 만한 대상을 찾는다. 그것은 종교가 될 수도 있고, 선임이나 동기가 될 수도 있다. 하지만 가족은 그 어떤 대상보다 큰 위안이 된다. 특히 이등병들은 가족들이 면회올 날만을 손꼽아 기다린다. 또한 외박이나 휴가를 나가서 가족들을 만날 생각으로 힘든 일을 참고 묵묵히 버티기도 한다.

군대에 오면 가족에게 최대한 자주 연락을 하는 것이 좋다. 자신도 힘들지만 아들을 기다리는 부모님과 가족들도 많이 힘들다고 한다. 아들이 사고가 난 것은 아닌지, 매일 힘들어하는 것은 아닌지, 항상 걱정을 할 것이다. 그런 걱정을 조금이라도 덜어드릴 수 있는 방법은 자주 연락하는 것이다.

❼ 욕먹지 말아야 하는데… 두렵다, 조심하자

이것은 이등병들에게 가장 많이 드는 생각일 것이다. 갓 전입을 온 이등병에게 선임들은 규칙이나 해야 할 일들을 한꺼번에 알려준다. 집중을 하지 않으면 다 기억할 수 없다. 하나라도 제대로 기억하지 못하면 꾸중을 듣고, 갈굼을 먹게 된다(하지만 아무리 집중을 하고 정신을 바짝 차려도 모든 게 생소하여 다 기억할 수 없다). 이등병들은 항상 긴장한다. "오늘은 욕을 먹지 말아야 하는데", "내가 할 일을 제대로 해야 하는데"라는 생각이 마음속을 떠나지 않는다. 그냥 아무것도 안 하고 있어도 가시방석에 앉은 것처럼 기분이 편하지 않다. 선임들이 다가오면 일단 경계를 하게 되고, 저 사람이 나에게 뭐라고 하지는 않을까, 어려운 일을 시키지는 않을까 긴장하게 된다. 잠시라도 긴장이 풀리면 정신적으로 엄청난 피곤이 몰려온다. 전입 후 4~5개월 뒤부터는 선임들이 조금씩 조금씩 생활을 풀어주기 시작한다.

❽ 혼자 있고 싶다

이 생각은 위에서 제시한 '외롭다'라는 생각과 모순이 될 수 있는 생각이다. 하지만 이등병 때에는 이 두 가지 감정을 동시에 느끼게 된다. 신병은 사고 예방 차원에서, 심지어 화장실까지도 선임과 동행하게 되어 있다. 가끔 혼자 있고 싶을 때가 있지만 신병이라는 꼬리표가 붙어 있는 이상 그럴 수 없다. 또한 편하게 말을 터놓고 할 사람이 있으면 좋겠지만 자신이 어려워해야 할 선임들뿐이니 그럴 수도 없다. 즉, 이등병은 이러지도 저러지도 못하는 아이러니한 상태에 존재한다. 결과적으로 다른 사람과 항상 얼굴을 맞대고는 있지만 외로움의 감정을 많이 느끼게 되는 것이다.

필자 역시 그런 감정을 많이 느꼈다. 혼자 아무도 모르는 곳에 아지트를 만들어서 이런저런 생각들을 하고 싶었고 바람을 쐬면서 스트레스를 조금이라도 풀고 싶었다. 하지만 이등병 때는 어디 가는지 무엇을 하러 가는지 항상 보고를 하거나, 행선지판(어디 있는지 위치를 알려놓는 판)에 자신의 위치를 적어야 하기 때문에 언제든지 선임들은 나를 찾아올 수 있다. 이등병에게는 혼자 있을 수 있는 자유가 없다.

❾ 막내 생활은 언제 벗어나나

자대에 처음 들어가면 막내 생활을 하게 된다. 막내는 힘들다. 막내는 분대원들 중에서 궂은일을 가장 많이 하고, 갖가지 크고 작은 심부름도 해야 한다. 그래서 막내 생활은 짜증이 난다. 막내에서 벗어나고 싶다. 힘든 일도 그만하고 싶고, 조금 더 여유 있는 생활을 하고 싶다.

⑩ 진급은 언제 하나

작대기 하나가 쪽팔린다. 작대기 둘, 셋, 네 개가 수두룩한데 나만 하나다. 나도 꿇리고 싶지 않다. 거기다가 관심 보호 병사의 상징인 노란 병아리 견장까지 붙어 있으면 더욱 비참하다. 노란 병아리(노란 견장을 속된 말로 부르는 것) 시절은 답답하기만 하다. 떼버리고 빨리 작대기 두 개, 세 개를 달고 싶다. 하지만 앞이 보이질 않는다. 언제 진급할 지도 모르겠고, 전역하는 날은 수평선 너머 까마득하다. 현실에 집중하는 것이 현명하다.

⑪ 첫 휴가를 나가고 싶다

휴가를 나가는 것은 병사들의 일차적인 목표이다. 심지어는 일병, 상병, 병장들도 "아, 휴가 나가고 싶다"라는 말을 입에 달고 사는데, 이등병들은 오죽하겠는가? 자대 전입 후, 2주 정도 되면 외박을 나가게 된다. 그때의 기분은 말할 수 없이 기쁘지만 귀대와 동시에 신병 위로휴가에 대한 열망이 주체할 수 없이 강렬해진다. 휴가 나가기 전 일주일은 잠을 뒤척일 정도로 들뜨게 되고 내내 휴가 계획 짜고 친구들과 연락하느라 바쁘다. 그리고 휴가를 나가는 날 아침점호를 실내에서 하기를 간절히 기도한다. 실내점호는 훨씬 빨리 끝나기 때문에 10분이라도 더 빨리 나갈 수 있다.

⑫ 사회 친구들, 가족들과 연락하고 싶다

이것은 훈련소 때 많이 드는 생각이지만, 이등병 때도 마찬가지다. 전화도 하고 싶고, 친구들과 수다도 떨고 싶다. 친구들은 어떻게 지내는지, 가족들은 잘 지내는지, 같이 군대에 있는 다른 친구들은 어떤지 너무 궁금하다. 틈만 나면 전화기를 들고 싶고, 인터넷을 하고 싶다. 친구들과 가족의 목소리를 들으면 그렇게 반가울 수가 없다. 면회를 와달라고 부모님이나 친구들에게 노래를 부른다. 외부와의 소통은 꿀맛이다.

⓭ 여자 친구가 그립다, 관계가 틀어지진 않을까

여자 친구가 있는 상태로 입대한 병사들의 경우, 이등병 시절까지는 여자 친구와 헤어지지 않았을 것이다. 훈련소 때 헤어지는 커플은 거의 없다. 자대에 오면 여자 친구와 연락하고 싶은 마음이 굴뚝같다. 그리고 동시에 걱정한다. 여자 친구가 다른 남자를 만나지는 않을까? 나에 대한 애정이 식지는 않았을까? 흔히 여자 친구와의 관계는 일병 때나 상병 때가 가장 고비라고 한다. 하지만 이등병 때도 여자 친구와의 관계를 많이 고민하게 된다.

⓮ 500대 언제 깨지나

500대란 집에 가기까지 남은 날짜를 의미한다. D-500이 깨지는 날, D-499일이 되는 날이 500대가 깨지는 날이다. 보통 이등병의 끝자락 즈음에 500대가 깨지게 된다. 선임들이 이등병들에게 며칠 남았냐고 물어봤을 때 자신의 남은 일수를 정확히 말하는 것은 선임들에게 갈굼을 먹을 빌미를 준다. 벌써부터 이등병이 집에 갈 날짜를 세고 있냐고 욕을 할 수도 있다. 하지만 이등병들도 속으로는 다 세고 있다. 며칠 남았는지, 달력을 하나하나 지워가면서 집에 갈 날만을 꿈꾼다.

⓯ 무엇을 해야 하나

이등병은 아무것도 모른다. 무엇을 해야 되는지도 모르고, 말을 어떻게 해야 되는지도 잘 모른다. 상황마다 적절한 대처법도 아직은 미숙하다. 그래서 이등병은 항상 눈치를 본다. 선임들이 어떻게 하는지, 계급별로 행동 패턴은 어떻게 다른지 눈치로 배운다. 무엇을 어떻게 해야 하는지, 위기 때는 어떻게 대처해야 하는지 이등병들은 항상 고민한다. 일이 익숙해졌다는 느낌이 오면, 이등병을 벗어나 일병이 되는 시점에 이른 것이다.

□ 이등병으로서 성공하는 노하우: 이렇게 행동하라

❶ 빠르게, 크게, 센스 있게 – 3S 법칙

군인이라면 이등병 시절에 해야 하는 '3S 법칙'이라는 것을 들어봤을 것이다. 3S는 'Speed, Sound, Sense'를 의미한다. 빠르게, 크게, 센스 있게 행동하는 것이 이등병의 행동요령이다.

군 생활에서 'Speed'는 빼놓을 수 없는 요인이다. 특히 이등병은 행동을 빨리빨리 해야 한다. 무조건 선임보다 늦으면 안 된다. 옷 갈아입는 것도 빠르게, 일을 할 때도 빠르고 힘차게 해야 한다. 빠르면서 정확하기까지 하다면 금상첨화다.

'Sound'도 마찬가지이다. 대답을 할 때는 크고 또박또박해야 한다. 애국가를 부를 때나 군인복무규율 등을 제창할 때, 그리고 군가를 부를 때도 크게 소리를 내야 한다. 군대에서는 원래 목소리가 작다고 해서 봐주거나 하지 않는다. 별로 어려운 것도 아니다. 누구든지 의지만 있으면 할 수 있다. 악을 쓰고 소리를 질러보라! 선임들이 시끄럽다고 하는 것이 아니라 오히려 의욕이 있는 모습이라면서 칭찬을 해줄 것이다.

'Sense'는 사실 상당히 주관적인 것이다. 기본적으로 센스는 남을 배려하는 마음을 표출하는 것이다. 누군가 과자를 사왔을 때 먼저 가서 포장을 뜯고 먹기 좋게 해놓는 것은 센스의 좋은 예이다. 또한 종이컵 등을 이용하여 순서대로 하나씩 먹기 좋게 나누어주는 것도 센스를 잘 발휘하는 것이다.

한 가지 더 예를 들자면, PX에 가서 물건을 계산할 때 일부러 바코드 있는 부분을 보이게 하여 PX병에게 갖다 주면 PX병이 굉장히 좋아하면서, 센스 있다고 칭찬할 것이다. 자은 배려이 표현이 관계를 부드럽게 한다. 자신만의 센스 노하우를 생각해야 한다.

❷ 수동적이 되라

이등병은 수동적인 것이 좋다. 자기가 먼저 나서서 선임에게 무엇을 하자고 제안을 하면 개념 없는 후임으로 낙인 찍힐 수도 있다. 제안은 좀 시간이 흐른 뒤 상대 선임과 충분히 친해졌다고 느낄 때 하는 것이 좋다. 또한 이등병은 웬만하면 선임의 제안을 거절하거나 빼지 않는 것이 바람직하다. 적극적으로 선임의 제안을 받아들이면 군 생활에 열심이고 쿨한 후임으로 인정받게 될 것이다. 하기 싫어도 조금만 참고 하라. 이등병 때는 개인 시간이 없다고 생각하는 것이 오히려 마음이 편할 수도 있다.

필자의 경우는 능동적이어서 선임의 제안이라도 하기 싫은 것은 내색을 하는 편이었다. 이 때문에 필자는 선임들로부터 혼이 난 적이 꽤 많았다. PX에서 라면을 5분 전에 먹었어도 다른 선임이 가자고 하면 또 가겠다고 하는 이등병이 진정한 A급 이등병이다. 하지만 후임이 처한 상황이나 취향을 아예 무시해버리는 이런 관행은 앞으로 바뀌어야 할 것이다.

❸ 적극적인 자세로 모든 활동에 임하라

이등병은 업무나 훈련에 미숙할 수밖에 없다. 해본 적이 없기 때문이다. 선임들도 그러한 점을 다 알고 있다. 자신들도 이등병 때 그랬기 때문이다. 중요한 것은 태도이다. 배우는 것도 의욕적으로 배우는 사람이 있고 하기 싫어서 억지로 배우는 사람이 있다. 선임병들의 입장에서 보면 하기 싫어하는 태도를 내비추는 후임병에게는 일을 가르쳐주고 싶은 마음이 안 들 것이다. 그러므로 하기 싫더라도 내색하지 않고 열심히 하는 모습을 보여주면 칭찬과 예쁨을 받게 된다. 그리고 하다 보면 하기 싫은 마음도 어느 정도 줄면서 일도 잘하게 된다.

여가활동에 있어서도 마찬가지다. 운동을 예로 들어보자. 축구를 잘하는 사람도 있지만 못하는 사람도 분명 있다. 군대에서는 축구를 못한다고 해서 빼거나 그래서는 안 된다. 무조건 해야 한다. 그런데 하기 싫어서 대충대충 하게 되면, 그 팀은 전력에 타격을 입을 것이고 열심히 하는 사람들도 맥이 빠질 수밖에 없다. 운동신경이 없어 축구를 잘 못한다 하더라도 최선을 다하고 열심히 뛰어다니는 모습을 보여주는 것이 중요하다. 그리고 열심히 뛰어다니는 것 자체가 팀의 전력에 보탬이 된다. 선임은 이런 후임을 예뻐할 수밖에 없다.

❹ 말을 조심하라

군인들은 특히 말 한마디 한마디에 아주 민감하다. 사회에서는 별것도 아닌 말이 군대에서는 1시간 동안 욕먹을 거리가 될 수도 있다. 말을 내뱉기 전에 이 말이 해도 될 말인지 5초 정도 생각을 하고 말하라. 그리고 처음에 가르쳐주는 어법 예절(되묻지 않는 것이나 '잘 못 들었습니다' 등)은 특히 이등병 시절엔 꼭 지키는 것이 좋다. 말의 예절을 잘 지키면 선임들이 하나하나 풀어주기 시작하지만, 말실수를 연발하면 오랫동안 괴롭힘을 당할 수 있다. '자나 깨나 말조심'이다.

❺ 자신을 고립시키지 마라

사람은 적응의 동물이다. 사회에서든 학교에서든 적응을 잘하는 자가 살아남는다. 군대에서도 마찬가지다. 적응을 잘하여 선임들과 친해지게 되면 욕먹을 짓을 해도 웃고 넘어가주며 풀어주는 것도 많아진다. 하지만 한 번 미운 털이 박히면 그것을 빼기는 매우 힘들어진다.

적응을 잘하려면 어떻게 행동해야 하는가? 우선 자신을 고립시키면 안 된다. 주말 여가시간에 다 같이 하는 활동에 항상 참여하고, 최대한 빨리 친해질 수 있도록 기회를 많이 만들어야 한다. 사지방에 틀어박혀 컴퓨터만 계속 하면 부대 적응은 힘들어진다. 마음씨 좋은 선임을 찍어 최대한 얘기를 많이 나누는 것이 바람직하다. 자신이 어떠한 기분을 느끼는지 상담을 계속 하라는 것이다. 좋은 선임이라면 아마 상담을 다 들어주고 자신의 얘기도 해줄 것이다. 그러면서 조금씩 친해져 가는 것이다.

❻ 아침에는 가장 먼저 일어나라

이등병은 부지런해야 한다. 기상나팔이 채 울리기도 전에 일어나 선임의 모포를 개는 것을 도와주고, 간단하게 내무실을 정돈하는 모습도 보여주면 선임들에게 예쁨 받는 후임이 될 것이다. 물론 요즘은 병사 보호 차원에서 이런 행동을 금지하는 부대들이 많다.

❼ 항상 배움의 자세를 갖자

처음 몇 주간은 부대 적응 기간으로 선임들이 아무것도 시키지 않는다. 그러나 이 시간은 이등병에게 놀라고 주어지는 시간이 아니다. 보고 배우는 시간이다. 이때에 잘 보고 배워두면 선임들에게 센스 있는 후임으로 보일 수 있다. 선임들의 이름과 계급은 무엇인지, 그리고 청소도구 등의 자재는 어디에 어떻게 정리하는지 등을 잘 기억해두는 센스를 발휘해보자.

❽ 그렇다고 잘 모르는 일은 함부로 하지는 마라

자기 딴에는 신경 써서 한다고 한 일이 잘못되는 경우도 종종 발생한다. 모르거나 애매한 일인데도 선임들에게 잘보이려고 무턱대고 해서는 안 된다. 조금 이상한 것, 해도 될지 의문이 드는 것 등은 차라리 하지 않는 것이 좋다. 위에서 언급했듯이 이등병은 수동적이 되는 것이 좋다. 센스는 적당히 발휘하되 너무 튀어서는 안 된다.

❾ 이등병에게 거절은 없다, 무조건 "예, 알겠습니다"

선임이 어떤 일을 시키건 간에 이등병은 "예, 알겠습니다"로 일관하는 것이 좋다. 잘 모르겠는 것, 애매한 것이라도 우선은 "예, 알겠습니다"라고 대답한 뒤 자신의 맞선임에게 그 일에 대해 자세히 물어보고 행하는 것이 바람직하다. 잘 모르겠다고 해서 "모르겠습니다", "못하겠습니다"라는 말이 먼저 나오면 군 생활이 고단해진다.

□ 이등병이 가져야 할 마음가짐

❶ 긍정적 마인드, "난 괜찮다"

가장 필요하면서도 가지기 힘든 마인드이다. 이등병의 힘든 시간을 헤쳐나가기 위해서는 긍정적인 마음가짐이 필요하다. 긍정 마인드로 하루하루를 살다 보면 어느새 후임들이 들어오기 시작한다. 이등병 때는 생각보다 시간이 빨리 간다. 만약 그런 느낌이 들지 않으면 빨리 간다고 자기암시를 해라. 그럼 정말 시간이 조금씩 빨리 간다. 반대로 부정적인 생각으로 마음이 꽉 차있으면 시간이 훨씬 느리게 가고 군 생활이그 만큼 힘들어진다.

1. 매일 아침 기상나팔과 동시에 "아, 상쾌한 아침이다!"라고 되뇌어라.

2. 아침에 화장실에서 거울을 보며 오늘 하루도 좋을 거라고 10번만 속으로 외쳐라.

3. 꾸중을 듣게 되면 "내가 뭘 잘못했다고 그래?"라는 생각을 하기 전에 내가 무엇을 잘못했는지를 생각해보고 자신을 왜 나무라는지를 반성하도록 하라. 만약 그래도 그 사람의 의도를 모르겠다면, 맞선임들에게 물어보기도 하고, 그렇게 행동하지 말아야겠다고 다짐하면 된다. 꾸중을 듣게 되면 흘려듣고 잘못한 것만 머릿속에 새겨라.

4. 하루하루가 빨리 간다고 되뇌어라. 하루하루가 정말 빨리 갈 것이다.

5. 훈련이나 힘든 일을 당하고 있을 때 생각하라. '이것 또한 지나갈 것이다.' 어느새 시간이 지나가 있고 편해진 생활로 접어들어 있을 것이다.

❷ *忍忍忍忍忍忍* … 참자, 참아

군대를 한 단어로 표현해보라고 한다면, '인내'라고 표현하고 싶다. 군대는 처음부터 끝까지 인내의 연속이다. 힘든 훈련도 참아내고, 선임들에게 갈굼을 받아도 참아야 한다. 부당한 처우를 당해도 참아야 하고, 입대한 그 순간부터 집에 갈 때까지 참아야 한다. 소원수리가 있지만 부담이 크다. 선임을 구타하면 영창에 가게 되고 기록이 평생 남는다. 가장 좋은 방법은, 참을 수 없을 때는 선임의 선임(또는 상사)과 상담하여 도움을 청하는 것이다.

❸ 아! 하기 싫다(X), 열심히 해야지(O)

군대에 와서 자기가 하고 싶은 일을 하는 사람은 몇 안 된다. 이곳은 군대다. 하기 싫어도 주어진 일은 해야 하는 곳이다. 군인 정신이란 이런 의무를 두고 하는 말이다. 푸념하고 불평불만을 늘어놓는다고 해서 다른 일을 하게 되는 것도 아니다. 이왕 하는 거 열심히 하겠다는 마음으로 하면 칭찬도 받고 기분도 한결 나아질 것이다. 사회에서도 자신이 원하는 것만 하면서 살 수는 없다. 처음엔 싫은 것도 하다 보면 정이 붙어 좋아질 때도 있다.

❹ 사소한 것에 기쁨을 느끼고, 언제나 감사하자

군대에서 '기쁘다'라고 생각되는 순간은 그리 많지 않다. 하루하루가 똑같고, 큰 변화(큰 훈련이나 행사)가 있을 때는 짜증나는 순간이 더 많다. 기쁨의 부재는 스트레스의 가중을 가져온다. 사소한 것에 기쁨을 느끼고, 감사하는 마음을 갖는 것이 중요하다.

몸 아프지 않고 건강하게 군 생활을 하고 있다는 것에 대해서 감사하자. 대한민국의 남자로서 나라를 지키고 있다는 것에 대하여 자부심을 갖자. 선임들이 PX에서 사주는 군것질 거리에서 맛의 기쁨을 느끼자. 가끔씩 하는 인터넷, 전화통화로부터 기쁨과 행복함을 느끼자. 종교활동을 할 때 받는 초코파이에서도 기쁨을 맛보자. 이런 식으로 조금씩 기쁨을 느끼다 보면 어느새 조금 더 행복해진 자신을 발견하게 될 것이다.

❺ 상담할 곳을 찾자

이등병은 관심병사다. 부대에 잘 적응하고 있는지 선임들뿐만 아니라 간부들도 관심을 가지고 지켜본다. 전임을 갓 온 신병이 적응을 잘하지 못하는 것 같으면 병사들과 간부들이 같이 걱정한다. 하지만 이들이 이등병의 생각을 모두 읽을 수는 없다. 신임 병사가 속으로 어떤 생각을 하고 있는지, 무엇이 부족한지, 애로사항은 무엇인지 다 알 수는 없는 것이다. 그러므로 신병은 직접 나서서 자신의 상태가 어떤지 알리는 것이 바람직하다. 꾸준히 상담할 사람을 찾아서 상담하라. 좋아 보이는 선임을 찾거나 분대장을 이용하라. 좋은 선임이 없는 듯하면 소대장이나 다른 간부들을 이용하여 상담할 길을 찾으라. 주임원사나 소대장 및 장교는 신병들이 어떤 고충이 있는지 항상 궁금해하고 고민이나 고충을 들어줄 준비가 되어 있는 사람들이다. 힘든 것이 있으면 바로바로 어떤 사람을 통해서든지 힘들다고 말하는 것이 좋다.

□ A급 이등병과 폐급 이등병의 차이점

자대에 와서 적응을 잘하는 이등병들이 있다. 선임들에게 예쁨을 받고 군 생활이 체질에 맞는 스타일이다. 이들은 A급이라고 불린다. 시키는 일을 다 잘하고, 의욕적인 모습으로 군 생활에 임한다. 반면에 처음부터 사고 치고 다니고 욕만 계속 먹는 이등병들도 존재한다. 이들을 폐급이라고 부른다. 이들의 차이점에 대해서 알아보자.

A급 이등병과 폐급 이등병의 차이점

	구 분	A급 이등병	폐급 이등병
1	선임을 보았을 때	우렁찬 목소리로 경례를 한다.	모른 척하고 지나가거나 "수고하십시오"라는 한마디로 넘어간다.
2	선임이 혼내거나 갈굴 때	"죄송합니다. 제가 미숙했습니다" 또는 자신이 잘못한 원인을 대면서 그러지 않겠다고 진지하게 반성의 자세를 보인다.	건성으로 "죄송합니다"를 남발한 뒤 꽁한 표정으로 있거나 되지도 않는 핑계만 대려고 한다.
3	선임이 무엇을 시키거나 같이 하자고 제안할 때	싫은 내색을 하지 않고 곧바로 일을 시행한다.	싫은 티를 팍팍 내면서 한참 미루다가 욕을 먹은 뒤 건성으로 한다.
4	선임이 무엇을 물어볼 때	모르더라도 "확인해 보겠습니다" 하면서 찾아보려는 의지를 보인다.	"잘 모르겠습니다" 한마디로 끝내고 자기 일만 계속한다.
5	선임이 일을 하고 있을 때	달려가서 선임이 하고 있는 일을 "제가 하겠습니다" 하면서 뺏는다.	아무것도 안 하고 멀뚱멀뚱 지켜본다.

(계속)

구분		A급 이등병	폐급 이등병
6	작업을 할 때	시킨 일을 신속 정확하게 하고 선임들의 일을 도와주는 자세를 보인다. 작업이 끝나고는 선임의 작업도구를 들어주는 센스까지 보인다.	선임의 일은 말할 것도 없고 자신의 일조차 제대로 하지 않으려고 한다.
7	선임이 먹을 것을 줄 때	기쁜 표정으로 "감사히 먹겠습니다!" 하고 맛있게 먹는다.	"괜찮습니다. 먹기 싫습니다"라고 하면서 먹지 않거나 받아도 맛이 없는 표정을 짓는다.
8	축구 등 단체활동을 할 때	앞장서서 가장 어렵거나 힘든 일, 궂은일을 도맡아 한다.	어떻게든 일을 피하려고만 하고 일을 잘 하지 않으려고 한다.
9	훈련을 받을 때	열심히 하겠다는 마음으로 자신의 임무에 최선을 다한다.	배우려는 태도를 보이지 않고 이런저런(대부분 아프다는) 핑계를 대면서 열외를 하려고 한다.
10	선임이 깨울 때	자신의 관등성명을 대면서 재빨리 일어나서 옷을 신속히 갈아입고 근무 교대를 한다.	우선 시계부터 보고 느릿느릿 옷을 갈아입는다.

□ 이등병의 두뇌구조

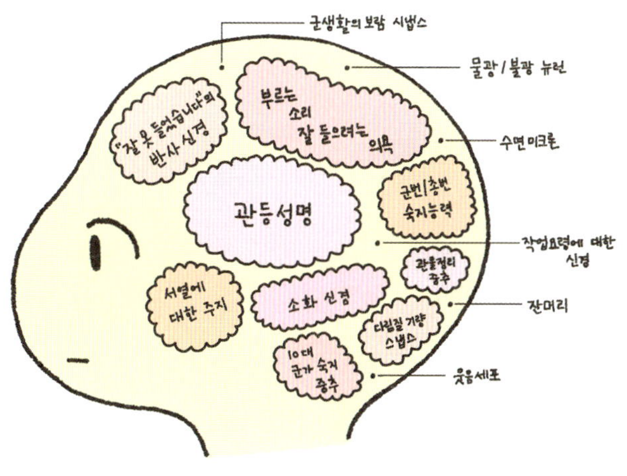

이등병의 두뇌구조

〈출처: 짬밥 일기〉

나. 일병의 생활

일병이 되면 하급자가 생기고 임무도 변한다. 또한 이등병 때보다 상대적으로 자율성이 높아진다. 이러한 변화는 곧 잔신경을 많이 써야 한다는 말이 된다. 부대 적응의 시기는 끝났다. 이제 본격적으로 일을 해야 할 시기이다. 일병 때가 가장 바쁜 시기라고 한다. 업무를 완전히 다 배우고 생활관에서는 새로 들어온 신병들을 가르쳐야 할 시기이기 때문이다. 이등병들이 하기 어렵다 싶은 일들은 모조리 일병들이 도맡아서 한다. 막내를 벗어났기 때문에 심적으로는 약간 편하면서도, 계속되는 똑같은 업무에 슬슬 진저리를 느끼게 되는 시기이기도 하다. 또한 새로 들어오는 후임들을 가르쳐야 하기 때문에 짜증도 많이 난다. 하지만 일병 때는 보람있는 군 생활을 하기 위한 지혜가 절실히 요구되는 시점이라 할 수 있다. 도덕적 우위를 기본으로 하면서 동기에게는 애정과 의리로, 하급자에게는 자상함과 상급자다운 늠름함으로, 상급자에게는 예절과 성실함으로 인정받을 수 있도록 해야 한다. 하급자일 때는 구경만 하다가 상급자가 되면서 갑자기 선임의 권위로 하급자들의 불합리한 모습을 고치겠다고 나서는 것은 옳지 않다.

□ 이등병과 일병의 차이점

❶ 조금씩 생기는 후임들

막내 생활을 슬슬 벗어던질 시기이다. 물론 그렇지 않은 부대도 있겠지만, 보통 일병쯤 되면 막내 생활을 탈피할 시기가 된다. 이제 간단히 할 수 있는 밑바닥 일들은 모두 후임들에게 넘긴다. 하지만 어려운 일들까지 떠넘길 수는 없다. 청소시간이 되도 당분간은 여전히 걸레를 빨러 가야 한다는 현실에 마음이 씁쓸할 수도 있다.

❷ 후임들을 가르쳐야 할 시기

새로 들어오는 신병들을 가르치는 것은 일병의 몫이다. 내 몸뚱이 하나도 제대로 관리하기 힘든데 후임들까지 챙겨야 한다는 생각에 마음이 무겁다. 신병이 실수를 하거나 '개념 없는' 행동을 하면 신병도 꾸중을 듣겠지만 더욱 많이 혼나는 것은 그 신병을 가르친 일병이다. 한 신병이 계급이 높은 선임에게 실수를 해서 그 밑에 있는 후임들이 모조리 불려가 혼나는 경우도 가끔씩 있다. 이런 일이 발생하지 않도록 후임들을 신경 써서 잘 가르쳐야 한다.

❸ 일병은 생활관의 살림꾼

일병들은 막내들이 아직 하기에 부적합하다고 생각되는 일들을 모조리 도맡아 하게 된다. 사격을 위해 총이 필요할 때 총키를 행정반에서 가져오는 일이나, 생활관에 비치되어 있는 행선지판을 만드는 일, 또는 방독면이나 총의 이름표, 관물대(사물함) 이름표 등을 만드는 일 등은 모두 일병의 몫이다. 슬슬 군 생활에 찌들어가는 일병은 어떻게 보면 제일 딱한 존재이다.

❹ 약간은 편해진 인간관계

일병을 갓 달았을 때는 보통 자대에 들어간 지 4~5개월 정도의 시간이 지났을 시점이다. 그 시기면 부대에 어느 정도 적응했다고 볼 수 있다. 사람들과 조금씩 더 친해지고, 슬슬 넉살이 늘어갈 시기이다. 이때 선임들에게 말만 잘하면 군 생활이 편해질 수 있는 절호의 기회를 갖게 된다. 되도록 친한 선임들을 많이 만들어두는 것이 좋다. 그렇다고 해서 지나치게 인간관계에만 치중하고 일을 하지 않으면 선임들에게 "벌써부터 군기가 빠졌네"라는 말을 들을 수도 있으니 주의해야 한다. 주어진 일을 열심히 하면서 후임들을 챙기는 모습을 자주 보여주자.

□ 일병 때 드는 생각들

❶ 앞이 안 보인다… 아직도

이등병이 지났지만 아직도 깜깜하다. 1년여 남은 군 생활이 막막하기만 하다. 요즘의 이등병은 '이등별'이라고 할 정도로 예전보다 생활 여건이 많이 나아졌지만 일병은 이제 일병이라는 이유로 할 일이 훨씬 많아졌다. 계속 바쁘고 피곤하다.

❷ 바쁘다

바쁘다. 할 일이 너무 많고 일병이 되었으니 위에서 시키는 일도 더더욱 많아졌다. 신경 쓸 것이 많다 보니 짜증도 많이 난다. 후임들을 갈궈보지만 그렇다고 일이 줄어드는 것은 아니다. 흔히 '일 잘해서 일병'이라고들 한다. 상병이나 병장은 안 하려 하고, 이등병이 할 줄 모르는 일은 죄다 일병이 하게 된다.

❸ 일병도 별거 없다

이등병 때는 일병이라도 달고 싶어서 그렇게 안달을 했는데, 막상 일병을 달고 보니 이등병 때와 별 차이가 없어서 슬프다. 아직도 자신은 '짬'이 안 되고, 위에 선임들은 여전히 수두룩하다. 저 사람들이 다 집에 가야 내가 집에 가는 것이다. 해야 할 일은 많아졌고 마음가짐은 많이 풀어진 상태다.

❹ 휴가 나가고 싶다

신병 위로휴가를 다녀 온 일병들은 이제 휴가의 맛을 알아버렸다. 한번 다녀온 휴가는 계속 휴가를 다녀오고 싶게 만든다. 이등병 때는 휴가를 나가면 어떤 기분일지 상상이 잘 되지 않는다. 신병 위로휴가는 정말 꿈만 같은 나날들이었다. 일병들은 다시 휴가를 나가고 싶다는 생각을, 갔다 오기 전보다 훨씬 더 많이 하게 된다.

❺ 뒤돌아보면 시간은 빨리 갔다

이등병의 나날들이 힘들긴 했지만 시간이 정말 빨리 갔다고 회상하는 사람들이 많다. 필자도 역시 그랬다. 또한 훈련소 기간도 이등병 기간에 포함되기 때문에 자대에서 이등병 계급장을 달고 일하는 기간은 대략 4개월 정도밖에 안 된다. 일과 시작하면 곧 점심시간이고, 점심시간 끝나고 업무 조금 보다 보면 일과가 끝난다. 저녁식사 이후에는 시간이 더욱 빨리 가고, 자는 동안 시간이 빨리 지나가는 것은 말할 것도 없다.

❻ 시간이 조금씩 안 가기 시작한다

이등병 때는 시간이 빨리 간 것 같은데 일병이 되니 시간이 좀 느리게 가는 것 같다. 일병 계급장을 단 채로 6개월을 채워야 하기 때문일 것이다.

하루하루는 빨리 가는 것 같은데, 일주일이 잘 가질 않는다. 한 달은 정말 안 간다. 휴가까지는 아직도 한참 남았다. 휴가 가기 전 그 몇 주일이 정말 느리게 간다.

❼ 후임들은 어떻게 관리해야 하나

슬슬 들어오기 시작하는 후임들 때문에 걱정이 꽤 많다. 들어와서 좋긴 하지만 후임들이 개념 없는 짓을 하거나 실수를 하면 욕은 자신이 먹기 때문이다. 욕을 안 먹으려면 후임들 관리를 잘 하고 잘 가르쳐줘야 한다. 후임들 관리를 하면서 리더십이라는 것을 조금이나마 배우고, 아랫사람을 관리하는 것이 어떤 점이 힘들고 어떤 능력이 필요한지 경험할 수 있는 좋은 기회가 되기도 한다.

❽ 내가 군대에서 무엇을 이룰 수 있을까

일병이 되고 나면 어느 정도 부대에 적응을 했고, 정신은 없지만 그래도 약간의 심적 여유가 생긴다. 자연스럽게 군대에서 무엇을 이루고 나갈지 고민을 한다. 저축을 한다든지, 몸짱이 된다든지, 못한 공부를 군대에서 보충하겠다든지, 자신만의 목표를 구체적으로 세울 것을 추천한다. 최대한 구체적으로 세울수록 좋다. 그렇지 않으면 이루기 힘들다. 일병 때쯤 되면 자유시간이 조금 더 많이 생기기 때문에 자신의 꿈을 이룰 수 있는 목표를 추구하기에 가장 적절한 시기이다. 목표를 세우고 그것을 위해 노력한다면 집으로 돌아갈 때쯤 입대 전보다 훨씬 더 멋진 사람이 되어 있을 것이다.

❾ 친구들이 그립다

군 생활 내내 드는 생각이지만, 군대에서 사람들과 사귀고 있음에도 불구하고 친했던 친구들과의 추억이 생각나고, 많이 그립다. 군대에 오면 친구들과 연락하는 것이 사회에 있을 때보다 훨씬 힘들고, 특히 같은 시기에 군에 입대했다면 더더욱 연락하기 힘들다. 잘 지내고는 있을지, 항상 궁금하기도 하고 친구들과 같이 지냈던 때가 자꾸 생각난다.

❿ 조금씩 세기 시작하는 D-DAY

일병이 되면 슬슬 집에 갈 날이 며칠이나 남았는지 세게 된다. 이등병 때는 눈치도 보이고 해서 잘 안 세게 되지만, 일병이 되면 눈치를 보면서 며칠이나 남았는지 한두 번씩 세어보게 된다. 하지만 아직도 깨지지 않은 400대나 365일의 벽을 보고 좌절한다.

☐ 일병 때 가져야 할 마음가짐/조언

❶ 어떤 선임이 돼야 할지 생각을 많이 해야 한다

선임들과의 관계도 중요하지만, 시간이 갈수록 후임들과의 관계도 중요하다는 사실을 알게 된다. 요즘의 군대는 예전보다 훨씬 합리적이고 편해졌다. 무조건 윽박지르고, 욕하고, 갈구는 것은 능사가 아니다. 자상하고 한두 번의 실수는 감싸줄 수 있는 선임이 되어야 한다. 하지만 그렇다고 해서 무조건 잘해주기만 하는 것 또한 옳지 않은 방법이다. 무조건 잘해주면 후임들이 기어오르고, 자신이 해야 할 일을 하지 않으면서 혼내려고 할 때는 오히려 대들게 된다. 잘못했을 때는 따끔하게 질책하되, 평소에는 자상하고 일을 잘 했을 땐 칭찬해줄 수 있는 선임이 되어야 한다. 그래야 위계질서가 흐트러지지 않으면서 좋은 분위기를 만들어갈 수 있다. 그러기 위해서는 어떤 선임이 될지, 어떤 마음가짐과 어떤 방식으로 후임들을 관리해야 할지 고민을 많이 해야 한다.

❷ 목표를 정하라

　　1년 반이 넘는 시간은 결코 짧은 기간이 아니다. 목표를 세우고 꾸준히 노력하면 많은 것을 이룰 수 있는 곳이 군대이다. 군대에서 자신의 목표를 이룬 성공적인 사람들의 이야기가 많다. 몸짱의 꿈을 이룬 사람부터 사법고시 2차까지 당당하게 합격한 사람까지, 이들 모두 제대할 때까지 이룰 구체적인 목표를 세우고 시간을 쪼개어 열심히 노력한 사람들이다. 군대에서의 시간을 버리는 시간이라고 생각하지 말고 효율적으로 쓸 수 있는 시간이라고 생각하고 노력한다면 얼마든지 큰 목표를 성취할 수 있다. 생활이 항상 규칙적이기 때문에 오히려 사회보다 자신의 목표를 이루기 더 쉬운 점도 있다. 큰 목표를 세우고 기간을 분기, 월, 주, 일 단위로 다시 세분화시켜서 목표에 도전하도록 하라.

❸ 넉살을 늘려라

　　무차별적으로 아부만 하라는 것이 아니다. 안 좋게 보일 수도 있지만 군대 생활에 있어서 어느 정도의 아부와 좋은 말들은 필수이다. 똑같은 말이라도 퉁명스럽게 뱉어내는 말을 듣고 좋아할 사람은 없다. 미사여구나 좋은 말들을 조금 더 덧붙이는 것은 결코

힘든 일이 아닐 것이다. 위기의 상황에서 능구렁이처럼 요리조리 빠져나가

는 지혜가 필요하다. 단어를 적절하게 선택하는 지혜를 키우게 되면 나중에 사회생활을 할 때에도 큰 도움이 될 것이다.

❹ 일을 잘해라

이제 일로는 실수하거나 미숙해서 욕을 먹을 시기는 지났다. 본격적으로 일을 할 때이고 무슨 일이든 빠릿빠릿하게 처리해야 할 시기이다. 말만 잘하는 것도 한계가 있다. 말만 잘하고 일은 못하면 똑같이 욕먹는다. 일병 때 일을 잘 못하면 상병, 병장이 되서도 힘들다. 선임들은 선임대로 욕하고 후임들은 선임 인정을 해주지 않으려고 한다. 일병 때 일을 잘 배워둬야 한다. 일 잘하는 일병은 선임들이 더 풀어주게 되고, 친하게 대해주고 실수에 대해서도 관대해진다. 일을 잘하는 것은 부대에 잘 적응하는 최선의 방법이다.

❺ 지킬 것은 지켜라

부대에 적응했지만 상하관계는 아직도 존재한다. '짬' 조금 먹었다고 지나치게 후임들을 부려먹거나 선임들에게 대들거나 하지 않길 바란다. 예의가 존재해야 그 속에서 친밀감이 형성되는 것이다. 조금 풀어주고 잘해준다고 해서 오히려 대들고 기본을 지키지 않는 사람들이 많다. 이것을 우려해서 풀어줄 수 있음에도 불구하고 일부러 엄하게 하거나 화를 내는 선임들도 많다. 말을 잘하고 장난도 치면서 예의까지 지키면, 최고의 사랑받는 후임이 될 수 있다.

❻ 배려심을 키워라

일병 때 가장 필요한 것은 배려심이다. 선임들을 배려하고 더불어 후임들에게도 배려의 마음을 가져야 한다. 선임들은 자신보다 높은 위치에 있기 때문에 배려해야 하는 것은 당연하다. 군 생활은 위계질서가 지배하는 곳이기 때문에 상향 배려가 반드시 지켜져야 한다. 후임들에게도 배려는 중요한 것이다. 군에 대한 적응이 떨어지고, 무엇을 어떻게 해야 하는지 잘 모르는 후임에 대한 배려는 일병의 의무이다. 무조건 화를 내기보다는 친절히 가르치고 설명해주는 노력이 필요하다. 이등병들이 힘들어할 때 음료수나 과자 등을 사주면서 고민을 들어주면 후임들에게 최고의 선임, 우러러볼 수 있는 존재가 될 것이다.

☐ 일병의 두뇌구조

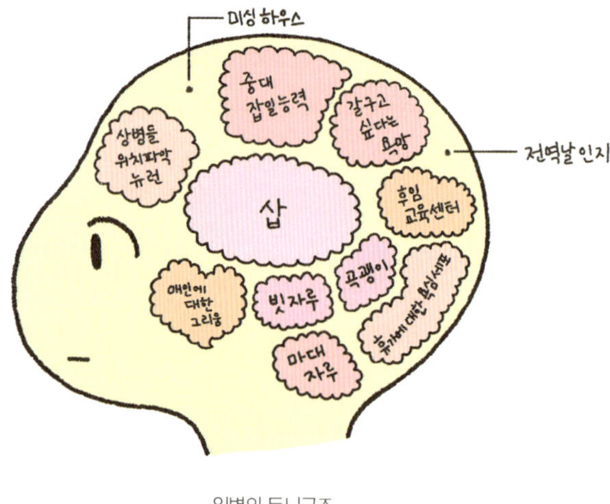

일병의 두뇌구조

〈출처: 짬밥 일기〉

다. 상병의 생활

드디어 군 생활 반을 넘어 작대기 세 개까지 왔다. 이제 후임들이 꽤 많고 중간 계급 정도이다. 상병이 처음 되면 그래도 아직 일병의 흔적이 남아 있어서 후임도 가르쳐야 하고 몇몇 귀찮은 일들도 해야 한다. 하지만 상병 생활의 절반이 넘어가면서부터는 군 생활이 조금씩 편해진다. 이때부터는 일을 못해서 선임들에게 혼나는 경우보다, 후임들을 제대로 관리하지 않아 간부들에게 혼나는 경우가 더 많다. 그리고 상병 생활이 저물어갈 때쯤 부사수가 생기게 된다(물론 더 빨리 생기거나 전역 바로 전에 생기는 사람도 많다). 상병은 물 상병, 상꺾(꺾인 상병 – 상병 5개월 째, 5호봉), 상말(상병 마지막 달)에 따라서 생활 패턴의 차이가 크다.

상병 시절은 황금기라 할 수 있다. 군 생활 전체를 통해 가장 활동적일 때가 상병 시절인데 하급자들을 통솔할 실질적 책임이 주어지며 상급자의 지위를 보장받고 기득권을 갖게 된다. 내무반에서 도덕적 우위를 획득하고 능력을 인정받은 상병에게는 이 시기가 군 생활에서 가장 보람 있는 시간이다.

□ 상병 때 드는 생각들

❶ 시간이 안 간다

상병 때 시간이 가장 느리게 간다. 이등병, 일병 때는 할 일도 많고 정신이 없어서 시간이 빨리 갔지만, 이젠 일에 능숙해졌고 느긋하게 해도 일에 차질이 없기 때문일 것이다. 여유가 생기고 풀어지는 것이 많기 때문에 오히려 시간이

느리게 가는 것일 수도 있다. 집에 갈 날이 보이기 시작할 것 같은데, 상병 초기에는 아직도 보이지 않는다. 그러다가 상병 생활 절반이 지날 때쯤, 배를 탔을 때 저 멀리 수평선 위로 육지가 보이듯, 집에 갈 날이 서서히 보이기 시작한다.

❷ 후임들이 너무 못한다

상병 생활이 익숙해지면 해야 할 일을 안 하는 후임들이 눈에 쏙쏙 들어와 괜히 트집을 잡게 된다. 그것만 보고 다니는 것은 아닌데 너무나도 딱딱 보이는 것이다. 그래서 후임들을 갈구게 된다. 일 처리를 제대로 하지 않은 후임은 물론, 일을 잘 가르치지 못한 후임의 맞선임까지도 갈구게 된다. 상병 때는 온통 갈구는 것이 업으로 느껴진다. 후임들이 너무 못하고 개념 없는 후임들도 너무 많다고 느낀다.

❸ 병장 달고 싶다

사람의 욕심은 끝이 없다. 이등병 땐 일병을, 일병 땐 상병을 그렇게 꿈꿔왔는데, 상병이 되니 병장을 빨리 달고 싶다. 물론 병장이 되는 순간 집에 가고 싶은 열망이 최고조에 달할 것이다.

❹ 슬슬 '짬 티' 좀 내보자

상병이 되고 달수를 채워가면서 슬슬 '짬 티'를 내고 싶은 욕구가 커진다. 결국, 조금씩 눈치를 봐가면서 짬 먹은 티를 내기 시작한다. 여기서 말하는 짬 티 내는 행동이란, 주머니에 손을 넣고 다니거나, 여러 가지 사제 물품들을 쓴다거나 하는, 이등병 때나 일병 시절에는 할 수 없었던 행동들을 말한다. 선임들이 다 전역하고 없어지면 상병 말호봉쯤부터 말년 병장처럼 행동하는 사람들이 생기기 시작한다.

❺ 부사수여 들어오라

상병이 된지 어느 정도 지나 병장 진급 시점이 다가오면 상병들은 부사수가 들어오기를 기대한다. 부사수란 자신의 일을 물려받을 새로운 병사를 말한다. 부사수가 들어오면 부사수에게 업무 일부를 인계해주면서 자신이 할 일들만 하면 되기 때문에 업무시간에 굉장히 편해진다. 상병 중반 무렵부터 은근히 자신의 부사수가 언제 들어오나 인사과 병사들에게 물어보곤 한다.

❻ 나 때는 안 그랬는데…

군대는 점점 좋아지고 생활도 편해지고 있다. 상병쯤 되면 이제 갓 들어온 신병들의 생활과 자신이 겪었던 생활을 비교해보면서, "나 때는 훨씬 더 힘들었는데 요즘 이등병들은 살판났다"라는 말을 자주 하게 된다. 이 때문에 "나도 이렇게 당했는데 너네도 당해봐라"라는 식의 보복 심리로 후임들을 별 이유 없이 갈구는 사례가 많아진다.

❼ 돈이 잘 모이지 않는다

상병이 되면 후임들이 많아지고, 그만큼 돈 쓸 일도 많아진다. 근무 때 후임들 라면 사주랴, 냉동식품 사주랴, 이것저것 챙겨주다 보면 월급은 어느새 날아가 버린다. 월급을 모으고 싶은데 잘 모이지가 않아서 항상 고민한다.

□ 상병 때 가져야 할 마음가짐

❶ 개구리 올챙이 적 생각을 하라

상병이 되면 이등병들이나 일병들이 무엇을 잘못하는지, 자기 때는 안 그랬는데 요즘은 왜 그러는지 등의 생각을 많이 한다. 하지만 생각을 바꿀 필요가 있다. 군대가 항상 똑같을 수는 없다. 자신이 이등병이었을 때 그 시절의 상병들도 같은 생각을 했을 것이다. 조금 더 개방적이고 관용적인 사고방식을 가지는 것이 중요하다.

❷ 그렇다고 너무 놔주지는 말라

선·후임 관계엔 그래도 지켜야 할 선이 존재한다. 너무 잘해주면 상하 위계질서가 없어지고, 군대에서 지켜야 할 기본적인 기강마저 무너질 수 있다.

후임들을 지나치게 배려해주거나 지나치게 풀어주는 것은 오히려 독이 되는 경우가 많다. 후임이 잘못해서 따끔한 질타를 해야 하는데 친분 때문에 그렇게 못하면 후임들은 "저 고참은 내가 잘못해도 봐주니까 괜찮아"라는 잘못된 생각을 할 수도 있다. 심지어 중요한 시기에 명령을 내렸는데도 제대로 따르지 않게 될 수도 있다. 기본적으로 친근하고 사이좋게 지내되, 군인으로서의 본분과 예절은 지키도록 해야 한다.

❸ 자신의 목표를 향해 열심히 노력하라

일병 때 목표를 세웠으면, 상병 때는 그 목표를 이루기 위해 본격적으로 노력해야 할 시기이다. 상병이 되면 웬만한 규제가 다 풀리기 때문에 자신이 세웠던 목표를 이루는 데 있어 제약이 많이 줄어든다. 몸짱이 되기로 결심했으면 열심히 운동을 하고, 공부를 시작하기로 마음을 먹었으면 시간이 날 때마다 책을 들여다봐야 한다. 이런 식으로 목표를 정해 놓고 집중을 하

면 시간도 그만큼 빨리 간다. 생활
관에 앉아서 생각 없이 TV만 멍하
니 보는 것보다는 무엇 하나라도 더
얻어가려는 마음가짐으로 군 생활
에 임하는 것이 좋다.

❹ 자신 때보다 더 나은 군대를 만들려고 노력하라

상병이 되어 자신부터 바뀌려고 노력한다면, 조금 더 복무하기 좋은 병
영이 될 것이고, 후임들도 우러러보게 될 것이다. 어떻게 하면 더 합리적
이고 효율적인 군대를 만들 수 있을지 고민하라.

❺ 분대장에 도전하라

분대장이란, 한 분대의 리더가 되는 것이다.* 상병이 되면 슬슬 원래 있
던 분대장들이 전역을 하면서 분대장을 할 수 있는 시기가 다가온다. 군대
에 있으면서 분대장을 한 번쯤 해보는 것도 좋다. 리더십과 이타적인 마음
을 배우게 되기 때문이다. 사회에 가지고 가면 좋은 것들을 많이 배울 수
있다. 2~3만 원의 추가수당은 덤이다.

❻ 연락의 끈을 놓지 말라

보통 이등병 때는 하루에 한 번, 일병 때는 5일에 한 번, 상병 때는 2주
에 한 번, 병장 때는 한 달에 한 번 부모님께 전화를 드린다고 한다. 특별

---

* 보통 한 생활관이 한 분대이며, 분대장에 관한 내용은 다음에서 조금 더 자세히 다루도록 한다.

한 기준이나 원칙이 있는 것은 아니지만 자주 드리는 것이 좋다. 부모가 자식을 걱정하는 데서 자식이 부모를 걱정하는 방향으로 전환되어야 한다.

친구들과의 연락도 최대한 놓지 말아야 한다. 보통 군대는 20~22세 사이에 많이 가게 되는데, 결과적으로 같은 시기에 군대에 있는 친구들이 많아진다. 부대에 있다 보면 컴퓨터를 할 시간이 상대적으로 적고 전화도 직접 할 수가 없기 때문에 사회에서보다 연락하기가 훨씬 더 힘들다. 군대에 있는 친구들뿐만 아니라 사회에 있는 친구들과의 관계도 많이 소원해진다. 인맥은 사람의 가장 큰 자산이다. 자주 친구들에게 안부전화를 하고, 가끔은 편지를 쓰는 것도 도움이 된다. 같은 내용이라도 편지로 받으면 감동이 두 배가 된다.

❼ 가끔은 통이 클 때도 필요하다

가끔은 후임들을 말없이 PX로 데리고 가서 라면과 냉동식품을 사줄 수 있는 통 큰 선임이 되라. 사실, 월급을 모으는 사람의 입장에서는 라면이나 냉동식품을 한 번 쏘는 것은 큰 부담이 된다. 사회에서는 1만 원, 2만 원이 별 것 아닌 것 같이 느껴지지만 군에서는 월급의 1/10 이상에 해당한다. PX 서너 번 가고, 사지방이나 전화카드 비용을 지출하면 남는 것이 별로 없을 정도이다. 그래도 가끔은 후임들에게 온정을 베푸는 것이 좋다.

이 세상에는 돈 몇 푼보다 더 중요한 것들이 존재한다. 그것은 바로 인간관계이다. 귀찮은 작업이나 일을 끝냈을 때 수고했다는 의미에서 짜장라면이나 냉동치킨, 냉동만두를 PX 계산대 위에 올려놓고, 지갑을 펼치는 순간 후임들의 얼굴은 크리스마스 선물을 받은 어린아이 같을 것이다.

□ 분대장의 개념

❶ 분대장이란?

분대장은 한 분대의 리더이다. 즉, 반의 반장 격이라고 보면 된다. 중대장, 소대장들의 전달사항을 받아서 병사들에게 직접 전달해주는 역할을 하며, 간부들과 병사들 간의 다리 역할을 하기도 한다. 병사들이 힘들거나 고민이 있을 때 일차적으로 상담을 해주는 것도 분대장의 역할이다. 병사들 중에서 유일하게 초록색 견장을 착용하는 이들이다(지휘관만 초록색 견장을 어깨에 착용할 수 있으며, 초록색 견장은 다른 병사들에게 명령을 내릴 수 있는 권한을 가지고 있음을 뜻한다).

❷ 분대장이 하는 일은 무엇인가?

병사들의 애로사항이나 건의사항을 소대장이나 중대장에게 보고하는 것이 분대장의 일차적인 업무이다. 또한 분대장은 분대원들의 업무능력 향상과 행복한 병영 생활을 위하여 항상 고민해야 한다. 점호시간에 인원수를 보고하는 것도 분대장의 몫이며, 분대원들이 출타를 하거나 업무상 외부에 다녀올 때 보고나 신고를 받는 것도 분대장의 임무이다. 분대장은 자신의 분대원들이 어디에 있는지 항상 파악하고 있어야 한다. 전시에는 분대장이 분대를 이끌고 전장에서 지휘를 하기도 한다.

❸ 분대장의 권한

병영 생활 행동강령에 의하면, 병 중에서는 오로지 분대장만이 병사들에게 명령 및 얼차려를 내릴 수 있는 권한이 있다. 분대 전체가 원활하게 돌아가야 하기 때문에 분대장은 다른 선임들보다 후임들을 더 갈구거나 혼낼 수 있다. 하지만 분대장은 그만큼 분대와 분대원들에 대한 사랑이 있어야 한다.

❹ 관리수당

분대장에게는 병사들의 사기진작 및 관리를 위한 수당이 지급된다. 분대원들의 사기충전을 위해 PX나 분대회식 등을 할 때 이 관리수당을 사용할 수 있다.

□ 상병 때 바뀌는 것들

❶ 깔깔이를 내어 입기 시작한다

이등병, 일병 때까지만 해도 항상 바지 속에 넣어 입었던 깔깔이를 내어 입는다. 깔깔이를 내어 입는 것은 '짬의 상징'이다.

❷ 활동복 지퍼를 끝까지 올린다

부대마다 다를 수는 있지만, 많은 경우 상병 중반이나 말까지 활동복의 지퍼를 못 올리게 하는 부대가 많다. 하지만 상병 중반 무렵부터 지퍼를 올리고 다니는 병사들이 많아진다.

❸ 사제 물품을 이용한다

흰 러닝셔츠, 사출화(간부용 군화), 목도리 등 사제 물품을 이용하기 시작한다. 이것 또한 '짬의 상징'이다.

❹ 건프레이크를 먹거나 네스퀵을 우유에 타 먹는다

그 전까지는 네스퀵을 우유에 타 먹거나 건프레이크(건빵을 별사탕과 함께 부셔서 우유에 시리얼처럼 타 먹는 음식)를 만들어 먹는 것은 눈치가 보여 엄두도 못냈는데, 상병이 되면 아침을 적게 먹고 이런 식으로 아침을 때우는 사람이 생겨나기 시작한다.

❺ 빵을 한 개만 받는다

군대리아의 정량은 빵 두 개, 패티 한 개(가끔 두 개 나올 때도 있다), 소스 한 개 등이다. 중요한 것은 빵과 패티이다. '짬'이 안 되면 빵 두 개와 패티 한 개는 무조건 받아야 한다. 하지만 상병이 되면 군대리아는 이제 지겨워서 먹지 못하겠다며, 빵 한 개만을 받아 짬만 발라 먹는다.

❻ 민간인이 되어간다

주머니에 손을 넣기 시작하고, 짝다리를 짚는다. 서서히 민간인의 자세들이 나오기 시작한다. 사회에 있을 때는 주머니에 항상 손을 넣고 다녀 손이 틀 일도 없었는데, 군대에서는 주머니 손이 안 되기 때문에 장갑 없이는 살 수가 없다. 하지만 상병 이상 급이 되면 주머니에 손을 항상 집어넣고 있기 때문에 장갑이 필요 없다.

❼ 누워서 TV를 본다

생활관에 누워서 뒹굴거리기 시작한다. 모든 것이 다 귀찮아 죽겠다.

❽ 기득권 포기 선언을 한다

'기득권 포기'란, 자신이 가진 권리를 포기한다는 것을 의미한다. 여기서 권리란, 후임들을 갈구고 혼내는 권리를 말한다. 기득권 포기 선언을 하면 후임들을 갈구거나 혼내는 행동을 하지 않겠다는 것을 공포하는 것이다. 기득권 포기는 보통 상병이 중반 무렵부터 이루어진다.

❾ 짧아진 관등성명과 경례

관등성명 대는 것이 짧아졌다! 이름을 붙여서 말하기 시작한다.

관등성명 TIP

보통 이등병의 관등성명은 "이병! 김!(쉬고) 개!(쉬고) 똥!(쉬고)"이며,

일병의 관등성명은 "일병! 김! 개! 똥!"이고,

상병의 관등성명은 "상병 김개똥!"이다.

병장은 "병장 김개~~" 하며 끝을 흐리거나 "병장!?"이라며 직급만을 외친다.

하지만 대개 병장은 관등성명이 없다고 보는 것이 맞다.

❿ 선임들과 슬슬 맞먹으려고 눈치를 보면서 대든다

상병 중반이나 말쯤 되면 한 네 달, 다섯 달 정도까지(최대) 차이 나는 선임들과 맞먹으려는 움직임이 생긴다. 그만큼 친해지니까 반말도 섞어가면서 기어오르기 시작한다. 대부분의 선임들은 자존심이 상하지만 그냥 놔두거나, 그래도 가볍게 지적하는 두 부류로 나뉜다.

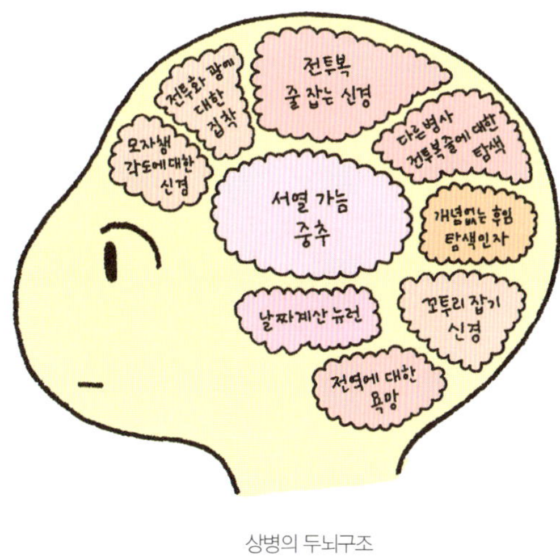

상병의 두뇌구조

〈출처: 짬밥 일기〉

라. 병장의 생활

드디어 마지막 관문, 병장이다. 병장으로서의 책임이나 의무는 내무반 내의 가정적인 분위기를 계속 유지하려고 힘써야 하며, 간부와의 관계에서 병사들의 이익을 대변해주고, 함께하는 전우들과 병영 생활의 수준을 높이는 것이다. 또한 하급자들 사이에서 나타나는 개인주의, 이기주의를 스스로 이겨나가도록 관리하는 일도 매우 중요하다. 병장은 앞이 보이기 시작하는 시기이다. 흔히 민간인(진)*이라고 부르기도 한다. 병장이 되면 간부를 제외하곤 상사가 별로 없다. 상병 때와는 생활에도 확연한 차이를 보인

---

* 계급 옆에 '진'을 붙이는 의미는 아직 진급은 하지 않았으나 진급이 확정된 사람들을 일컫는다. 병사들에겐 보통 붙이지 않고 간부들에게 붙인다. 예를 들면, 대령으로 진급이 확정되었으나 현재 계급이 중령인 사람들에게는 '대령(진)'이라고 붙이게 되는 것이다.

다. 말년 병장들은 오히려 상병들보다 힘이 더 없어지는 경우도 많다. 이제는 사회로 돌아가서 어떻게 자신의 미래를 위해 달릴지 생각을 해봐야 하는 시기이다. 이 시기엔 군 생활을 해오면서 자신이 얻은 것이 무엇인지 뒤돌아보는 시간을 갖는 것이 좋다.

□ 병장이 되면 드는 생각

❶ D-DAY

병장이 되면 생각나는 것이 몇 가지 없다. 우선 머릿속에 있는 가장 큰 일은 집에 갈 날이 며칠 남았는지 세는 것이다. 이 일수를 세는 방법도 다양하다. 전역일까지 며칠, 말년 휴가까지 며칠, 일과는 며칠인지 센다. 집에 갈 날이 머지 않았다는 생각에 마음이 설렌다.

❷ 외롭다

말년 병장이 되면 도리어 다시 외로워진다. 자신과 친하게 지내던 선임들이 모두 전역을 해버렸기 때문이다. 물론 친한 후임들도 있지만, 몇 개월 차이가 나지 않는 선임들과 가장 친해지게 마련이다. 가끔 말년 병장들을 보면 홀로 외로이 공을 차고 있는 모습을 볼 수 있다. 아니면 갓 들어온 신병들을 붙잡고 이곳저곳 데리고 다니면서 놀기도 한다.

❸ 사회적응이 안 된다

군대 온지 어느덧 1년 반이 훌쩍 넘어버렸다. 군에 있는 1년 반 동안 사회는 너무 많이 바뀌었다. 느낌으로는 강산이 수도 없이 바뀐 듯하다. TV나 컴퓨터로 사회의 소식을 접하기는 하지만 가끔 민간인들과 대화가 안 될 때가 많다. 사회에서 살아가는 방법을 다 잊어버려서 아기가 된 느낌이다.

❹ 귀찮다

이젠 모든 것이 다 귀찮다. 그냥 누워서 자고만 있다. TV 채널 선택권은 나한테 있다. 일과를 끝내고 누워서 TV를 보다 보면 하루가 지나간다.

❺ 지겹다

똑같은 일상이 너무나도 지겹다. 일병 때까지만 해도 견딜 만했으나 병장이 되고 나니 도저히 못 참겠다. 너무나 똑같고 반복되는 일상이 짜증 나기만 하다. 가끔 환경이 크게 바뀌는 때가 있는데, 그때는 훈련 기간이다. 훈련은 더더욱 짜증난다. 군대 생활이 지겹고 모든 것이 다 귀찮다. 일 때문에 혼나는 일은 거의 없지만, 같은 일을 계속 하는 것에서 오는 지겨움이 너무나도 크다.

❻ 간부들을 피해 다녀야 한다

말년 병장의 행동을 탐탁치 않게 여기는 간부들이 많다. 그렇기 때문에 말년 병장들은 적절히 간부들을

피해 다니려고 한다. 간부들이 어디에 있는지 위치를 파악하고 걸리지 않을 만한 곳으로 적절히 숨어들어 가서 혼자 논다.

❼ 갈굴 힘도 없다

말년 병장이 되면 오히려 사람이 착해진다. 모든 것이 다 귀찮고 집에 갈 일만 생각하기 때문이다. 실세는 병장 1호봉이나 상병들에게 이미 넘어갔다. 부대는 나 없이도 알아서 잘 돌아가고 있다.

❽ 과연 나는 군 생활을 잘했는가

군 생활의 막바지에 다다르면 과연 자신이 군 생활을 성공적으로 잘했는지 여러 가지 생각들을 하게 된다. 이등병 시절부터 지금까지의 군 생활이 파노라마처럼 펼쳐지면서 이제 끝났다라는 생각도 동시에 하게 된다. 자신의 군 생활을 되돌아보면서 추억에 젖는다.

❾ 앞으로는 무엇을 할 것인가

전역 하는 것이 모든 군인의 꿈이지만 말년 병장들은 전역을 해도 사회에 나가서 무엇을 할 것인지 막막하다. 사회에서 사는 방법을 많이 잊어버렸고, 나가서도 딱히 할 것이 없는 사람들도 많다. 대학교를 휴학하고 온 사람들이야 학교를 다시 다니면 되지만, 그래도 사회에 복귀해서 진도를 제대로 따라갈 수 있을지, 또는 아르바이트나 제대로 할 수 있을지 걱정부터 앞서게 된다. 군대에 너무 적응을 해버린 것 같다. 군대에 있을 때가 맘 편하고 좋았다. 사회가 오히려 더 걱정이 된다.

☐ 병장 때 가져야 할 마음가짐

❶ 자신의 군 생활을 되돌아보라

병장 때는 집에 갈 준비를 하는 시기이다. 후임들을 가르치는 것은 상병에게 맡기면 된다. 우선 자신이 군 생활을 통해서 무엇을 잘했고 무엇을 못했는지, 또 무엇을 얻고 무엇을 잃었는지 되새겨보라. 군대 생활에서 얻은 것이 많다고 생각하는 사람도 있을 것이고, 없다고 생각하는 사람도 있을 것이다. 그것은 자신이 생각하기 나름이다. 잘못한 점이 있으면 반성하고, 잘했다고 생각되는 점이 있다면 그것을 사회에서까지 유지시키길 바란다.

❷ 자신의 미래를 설계하라

병장이 되면 사회에서 무엇을 할 것인지, 그리고 앞으로의 계획은 무엇인지 확실히 정하는 것이 좋다. 대부분의 군인들은 23~24세 전후에 전역한다. 이 나이쯤 되면 확고한 꿈을 갖는 것이 바람직하지 않겠는가? 자신이 정말 하고 싶은 일이 무엇인지 찾고, 또 만약 자신의 꿈이 실현되기 힘들다고 생각되면 현실적인 대안이 무엇인지도 생각해보라. 확고한 꿈이 있으면 그것을 이루기 위해서 어떤 단계를 밟아나가야 하는지, 꿈을 이루기 위한 미래를 설계해보자.

❸ 사회에서의 인맥들과 자주 연락을 취하라

말년 병장일수록 사회인들과 연락을 자주 해야 한다. 곧 사회로의 복귀를 앞두고 있기 때문에 되도록 많은 사람들과 연락을 자주 취하는 것이 바람직한 행동이다. 만약 학교에 복학한다면 적응을 잘할 수 있게 도와달라고 요청도 하고, 또 아닌 사람들과도 소원해진 관계를 회복시켜 놓아야 한다.

군에 있는 동안 친구들과 연락을 자주 하지 못한 까닭에 친밀감이 약해졌을 수도 있다. 그렇다고 해서 인맥의 끈을 놓는 것은 옳지 못하다. 이 기회에 단단히 해놓자. 또한 연락을 자주 취할 만큼 친한 친구가 아니었다 하더라도 핑계를 대며 더욱 친해질 구실을 만들어보자. 병장 때는 남는 것이 시간이다.

❹ 부모님께도 달라진 모습을 보여라

많은 부모들이 이렇게 말한다고 한다. "이등병 때는 전화를 그렇게 자주하고 부모님께 효도할 듯이 대하다가, 시간이 흐를수록 예전에 사회에 있을 때와 똑같아진다." 이 말은 어느 정도 맞는 말이다. 군인이 되어서 힘든 시간을 보낼 때는 어머니, 아버지를 무척이나 그리워한다. 훈련소에서 부모님의 목소리를 처음 들었을 때 눈물을 흘리지 않는 사람이 몇이나 되겠는가? 부모에 의존하기보다는 앞장서 가정을 이끌어갈 수 있는 어른의 모습을 보여줄 수 있어야 한다.

❺ 이등병 적응의 도우미가 되자

갈구는 것은 일병, 상병들에게 맡기고 새로 전입 온 신병들에게는 천사가 되자. 이등병들이 쉽사리 갈 수 없는 곳도 데려다주고, 같이 많이 놀아주어 적응을 잘할 수 있도록 도와주자. 필자도 처음에 자대에 전입했을 때 왕고참이 사지방에서 게임도 시켜주고 노래방도 데려가 주며 조언을 많이 해준 덕분에 부대 적응을 그럭저럭 잘해나갈 수 있었다. 신병에게 장난을 치기보다는 조언을 많이 해주고 격려를 해주자. 신병들은 그렇게 고마울 수가 없을 것이다.

☐ 병장의 두뇌구조

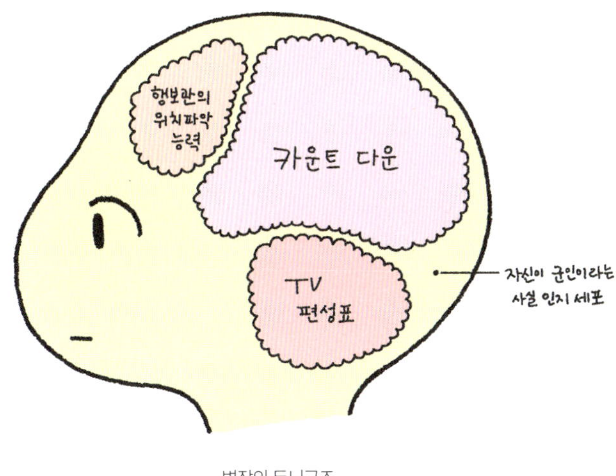

병장의 두뇌구조

〈출처: 짬밥 일기〉

부록

군대의 계급체계

군에는 많은 계급이 존재한다. 사병의 최고 말단인 이등병에서부터 최고 위급 간부인 4성 장군까지…. 군에 가기 전에 계급체계를 확실히 알아두면 좋다. 물론 몇몇 사람들은 "계급 알아둬 봐야 뭐하나?"라고 반문할 수도 있겠지만 군에서는 기본적으로 말을 할 때 압존법*을 사용한다. 따라서 계급을 제대로 숙지하지 못하면, 윗사람들에게 실례를 범하는 경우가 발생하고, 이 때문에 내무실에 한바탕 찬 기운이 휘몰아칠 수도 있다.

또한 계급을 잘 숙지하는 것은 군인으로서의 의무이기도 하다. 본 부록에서는 군의 계급체계와 계급별 특징에 대해 구체적으로 알아보도록 하자.

가. 병

□ 훈련병

처음 군대에 입대했을 때 부여받는 훈련소 병사의 계급이다. 이때는 계급장도 없기 때문에 이등병이라고 부를 수도 없다. 그저 훈련병일 뿐이다. 관

---

* 군대에서는 압존법을 중요시한다. 압존법이란 대화를 할 때 자신(화자)보다는 높으나 상대방(청자)보다는 낮은 사람을 지칭할 때 해당하는 사람을 낮춰서 부르는 것이다.

등성명을 댈 때에도 "28번! 김! 개! 똥!"과 같이 이름 앞에 계급 대신 훈번(훈련번호)을 댄다. 훈련소를 퇴소함과 동시에 이등병 약장을 달면서 이등병으로 진급한다.

□ 이등병

훈련소를 퇴소함과 동시에 이등병이 된다. 보통 '이병'과 '이등병'에 대해 혼동하는 사람이 많은데, '이병'은 '이등병'의 줄임말이다. 만약 특기병으로 분류되어 후반기 교육을 받는다면, 이등병의 신분으로 교육을 받게 된다.

이등병 기간은 훈련병 시절을 합하여 총 5개월(조교 같은 보직의 경우는 4개월) 정도이다(이등병 기간을 3개월로 단축시키는 안이 통과 중에 있다). 자대에서 가장 막내이기 때문에 많은 선임들로부터 군 생활을 배우는 시기이며, 이때 어떻게 행동하느냐에 따라 앞으로 남은 군 생활이 달라지기도 한다. 군에 대한 경험이 거의 전무한 상태이기 때문에 어려운 일, 궂은일 등은 하지 않게 된다.

□ 일등병(일병)

일등병은 줄여서 일병이라고 부른다. 아무것도 모르던 이등병의 시기가 지나고, 부대에 점차 익숙해질 즈음 작대기 두 개, 일병의 시기가 온다. 일병은 '일하는 병사'라고도 불린다. 그만큼 해야 할 일이 가장 많고 바쁘며 스트레스도 굉장히 많이 받는 시기이다. 군 생활에 대해 잘 모르는 후임병들을 관리해야 하고, 동시에 선임들도 챙겨줘야 한다. 그렇다고 업무가 적은 것도 아니다. 일병이 처리하기 어려운 일, 그리고 상병이 하기엔 너무 가벼운 일들은 모두 일병의 몫이다. 업무는 업무대로 괴롭힌다. 정말 손과 발이 열 개라도 모자라다.

이등병 때는 일을 잘 못해도 "이등병이니까 그럴 수 있지"라며 용서해줄 수 있었으나 일병이 되면 실수가 용납되지 않는다. 인내심이 점점 더 필요해지고 책임감도 무거워진다. 일병 기간은 6개월이다(일병 기간을 7개월로 늘리는 안이 통과 중에 있다).

□ 상등병(상병)

많은 병사들은 상병 중반 무렵인 '상꺾'의 시기부터 군 생활에 꽃이 피기 시작한다고 말한다. 군 생활이 편해지는 것이 상병의 시기이다. 이 시기가 되면 마치 일병 때 힘들었던 것들을 보상받기라도 하듯 급격하게 풀어지는 군 생활을 주체 못하고, 아무것도 하지 않으려는 사람들이 많다. 하지만 상병은 실질적으로 부대를 이끌어가는 리더이다. 그렇기 때문에 후임병들을 물심양면으로 돕고, 또 솔선수범을 보여야 한다. 이때 간부들과의 마찰이 본격적으로 생기기 시작한다.

상병 때 일을 어떤 방식으로 어떻게 처리하느냐를 보면 그 사람이 해온 군 생활의 모습을 짐작할 수 있다. 군 생활을 정말 열심히 한 상병이라면, 어려운 일이라도 능숙하게 처리해나갈 수 있을 것이다. 하지만 그렇지 않은 상병은 일을 후임에게만 미루고, 잘못하면 혼내려고만 한다. 상병은 무조건 갈구고, 꼬투리만 잡는 계급이 아니다. 대개 많은 부대가 상병의 시기에 분대장을 달게 되는 것만 봐도 알 수 있듯이, 상병은 부대를 이끌어갈 막중한 책임을 지닌 계급이다. 역동적인 모습과 리더십을 보여줄 수 있어야 하는 시기이다. 상병 기간은 7개월이다.

□ 병장

병장은 병사 중에서 가장 높은 계급이다. 자신의 위로 선임들이 점차 줄

어들고, 서서히 집으로 갈 준비를 하게 된다. 모든 것이 귀찮아지는 시기이며, 간부들도 병장들의 노고를 인정하여 어느 정도 풀어지는 모습을 보이더라도 너그럽게 봐준다.

이 시기에는 소대를 관리하고, 운영하려 하기보다는 제대 후의 생활을 계획하고 준비하는 데 집중한다. 많은 병장들은 틈틈이 책도 읽고, 개인 정비 시간을 활용하여 자격증 공부에도 매진한다. 후임들을 혼내는 일보다는 군 적응이 미숙한 이등병들을 잘 이끌어주고, 적응할 수 있게 도와주려 한다. 병장 기간은 3개월이나 4개월 정도이며, 이후 만기 전역을 하게 된다(병장 기간을 4개월로 늘리는 안이 통과 중에 있다).

나. 부사관

부사관은 하사부터 원사까지의 계급을 총칭하여 일컫는 말이다. 지휘관의 역할보다는 실무자의 역할을 주로 맡고 작업이나 각종 업무를 총괄 처리한다. 장교보다는 진급하기가 수월한 편이며, 한 부대에 오랫동안 근무하는 경우가 많아 생활이 안정적이지만, 머리보다는 몸으로 해야 하는 일이 잦아 꽤나 고되다. 부사관은 고졸의 학력이면 누구나 지원할 수 있다.

□ 하사

하사는 부사관 중에 가장 낮은 계급이며, 주로 사병들을 관리하는 보직이다. 하사가 되는 방법은 병사 생활이나 민간 생활을 하다가 직접 지원하여 부사관학교에 입교하는 방법과 병장 생활을 끝내고 6개월 정도 하사로 군 복무를 하는 방법, 두 가지가 있다.

하사의 계급부터는 간부 취급을 받는다. 내무 생활을 하지 않고 독신자 숙소 같은 곳이나 밖에 나가서 살 수도 있다. 하사는 간부 계급이지만 20대 초반의 어린 나이가 대다수이다. 때에 따라서는 장교 생활을 하다가 전역한 사람들이 다시 하사로 복무하는 경우도 있는데, 이 경우 나이대가 조금 더 높다.

하사로 임관하면 최소 2년 후 중사로의 진급 기회가 주어진다.

□ 중사

하사에서 진급을 하면 중사가 된다. 병장은 날아가는 새를 쳐다만 봐도 떨어뜨린다는 농담 섞인 말이 있는데, 중사는 쳐다보지도 않고서도 떨어뜨린다고 한다. 과장된 말이지만, 그만큼 중사의 계급부터는 군에 대해 모르는 것이 없는 군 전문가가 된다는 뜻이다.

중사는 사병이 아닌 부사관 신분의 간부이나, 부소대장이나 소대장의 역할을 하며, 사병들과 친하게 지내고 끈끈한 전우애를 유지하려고 노력한다. 그러나 부사관으로서는 계급이 높지 않은 편이기 때문에 간부들 사이에서 큰 힘을 발휘하지는 못한다. 연령층은 대략 20대 중반에서 후반 정도까지로 구성되며, 임관 최소 5년 이후 상사로의 진급 기회가 주어진다.

□ 상사

간부 사이에서 상사는 실질적인 권한을 갖는 계급이다. 상사는 군에 10년 이상 몸 담은 사람들이 대부분이기 때문에 부대가 돌아가는 것을 완벽하게 꿰고 있다. 또한 어려운 일이 주어지더라도 무리 없이 잘 소화하는 등 군 업무에 대해서 고도의 테크닉을 소유하고 있다.

상사부터는 한 중대의 행정보급관의 보직을 맡기도 하고 대대의 규모가 작은 경우 주임원사의 자리를 맡기도 한다(주임원사는 대대의 부사관 계급 중에서 가장 높은 위치이며, 부사관들을 총 관리한다).

상사는 보통 30대 초반에서 40대 초반까지가 많다. 상사에서 갈 수 있는 길은 두 가지가 있다. 원사가 되거나 준위가 되는 것이다. 진급 시기가 되어 진급시험에 합격하면 원사로 진급하지만, 준위는 따로 지원을 해서 준위 시험에 응시를 해야 한다. 준위가 되기 위한 요건은 매우 까다롭고, 그만큼 시험도 굉장히 어렵다고 한다.

준위 시험의 경우 상사 임관 이후 최소 5년 뒤에 선택 가능하며, 상사에서 원사로 진급할 수 있는 최소 복무 연수는 7년이다.

□ 원사

원사가 되면 정년인 55세까지 쭉 근무할 수 있다. 원사들은 행정보급관, 주임원사 등의 자리를 맡으며 상급 부대의 주임원사로 임명되었을 시 소령 이상의 대우를 받는다. 따로 운전병도 생기며 당번병도 주어지게 된다. 원사는 부사관의 최고 경지이며, 모든 부사관과 사병들의 아버지와도 같은 존재이다.

다. 위관장교

장교는 군대를 지휘하는 신분이다. 소대장부터 사령관까지 모두 장교가 맡게 된다. 물론 실무 역할도 맡지만 지휘관의 임무를 맡는 경우가 많다. 보직이 부사관에 비해 자주 바뀌고, 이사도 자주 가야 하며 소령부터는 진급이 정말 어렵다는 점 등은 단점으로 꼽힌다.

□ 준위(준사관)

　　한국 군인의 신분은 장교, 준사관, 부사관, 병으로 구분되는데, 준위 계급은 장교나 부사관과는 구별되게 '준사관'이라는 별도의 신분과 계급을 부여하고 있다. 해군 및 공군은 원사에서 준위로 진급을 하게 되나, 육군의 경우는 이와는 다소 상이하다. 즉, 육군의 경우 준위가 되는 방법은 2가지가 있다. 먼저 기술행정 준사관으로서 원사 또는 상사로 2년 이상 복무 중인 자로서 50세 이하인 자를 대상으로 선발하여 준위로 임용하는 제도가 있다. 또 하나는 항공운항 준사관, 즉 헬리콥터를 조종하는 준위가 있는데 이들은 만 20세 이상, 30세 미만으로서 현역의 경우 부사관으로 임관 후 2년 이상 복무 중인 자와 민간인의 경우 전문대 졸업 이상 자로 군 복무를 필한 자 가운데 선발과정을 거쳐 준위로 임용을 하게 된다.

□ 소위

　　갓 임관한 장교들이다. 장교로 임관하려면 일단 대학을 졸업해야 하기 때문에 20대 초중반이 대다수이다. ROTC이건 사관학교 졸업생이건 소위로 임관하면 소대장부터 시작하게 되는데 실질적으로 힘이 많지 않다. 사관학교나 학군 및 학사장교 등의 절차를 거치게 되면 바로 소위로 임관되어 장교 생활을 시작하기 때문이다. 그래서 병사들이나 하사들 정도에게만 완벽한 영향력을 행사할 수 있다. 원칙적으로는 준위가 밑에 있지만 실제의 체감은 전혀 그렇지 않다. 군은 계급체계로 이루어져 있어 계급이 매우 중요하지만, 경력이라고 할 수 있는 '짬'도 매우 중요시 되기 때문이다.

　　소위에서 최소 1년간의 복무 기간이 지나면 중위로 진급할 수 있는 기회가 주어진다.

□ 중위

중위 역시 장교이다. 하지만 소위와 마찬가지로 실질적인 힘은 많지 않다. 이유는 상사나 원사, 또는 준위보다 군에 대한 경험이 많지 않고, 아직 어리기 때문일 것이다. 하지만 장교이기 때문에 계급상으로는 부사관 계급보다 높은 것이 맞다. 중위 역시도 20대 초중반이 많으며, 만약 ROTC로 단기 복무를 하게 되면 중위에서 전역을 한다. 중위는 각종 중대나 작은 대대의 과장 정도의 역할을 맡게 된다.

중위에서 최소 2년의 복무 기간이 지나면 대위로 진급할 수 있는 기회가 주어진다.

□ 대위

대위가 되면 장기 군 복무를 시작했거나 아니면 그것을 염두에 두고 있는 경우가 많다. 어느 정도 경험과 노하우가 쌓였기 때문에 그만큼 힘도 세지기 시작한다. 이때부터는 중대의 병력을 지휘하는 중대장의 위치를 맡거나, 중요한 보직의 과장을 맡게 된다. 연령대는 20대 후반에서 30대 초중반이 대부분이며, 대위에서 최소 6년이 지나면 소령으로 진급할 수 있는 기회가 주어진다.

라. 영관장교

□ 소령

소령으로 진급하면 영관급으로 계급이 올라간 것이다. 작은 대대의 대대장이나 영외중대장의 보직을 맡게 된다. 즉, '령' 단위의 계급부터는 중대 단위보다는 조금 큰 부대를 지휘하게 되는 것이다. 연령대는 30대 중후반이 많다.

　소령으로 최소 5년 동안 복무하면 중령으로 진급할 수 있는 기회가 주어진다.

□ 중령

　중령이 되면 대대장 정도의 직위나 높은 상급 부대 과장 등을 맡게 된다. 중령까지 진급하기 위해서는 많은 노력이 필요하며, 굉장히 힘들다. 대대장을 맡게 되면 정말 많은 어려움이 따른다. 지휘관으로서 관리해야 할 병사가 많아지기 때문에 세세한 부분까지 신경을 써야 한다.

　중령에서 최소 4년 동안 복무하게 되면 대령으로 진급할 수 있는 기회가 주어진다.

□ 대령

　중령에서 대령 진급은 소령에서 중령 진급이나 대위에서 소령 진급의 난이도보다 몇 배는 힘들다고 한다. 대령으로 진급하면 여단장, 연대장, 또는 한 사령부의 참모장 정도까지도 역임할 수 있으며 규모가 큰 사령부(군사령부 등)의 과장을 역임하기도 한다. 대령은 보통 40대 후반이 대다수이다.

　대령에서 최소 3년이 지나면 준장으로 진급할 수 있는 기회가 주어진다.

마. 장군

□ 준장

중령에서 대령으로 진급하기보다 대령에서 준장으로 진급하는 것이 또한 몇 배 더 힘들다고 할 수 있다. 그것은 군 계급체계가 피라미드 형식이기 때문에 상위 계급으로 갈수록 점차 자리가 줄어들고 경쟁이 치열해지기 때문이다.

준장은 이제 별, 즉 장군이 된 것인데, 준장이 되기 위해서는 국회에서의 동의가 필요하기 때문에 더더욱 힘들다. 준장이 되면 대우 자체가 크게 달라진다. 준장은 군단 등의 참모장이나 작은 사령부의 사령관 등을 맡게 된다. 준장으로 최소 2년 뒤에는 소장으로 진급할 수 있는 기회가 부여된다.

□ 소장

소장은 2성 장군으로서, 사단장이나 학교장, 훈련소장, 함대사령관, 공군 남·북부사령관, 방공포사령관 등을 맡게 된다(육군사관학교장은 예외로 중장이다).

준장과 마찬가지로 소장 역시도 국회의 동의가 있어야 진급이 가능하다. 모든 장군급의 진급 시에는 군의 인사참모부에서 인선을 하고 참모총장의 승인 이후 국방부 장관과 대통령 등의 재가가 있어야 한다.

□ 중장

3성 장군인 중장은 군단장이나 각 군 참모차장, 해·공군 작전사령관, 사관학교장, 해병대 사령관 등을 맡게 된다.

□ 대장

대장은 군인으로서 올라갈 수 있는 최고의 계급이다. 합참의장, 참모총장, 군사령관, 한·미연합사령관 등이 모두 4성 장군이다. 국군의 국토방위와 총체적인 지휘관 역할을 하게 된다.

바. 국방부 장관

국방부 장관은 청문회를 거친 뒤 국회의 동의를 얻어 대통령이 임명을 하게 된다. 육군, 해군, 공군, 해병대 등 모든 군의 활동을 총괄하여 지휘한다.

어느 훈련소에서 어느 자대로?

우리는 앞서 전반적인 군 복무 절차와 더불어 입대 전에서부터 훈련소 생활까지에 대한 절차를 개략적으로 살펴보았다. 하지만 일반적으로 군대에 입대하기 전에 가장 궁금해할 만한 것은 내가 입대할 부대가 어디인지, 어떤 특징을 가지고 있는지, 그리고 어떤 훈련소로 가야 좀 더 나의 가치관과 부합하는 자대 배치를 받을 수 있는지 등일 것이다.

물론 자대 배치에 관한 사항은 신병 훈련소를 퇴소할 즈음에나 알 수 있는 것이고 마음대로 정할 수 있는 것도 아니다. 하지만 지피지기면 백전백승이라고 하지 않던가?

어느 훈련소를 선택하면 어느 자대로 배치받을 확률이 높은지 미리 알아두면 조금이라도 더 나은 자대로 갈 수 있을 것이다. 미리 알아두면 뼈와 살이 되는 지식들이다.

□ 306보충대

- 육군을 보충하는 보충대 중 하나로서 의정부에 위치해 있다.

- 3일 동안 대기를 하면서 군용품을 지급받고 기본적인 제식훈련을 받다가 각 사단의 훈련소로 배치받게 된다. 그리고 배치된 사단의 훈련소에서 5주 동안 기본 군사훈련을 받고, 이후 사단 내의 연대나 대대, 중대 등으로 자대를 배치받는다.

- 주로 경기도나 강원도 철원 쪽 부대로 배치받는다. 경기도에 있는 부대로 갈 확률이 높으며 대부분 전방에 위치한다.

 # 306보충대에서 주로 배치받는 부대 목록 및 특징

1사단 전진부대	• JSA 뒤에 위치한 사단으로, 전군의 선봉사단이며 JSA를 지원한다. • 우리나라 최초의 창설부대로 경기도 파주시 문산읍에 위치한다. • 이승만 전 대통령이 전진하라는 의미에서 이름 부여했다. • 전두환 전 대통령이 사단장을 역임한 곳이기도 하다.
3사단 백골부대	• 국군의 날을 창설시킨 부대이다. • 강원도 철원에 위치한다. • 겨울에 눈이 많이 오고, 여름에는 비가 많이 온다. • GOP 근무를 나간다. • 8, 11, 27사단과 함께 4대 메이커 부대로 꼽힌다.
5사단 열쇠부대	• 경기도 연천에 위치한다. • GOP 근무를 나간다. • 경례 시 충성 대신 "단결!"을 외친다.
6사단 청성부대	• 중동부의 최전방을 경계한다. • GOP 근무를 나간다. • 강원도 철원에 위치한다.
8사단 오뚜기부대	• 군대 전투력 시범부대로 FM을 추구한다. • 훈련이 강한 메이커 부대이다. • 경기도 포천에 위치한다. • 외부에 영상이 많이 나가는 자랑스러운 부대이다. • 노란색은 고름을 뜻하며 빨간색은 피를 상징한다.
9사단 백마부대	• 6·25 때 백마고지를 점령한 부대로 월남전에서 위용을 떨쳤다. • 전 군에서 전투력이 가장 센 곳 중 하나로, 세 명의 전직 대통령들이 근무한 부대이기도 하다. • 예비사단 겸 상비사단을 겸임한 부대이다. • 경기도 일산에 위치하여 임진강 철책을 경계한다.

17사단 번개부대	• 인천시 부평구 구산동에 위치한다. • 김포 임진강과 한강을 경계한다. • 부대 규모가 전 군을 통틀어 가장 크다고 할 수 있다.
20사단 결전부대	• 수기사 맹호부대와 같은 기계화 사단으로 일반 보병사단과는 다르게 포와 차량 등을 주로 다룬다. • 장갑차와 탱크를 운용하며 전투력이 매우 뛰어나다. • 양평에 위치해 있는 박진감 넘치는 부대이다.
25사단 비룡부대	• 경기도 연천에 위치한다. • 서부전선의 최정예부대이다. • GOP 철책 경계를 한다. • 땅굴을 처음 발견한 부대이기도 하다.
26사단 불무리부대	• 경기도 연천에 위치한다. • 결전부대와 같은 기계화 사단으로 철책근무는 서지 않는다. • 경례 구호는 충성 대신 "공격!"을 외친다.
28사단 태풍부대	• GOP 경계근무를 선다. • 무적태풍부대라고도 불린다. • 경기도 연천과 동두천에 위치하고 있다.
30사단 필승부대	• 기계화 사단이다. • 경기도 고양시 덕양구에 위치하여 서울과 비교적 가깝다. • 예비부대의 임무를 가지고 있다.

51사단 전승부대 	• 서울 이남지역을 경계한다. • 해안 경계를 한다. • 서울에 근접해 있다(사령부가 화성에 위치).
55사단 봉화부대 	• 용인에 위치해 있다(때로는 서울 쪽에 배치되기도 함). • 예비군을 교육하는 부대이므로 예비군 조교 등으로 배치되기도 한다.
56사단 북한산부대 	• 수도방위 사령부의 예하부대이다. • 55사단과 마찬가지로 예비군을 훈련한다. • 경기도 고양시에 위치한다.
66사단 횃불부대 	• 향토부대로, 예비군을 훈련한다. • 경기도 양주 위치한다. • 월남스키부대라고도 불린다. • 주변에 여행지가 많아 외박을 나가면 갈 곳이 많다.
수도기계화 보병사단 (맹호부대) 	• 최초의 기계화 사단이다(사단번호 없음). • 전투력이 가장 좋은 곳 중 하나로, 월남전 참전 등 역사가 굉장히 깊다. • 경기도 가평에 위치하며 66사단과 마찬가지로 주변에 여행지가 많아 외박을 나가면 갈 곳이 많다.
3군사령부 	• 경기도 서북부와 강원도 중부까지 지휘하는 부대이다. • 사령부(높은 부대)이기 때문에 부대가 굉장히 크다[사령부가 위치한 용인만 해당. 3군사령부 예하 부대들(예: 306보충대)은 부대마다 여건이 많이 다르다]. • 경기도 용인시에 위치한다.

(계속)

5군단	• 육군 3야전군 예하 군단이다. • 별칭은 승진부대이다. • 경기도 포천시에 위치한다. • 한국전쟁에 참전하는 등 유구한 역사를 가지고 있다.
6군단	• 육군 3야전군 예하 군단이다. • 별칭은 진군부대이다. • 경기도 포천시에 위치한다. • 경기도 북부 지역을 방어하는 게 주된 임무이다.
7군기동군단	• 대한민국 육군에 존재하는 유일한 기동군단으로 한국전쟁 이후 1980년대 초반에 창설되었다. • 대부분의 부대와는 달리 특전사와 마찬가지로 공격부대인 탓에 일반적 경례구호인 "충성" 대신 "북진"을 붙인다. • 군 지휘관 보직 중에 진급코스로서 최상위 단위의 직책이 7군단장이다. • 경기도 이천에 위치한다.
73사단 충일부대	• 경기도 남양주에 위치한다. • 동원사단이다. • 예비군 훈련과 같은 동원 훈련의 임무를 맡고 있다.
2군지사	• 경기도 의정부에 위치한다. • 2군수지원사령부를 뜻한다. • 전투부대에 임무수행에 필요한 모든 장비 및 기술정비 지원한다.
3군지사	• 인천시 부평구에 위치한다. • 하는 일은 2군지사와 같다.

□ **102보충대**

- 육군을 보충하는 또 다른 보충대 중 하나로서, 춘천에 위치해 있다.
- 102보충대가 306보충대보다 전방으로 빠지는 비율이 훨씬 높다. 102 보충대는 대부분이 강원도 전방으로 빠진다고 보면 된다(차출되는 부대가 대부분 강원도에 위치해 있다).

 # 102보충대에서 주로 배치받는 부대 목록 및 특징

1군 사령부 	• 강원도 원주에 위치한다. • 3군사령부와 마찬가지로 상위부대이다. • 대한민국 창설 이래 남한의 무든 군대를 통제하던 역사와 전통을 가진 부대로 최고의 군 통솔권을 지닌 부대이다. • 최상위 부대로 자긍심이 높다.
2사단 노도부대 	• 강원도 양구에 위치한다. • 인천상륙작전의 유일한 육군부대로서, 굉장한 자부심을 가지고 있다. • 전방에 있음에도 GOP 근무는 하지 않으나 지원부대로서 전시에 최전방 부대들을 지원해준다.
7사단 7성부대 	• 강원도 화천에 위치한다. • 가장 춥고 험준한 GOP를 가지고 있으며, 부대 위치가 아주 험준한 곳에 있다.
11사단 화랑부대 	• 강원도 홍천에 위치한다. • '젓가락부대'라는 별명을 가진 부대로, 기계화 사단으로 바뀌었다.
12사단 을지부대 	• 강원도 인제에 위치하며, 서울에서는 거리가 먼 편이다. • 역시 산악에 위치한 부대로, 겨울철에 굉장히 추운 편이다. • GOP 경계한다. • 민간인을 보기 힘들다. • 교육사단도 아니고, 경계사단도 아니며, 예비사단도 아닌 정체를 알 수 없는 혼합부대이다.

(계속)

15사단 승리부대	• 강원도 철원, 화천 일대에 위치한다. • GOP 경계를 한다. • 부대마크 모양 때문에 '계란 프라이'라고도 불린다.
21사단 백두산부대	• 메이커 부대 중 하나이다. • 강원도 양구에 위치하며, 노도부대와 이웃이라고 할 수 있다. • 일부 연대는 GOP에 올라가게 되고, 마크에 걸맞게 산을 정말 많이 탄다.
22사단 율곡부대	• 강원도 고성 속초에 위치한다. • 예전에는 뇌종부대라고 불렸다. • GOP와 해안을 동시에 경계한다.
23사단 철벽부대	• 강원도 삼척에 위치한다. • 102보충대에서 차출되는 부대 중 가장 후방 쪽에 위치해 있다. • 동해안을 경계한다.
27사단 이기자부대	• 예비사단으로, GOP나 철책근무는 하지 않는다. • 강원도 화천에 위치하며, 메이커 부대 중 하나이다. • 충성이라는 구호 대신 "이기자!"라는 구호를 외친다. • 전투력에서 해병대를 이기는 유일한 육군부대로 알려져 있다.
36사단 백호부대	• 강원도 원주 일대에 위치한다. • 향토사단이다.
76사단 진격부대	• 강원도 강릉에 위치한다. • 향토사단이며 예비군들을 훈련시키는 부대이다. • 근무하는 사람이 다른 부대에 비해 훨씬 적다.

□ 논산훈련소

- 전체 육군 훈련병의 60%를 담당하고 있는 훈련소이다.
- 충남 논산에 위치한다.
- 논산에서 훈련을 받으면 대부분 특기병으로 가게 된다(즉, 소총수가 될 확률이 매우 낮다).
- 워낙 다양한 부대를 가기 때문에 일일이 설명을 할 수가 없으며, 특기병들마다 다르지만 5주의 훈련을 끝낸 뒤 따로 후반기 교육을 받게 된다.

□ 육군사관학교

- 대한민국 육군 장교 양성기관이다.
- 서울특별시 노원구에 있으며 화랑대(花郞臺)라고도 불린다.
- 고등학교 졸업 및 졸업예정자이면 누구나 지원 가능하다.
- 육군사관학교 출신 장교들의 진급률은 3사관학교, 학군사관 출신보다 더 높다.

□ 3사관학교

- 경상북도 영천시 고경면(古鏡面) 창하리에 위치한다.
- 1968년 북한 특수전 부대의 1·21사태와 푸에블로호 납북, 월남전 등 국내외 안보상황이 위태롭던 시기에 정예 초급장교 양성을 목표로 설립되었다.
- 정규대학 3, 4학년 교육과정을 거친 후 육군 소위 임관과 동시에 학사 학위를 수여한다.

□ 부사관학교

- 전라북도 익산시에 위치한다.
- 대한민국 육군의 부사관을 양성하는 교육기관이다.
- 부사관 후보생들은 10주간의 양성과정 교육을 받고 임관한다.

□ 육군종합행정학교(종행교)

- 경기도 성남시에 위치한다.
- 정예 행정병과 장병 교육의 산실이다.
- 행정 및 특수병과 6개 과정 보수교육을 통하여 사단, 군단급에서 임무를 수행할 수 있도록 한다.

□ 종합군수학교(종군교)

- 대전광역시 유성구에 위치한다.
- 군수 관련 주특기병의 후반기 교육을 담당하는 등 정예 군수병과 장병 교육의 산실이다.

□ 야전수송교육단(야수교)

- 운전병 주특기를 교육하는 곳이다.
- 운전병들은 일반병들과는 달리 야전수송교육단에서 후반기 교육을 더 받게 된다.

□ 병원

- 국군수도병원, 양주병원, 일동병원 등이 있다.

□ **제2작전사령부**

- 대한민국 육군 예하의 야전군이다.
- 한국전쟁 이후 후방지원 일체를 대한민국 국군이 자체적으로 수행하기 위해 설립되었다.
- 대구광역시에 위치한다.
- 전라도, 충청도, 경상도를 포함하는 후방을 방어하는 임무를 가지고 있다.
- 예하사단으로는 31사단, 32사단, 35사단, 39사단, 50사단, 53사단이 있다.

□ **카투사**

- 주한미군 육군에 파견 근무하는 대한민국 육군 군인을 말한다.
- 신체등급 1~3급인 현역 대상자면 지원 가능하다.
- 공인영어시험 점수를 획득하여야 하며(토익 780, 텝스 690, 토플 IBT 83점 등). 이 조건을 갖춘 지원자들 중 추첨으로 선발한다.
- 카투사의 대표적 근무지는 AREA 1, 2, 3, 4로 나뉘고 한·미연합사, 합동참모본부, 외교통상부, 혹은 AFN 정훈병, 통역병으로 보직된다.

□ **JSA**

- 대한민국과 북한이 비무장지대에서 서로 대면하고 있는 지역이다.
- 2004년 이후 공동경비구역의 경비 임무는 국군이 단독적으로 수행한다.
- 주한미군 일부 요원들과 중립국 감시단이 주둔하고 있다.

□ 한·미연합사

- 대한민국 국군과 주한미군을 통합, 지휘하는 군사 지휘기관이다.
- 지정된 한·미 군 병력에 대한 전시 작전통제권을 행사한다.

□ 수도방위사령부

- 주로 수도방위의 임무를 수행한다.

달라지는 병영 생활(육군)

□ 전투복 및 피복, 장구류

　20년 전부디 보급이 시작되이 군과 힘께 해온 얼룩무늬 진투복이 역사 속으로 사라진다. 현재의 얼룩무늬 전투복은 한여름 수풀 속에서는 위장효과가 높지만, 그 밖의 계절과 도심지에서는 위장효과가 크게 떨어지는 단점이 있었다. 2011년 전방부대 장병부터 지급된 신형 디지털 전투복은 흑색과

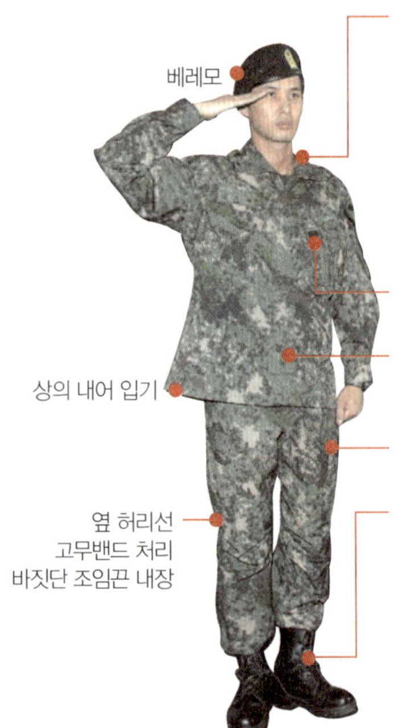

신형 전투복의 특성

〈출처 : 중앙일보, 2011년 9월 30일자〉

수풀, 나무줄기, 목탄, 침엽수 등 다섯 가지 색을 도입한 디지털 5도색 화강암 위장무늬로, 국토의 75%가 산지, 암석 등 화강암으로 구성된 우리나라에 적합하게 만들어졌다. 특히 신형 전투복의 야간 위장효과는 주간보다 우수하며 기능성 방한복과 야전상의, 방탄헬멧 모피, 요대 등도 공통적으로 적용된다.

또한 기존 전투복과의 가장 큰 차이점은 신소재를 사용하여 습기가 옷감에 스며들지 않아 피부병이나 아토피 피부염에 좋으며, 보온성·신축성이 좋다. 착용 시에는 상의를 내어 입고 상의 옷깃, 상의의 아랫주머니 및 팔주머니 부착으로 충분한 수납공간을 만들었으며, 주머니는 물건을 꺼내기 쉽도록 사선형으로 만든 것이 특징이다.

한편, 부착물을 모두 벨크로(일명 찍찍이)로 붙이도록 만들어 계급이 오를 때마다 재봉기로 계급장을 붙이던 장병들의 수고는 이제는 볼 수 없을 것이다.

기타 장병에게 지급되는 속옷, 세면주머니, 슬리퍼 등 장구류도 혁신적으로 대폭 개선되었다.

□ **장병의 삶의 질 향상**(급식 및 병영 생활관)

장병의 급식은 1960년대에는 1식 2찬, 1975년에는 1식 3찬, 1985년에는 우유급식, 1993년에는 짜장면, 1994년에는 돈가스, 1997년에는 1식 4찬, 2003년에는 흰 쌀밥, 2006년에는 칼로리 조정(3,300kcal)으로 영양섭취 목표를 조정하였다. 2011년에는 기본 급식비를 하루 5,650원에서 5,820원으로 3% 인상하기도 했다. 이제는 장병들의 배를 채우기 위한 식단이 아닌 건강까지 생각하는 식단으로 변한 것이다.

군은 병영시설 개선사업 기본계획에 따라 2004년부터 수용 개념에서 거주 개념으로 병영시설을 개선해나가고 있으며 2012년까지 침상형에서 개인용 침대로 모두 교체할 계획이다. 또한 현대식 병영시설은 세면장, 화장실, 빨래방 등 개인위생과 편의를 고려한 편의시설을 대폭 확대하고 있으며, 각 부대별 최신식 식기세척기가 보급되어 해마다 지속적으로 개선되고 있다.

기타 나라사랑카드를 평생통장 겸 복지카드로 활용하고, 2012년까지 IPTV 설치로 전 부대 화상면회가 가능하도록 하는 등 대폭 개선된다.

□ 전투능력 자격인증제

자격인증제는 간부와 병사 모두를 대상으로 전투기량을 향상시키기 위한 제도이다. 현재도 병사들은 자격인증제와 유사한 전투력 측정을 통해 진급을 하고 있으며, 자격인증 기준은 누구든지 노력만 하면 충분히 획득할 수 있는 수준이다.

자격화에 기초한 교육훈련이란 제대별, 직책별, 신분별로 전투 및 직무수행에 필수적인 핵심과목(과제)을 선정한 후 계량화되고 등급화된 평가를 실시하는 것이다. 요구되는 수준에 도달한 인원에 대해서는 자격증 또는 인센티브를 제공함으로써 전투 프로의 기질을 함양하는 훈련 및 평가방법으로, 크게 간부자격증제와 자격인증제로 구분된다.

□ 전투원 중심 기능성 피복 개선

- **전투화**: 고급 등산화의 기능성과 장점을 살린 최신형 전투화로 개선하여 가볍고 부드러우며 신고 벗기 편해졌다. 미끄럼 방지, 충격흡수, 방수, 투습기능, 전투화 깔창이 추가되었으며, 종류로는 동계 전투화, 기능성 전투화, 신형 전투화가 있다.
- **군용 양말**: 탁월한 신축성, 보온성, 탈수, 항균작용 기능까지 갖춘 군용양말이 보급되고 있으며, 방한양말과 위생면양말, 덧양말 등 다양한 양말을 개발해나가고 있다.

- **방한모**: 기존의 형태와 재질을 바꾼 신형 방한모는 인조모피, 방투습 원단, 디지털 무늬 등으로 제작되어 있다.
- **안면 마스크와 귀마개**: 안면 마스크는 잠수복 재질을 사용하여 신축성이 뛰어나고 방습이 잘되며, 안경 착용자를 고려하여 제작되었다. 귀마개는 보온성과 착용감이 뛰어나다.

□ **생산적인 군 복무정책 추진**

- **군대에서 대학 학점 취득**: 개인 자유시간이나 휴일을 이용하여 자신에 맞는 맞춤식 프로그램을 활용할 수 있도록 다양한 서비스를 제공한다.
- **e-러닝 시스템을 활용한 대학 학점 취득**: 원격강좌를 통한 학점 취득은 한 학기에 3학점으로 군 생활 동안 최대 12학점을 취득할 수 있다. 이를 위해 육군은 교육과학기술부 및 대학과 협조하여 많은 사병들이 수강하고 있다. 또한 원격강좌 개설 대학과 수강인원이 매년 증가하는 추세이다.
- **군 복무 기간 검정고시 도전, 스펙 업(spec up)**: 고교졸업 학력 검정고시에 응시할 수 있는 학습환경과 여건을 조성하였다.
- **독학사에 도전하라**: 학사학위 취득을 희망하는 장병들에게 독학사 학위 취득을 위해 독학사 강좌 전문업체와 온라인용 콘텐츠 무료제공 MOU를 체결하고, 시험 관련 동영상 강좌를 나라사랑 포털사이트에 탑재하여 온라인 학습환경을 구축하였다.
- **폴리텍대학 직업능력 교육과정 개설**: 상근예비역과 단기 복무 부사관들의 취업을 위해 고용노동부와 폴리텍대학 직업능력 교육과정 개설을 위한 업무협약을 체결하였다. 2011년에 1차적으로 폴리텍 대전, 광주, 서울강서 등 네 개 캠퍼스에 다섯 개 과정을 우선 개설하여 135명을 대상으로 6개월 동안 직업훈련이 시작되었고, 계속 전국 34개

캠퍼스로 확대하는 한편, 개설 직종도 다양화할 예정이다.

- **자격증 취득으로 개인의 스펙 업**: 전역 후 취업에 필요한 각종 자격증을 취득할 수 있도록 국방부에서 운영하는 나라사랑 포털사이트에 영어, 중국어, 일본어, 불어 등 어학 강좌와 자격증 강좌, 취업 관련 강좌, IT/OA 강좌 등의 동영상 강좌를 운용하고 있다.

군대용어 백과사전

　군에서 쓰이는 용어는 아주 난해하다. 사회에서 쓰지 않는 단어들을 많이 쓰고, 군대라는 조직이 특수하기 때문에 특수용어도 많다. 아래에는 군 생활에 도움이 될 만한 용어들을 나열해보았다.

가. 음식

□ PX

　'Post Exchange'의 준말로, 여러 가지 생필품과 음식, 음료수 등을 파는 곳이다. 군인의 월급은 대부분 이곳에서 동이 난다. 냉동, 아이스크림, 과자, 라면, 참치 등이 있고, 샴푸, 비누, 폼클렌저 등도 이곳에서 구입할 수 있다. PX는 모든 물품이 면세된 가격이기 때문에 사회에서보다 조금 더 싸다. 간부들 같은 경우 술을 PX에서 구매할 수도 있는데, 술도 면세된 가격이기 때문에 PX에서 사는 것이 유리하다. 병사들도 휴가를 나갈 때 선물용으로 술을 사갈 수도 있다.

□ 맛스타

군대에서만 맛볼 수 있는 음료수 중 하나이다. 복숭아, 오렌지, 사과, 포도 맛 등이 있으며, 보통 주스보다는 맛이 떨어진다. 처음 먹었을 때는 맛없게 느껴질 수 있으나, 나중에는 맛에 적응되어 계속 찾게 된다. 최근엔 생생가득이라는 품목으로 대체되기 시작했다.

□ 버디언

군대에서 나오는 또 다른 음료수. 양파맛이 유일하며 맛은 박카스를 옅게 해놓은 것 같다. 맛스타보다는 확실히 인기는 없다.

□ 초코파이, 가나파이, 몽쉘, 오예스

군대를 대표하는 간식의 4대 강자. 예전에는 초코파이가 독보적인 존재였으나 몽쉘의 등장과 가나파이의 등장으로 인하여 빛을 많이 잃었다. 훈련소에 가든 자대에서 교회를 가든 대부분 기본적으로 넷 중에 하나는 받게 된다. 훈련병들이 특히 이 네 가지 파이에 목숨을 건다(자대에 오면 라면과 냉동식품에 밀려 세력이 약해진다). 취향의 차이는 있지만, 몽쉘이 제일 인기가 많다.

□ 냉동

'냉동식품'의 줄임말로서 슈퍼에서 파는 냉동만두, 냉동산적 등을 말한다. 굉장히 다양한 냉동이 존재한다. 깐풍기부터 시작하여 군만두, 물만두, 김치만두, 치킨, 순대볶음에 냉동 스파게티까지 있다. 군인들은 이것을 전자레인지에 돌려서 먹는다.

□ 라면

군인들은 라면을 많이 먹는다. PX에 가서 심심하면 먹기도 하고, 근무 끝나고 배가 출출할 때 먹기도 한다. 군인들의 라면 먹는 방식도 다양하다. 컵라면이나 뽀글이에 슬라이스 치즈 한 조각을 둥둥 띄우면 그것이 바로 치즈라면이다. 이것은 국물 없는 라면에도 먹을 수 있으므로 굉장히 유용하다. 또한 군인들은 라면과 함께 항상 참치 캔을 사서 같이 먹는다. 참치 캔은 라면과 정말 찰떡궁합이다.

□ 뽀글이

군대에서는 봉지라면을 냄비에 끓여 먹을 수가 없기 때문에 뽀글이라는 것을 만들어 먹는다. 뽀글이란 봉지라면에 뜨거운 물을 붓고 입구를 잠시 막아두었다가 익혀 먹는 것을 말한다. 끓인 라면보다 맛은 없지만 그래도 꽤나 먹을 만하다. 컵라면과 끓인 라면의 중간 정도 되는 맛이다. 새벽 근무 끝나고 먹는 뽀글이의 맛은 정말 환상적이다.

□ 건빵

훈련병들의 최고의 간식. 훈련병들은 PX를 이용할 수 없기 때문에 부식으로 나오는 건빵에도 침을 질질 흘린다. 건빵 두 개와 별사탕 한 개를 같이 먹으면 환상적인 조화이다. 자대에서는 건프레이크를 만들어 먹기도 한다.

□ 건프레이크

군대에서는 부식으로 건빵이 정기적으로 나온다. 건빵은 훈련소 때는 인기가 많지만 자대에 오면 인기가 떨어진다. 그런데 이 건빵으로 기가 막힌 음식을 만들 수가 있다. 그것이 바로 건프레이크로, 건프레이크 만드는 방법은 다음과 같다.

① 건빵을 가루가 될 때까지 잘게 부순다. → ② 안에 들어 있는 별사탕도 가루가 될 때까지 잘게 부순다. → ③ 부식으로 나오는 우유를 연다. → ④ 별사탕 가루를 넣고 흔든다. → ⑤ 부순 건빵 한 봉지를 넣고 숟가락으로 우유가 모두 흡수될 때까지 잘 젓는다. → ⑥ 때에 따라 네스퀵을 넣으면 더욱 맛있다. → ⑦ 맛있게 먹는다.

□ 군대리아 = 빵식

군대에서 나오는 햄버거의 별칭. 치킨버거, 불고기버거, 샐러드버거, 치즈버거가 있다. 치킨버거와 불고기버거의 차이점은 소스 단 하나이다. 보통 치킨버거나 불고기버거가 나오고, 샐러드버거나 치즈버거가 나오는 식인데 (치킨버거와 불고기버거가 둘 다 나오는 날도 있는데, 이날은 패티를 두 개 받아야 한다) 가공 마요네즈 샐러드가 나오면 샐러드버거이고 치즈 한 장이 나오면 치즈버거이다. 군대 햄버거는 빵에 잼을 발라 먹지 않으면 맛이 없다. 훈련소 때는 군대리아도 정말 좋아라 하지만 갈수록 싫어지는 것이 군대리아이다.

나. 계급

□ 물(일병, 상병, 병장)

1호봉을 말한다. 예를 들면, ‘물일병’이면 그달에 일병으로 진급을 한 것이다. 새로 진급을 하긴 했지만 지난 달의 계급과 큰 차이가 없는 상태를 말한다. 그다음 달이 되면 물이 빠진다고 한다. 예를 들면, 5월에 상병으로 진급한 경우 6월에 물이 빠진다.

□ 꺾이다(일꺾, 상꺾)

일정 계급의 반이 지났음을 의미하며, 4호봉부터 이 표현을 사용한다. ‘상

'꺾' 정도가 되면 군 생활이 상당히 편해지며 병장은 꺾인다는 표현이 없다.

□ 말호봉

해당 계급의 마지막 달을 의미한다. '일말'이면 일병의 마지막 개월(다음 달 상병 진급 예정), '상말'이면 다음 달 병장으로 진급 예정인 자이다.

□ 노란 견장

갓 들어온 전입 신병들이 달게 되는 견장이다. 자대로 전입 온지 100일이 넘으면(입대한지 100일이 넘으면 떼는 부대들도 있다) 노란 견장을 뗀다. 노란 견장은 일종의 쉴드(보호막)이다. 욕을 먹었을 일도 아직 부대에 완전히 적응을 못하고 미숙하기 때문에 그런 것이라고 판단하여 욕을 잘 안하게 된다. 노란 견장을 떼는 순간 쉴드는 풀리게 되고, 실수를 하면 욕을 먹게 된다.

□ 병아리

노란 견장을 단 갓 들어온 신병들을 지칭하는 말이다.

□ 왕고

'왕고참'의 준말로, 생활관이나 소대에서 제일 높은 병사를 의미한다.

□ 분대장

분대의 실세를 쥐고 있는 병사로서, 분대를 이끌어나가고 병영 생활을 책임지는 역할을 맡는다.

□ 말년

집에 갈 날이 얼마 남지 않은, 보통 70~80일 정도 남았을 때부터 말년이라고 칭한다. 보통 분대장보다 계급이나 짬이 높으면 '말년을 탄다'고 한다. 점점 사회인처럼 행동하게 되며 자신이 원하는 대로 살게 된다.

정말 짬이 되고 위에 고참이 없어서 군기가 빠진 채 행동하는 경우와 아니면 짬이 낮은데도 개념 부족으로 말년을 타는 두 가지 경우가 있다.

□ (진)

계급 옆에 '(진)'을 붙이는 의미는 아직 진급은 하지 않았으나 진급이 확정된 사람들을 일컫는다. 병사들에겐 보통 붙이지 않고 간부들에게 붙인다. 예를 들면, 대령으로 진급이 확정되었으나 현재 계급이 중령인 사람들을 대령(진)이라고 부르게 되는 것이다. 병사들끼리 진급시험에 합격한 사람들을 지칭해 부르기도 한다.

□ ~도

'~도'는 생활관이나 처·부서에서 자신의 서열을 말한다. 예를 들면 나는 "통신반의 1도이다"라고 말하는 것은 자신이 통신반 병사들 중에서 계급이나 짬이 제일 높다는 것을 의미한다. 2도, 3도 순서로 계속 나가게 된다.

□ 조기진급

표창이나 특급전사를 받게 되면 1개월 조기진급의 기회가 주어진다. 그래서 그달의 진급시험에 합격을 하면 1개월 조기진급을 하게 되는 것이다. 조기진급을 한다고 해서 집에 일찍 간다거나 위계질서가 바뀐다거나 하지는 않는다. 하지만 월급도 오르고 기분도 좋아진다.

□ 진급누락

반대로, 진급시험에서 합격하지 못하면 진급누락이 된다. 그럼 원래 지정된 날에 진급을 하지 못하고 1개월 뒤에 진급시험에 다시 응시해야 된다. 진급누락은 계급당 최대 2개월까지 가능하며, 그 이후로는 자동으로 진급을 한다. 진급누락 또한 집에 가는 날짜에 영향을 미치지는 않지만 불명예스러운 일이다.

□ 진급시험

군대에서 진급은 그냥 자동적으로 되는 것이 아니다. 진급 1개월 전에 진급시험을 봐야 한다. 진급시험의 과목으로는 체력, 병 기본, 정신전력 등이 있으며, 이 중 하나라도 기준치에 미달하면 진급누락을 하게 된다.

□ 아들 군번, 삼촌 군번 등

아들 군번이란, 자신과 군 생활이 1년 차이나는 후임을 말한다. 예를 들어 내가 2009년 8월에 입대했다면, 나의 아들 군번은 2010년 8월 입대자이다. 이 외에도 할아버지와 손자 군번도 있다. 현재는 군 생활이 21개월로 줄어들면서 사라진 호칭이긴 하나 2년 2개월을 복무해야 할 당시에는 2년의 터울 차이를 할아버지와 손자의 관계라고 칭하였다.

다. 군용품/물품

□ 하이바

철모를 말한다. 방탄헬멧이라고도 하며, 외부 충격으로부터 머리를 보호해주는 역할을 한다.

□ 탄띠

탄창을 넣을 수 있는 탄창주머니를 두르고 있는 벨트를 말한다.

□ 탄알집/탄창

탄알을 넣을 수 있는 통을 말한다. 총에 끼워서 사용한다. 굳이 설명을 따로 하지 않아도 무엇인지 알 것이다.

□ X반도

탄띠에 연결해서 사용하는 멜빵 같은 역할을 한다. 군장에 연결해서 가방끈으로도 사용한다.

□ 침낭

이불 같은 역할을 한다. 보통 돌돌 말아서 보관하며 지퍼가 있어서 얼굴만 내놓고 지퍼를 닫으면 번데기처럼 되고 공기가 많이 들어오지 않아 춥지 않다. 겨울에 많이 사용하고, 여름에는 더워서 잘 쓰지 않는다.

□ 모포

군대의 이불이다. 짙은 녹색의 털로 되어 있다.

□ 포단

모포보다 얇은, 여름에 쓰는 이불이다.

□ 깔깔이 = 방상내피

누빔으로 되어 있는 노란색 재킷이다. 가끔 만화에서 봤을 지도 모른다. 예비군들이 슈퍼에 담배 사러 갈 때 입는 그것이다. 전투복 위, 야상 안에 입는다. 생각보다 굉장히 따뜻해서 유용하게 쓰인다.

□ 바깔이

'바지 깔깔이'의 준말로, 깔깔이의 바지 버전이다. 하나 있으면 겨울이 두렵지 않다.

□ 요술장갑

아주 얇은 털장갑이다. 방한성이 좋지는 않으나 활동성이 좋다.

□ 88장갑

스키장갑처럼 생긴 것으로 요술장갑보다 훨씬 더 따뜻하다. 너무 추울 때에는 요술장갑을 안에 끼고 위에 88장갑을 끼기도 한다.

□ 건틀릿

궁극의 장갑이다. 88장갑보다 더 따뜻하고 길며 팔목이 긴 벙어리 장갑처럼 생겼다. 하지만 방아쇠를 당기기 위해 검지 부분이 따로 지정되어 있다.

□ 장구류

X반도와 탄띠 등을 결합한 것을 말한다.

□ 군장

전투에 필요한 물품 등을 담는 배낭을 말하며, 훈련이 있을 때나 행군할 때 사용한다. 대부분의 군장은 훈련소에서 쓰는 신형 군장이지만, 간혹 구형 군장을 쓰는 부대도 아직 있다. 구형 군장이 신형 군장보다 조금 더 가벼우나 군장을 싸는 것이 조금 더 번거롭고 힘이 든다. 신형 군장의 경우 물품들을 모두 집어넣고 끈을 잘 정리하면 되지만 구형 군장의 경우 결합해야 할 끈의 개수가 10개가 훨씬 넘어간다. 처음에 싸는 것을 배울 때 굉장히 힘들다.

□ 군번줄

자신의 군번과 혈액형, 이름이 적혀 있는 군번 목걸이. 만약 전쟁 때 병사나 간부가 사망하면 이 사이에 군번줄을 끼워서 누구인지 식별하도록 한다고 한다. 군번줄은 항상 소지하고 다녀야 한다.

□ 안면마스크

추울 때 얼굴을 추위로부터 보호해주는 마스크이다. 번거롭지만 아주 따뜻하다.

□ 전투모

보통 군인들이 쓰고 다니는 모자를 말한다.

□ 빵모

훈련소 때 처음 받게 되는 지급용 전투모로서, 거의 훈련소 때만 쓴다. 자대에 가면 선임들이 사제 전투모를 사줄 것이다. 빵모는 멋도 없고 냄새도 잘 빠지지 않아 좋지 않다.

□ 사제모

군용품점에서 파는 모자이다. 자대에서는 대부분 이 사제모를 쓰고 있으며, 빵모에 비해 각과 모양이 살아있다. 요즘은 디지털복과 베레모의 보급으로 많이 없어졌다.

□ 전역모

전역할 때 쓰는 개구리 마크를 단 모자이다. 군대에서의 아들이나 맞후임 등이 사주게 되며, 모자 옆면에 후임들이 하고 싶은 말을 자수로 새겨서 주는 경우도 많다. 모든 군인들이 가지고 싶은 물품 1위!

□ 오버로크

이름표, 비표, 계급장 등을 재봉틀로 고정시키는 것을 오버로크라고 한다. 보통 군용품점에서 해주는 곳이 많으며, 부대에 재봉틀이 있다면 배워서 자신이 혼자 할 수도 있다. 하지만 멋지게 하고 싶다면 군용품점을 가는 것을 추천한다.

□ 실버로크 = 손버로크

임시로 바느질하여 계급장을 전투복 등에 고정시키는 것이다.

□ A급 전투화

처음에 훈련소에서 두 개의 전투화를 지급받는데, 하나는 B급이라고 해서 평상시에 신고, 다른 하나는 A급 전투화라고 해서 외박이나 휴가를 나갈 때, 아니면 면회 때 신는다. 선임들이 물광이나 불광 등을 내서 멋있게 만들어준다.

□ 사출화

간부들이 신는 전투화로서 좀 더 가볍고 날렵하게 생겼다. 일반 지급품들보다 훨씬 편하다.

□ 관물대

자신의 옷이나 물품 등을 집어넣는 큰 사물함 같은 것이다. 개인 옷장처럼 되어 있어 갖가지 물품을 넣을 수 있는데 위아래로 구분되어 있다.

□ 부대 마크

전투복 왼쪽 어깨 부분에 자신의 부대 마크를 오버로크로 붙이게 된다. 자신의 소속을 알려주는 지표이다.

□ 비표

부대 내에 여러 대대가 있을 수 있는데, 그것을 구분해 주는 표식이다. 보통 삼각형으로 되어 있으며 여러 가지 색깔과 숫자로 구성되어 있다.

□ 위장계급

어떤 병사들은 자신이 진급을 하기 며칠 전에 미리 계급장을 달아 오는 경우가 있는데, 이것은 실례가 되는 행동이다. 현재 계급도 아닌데 먼저 계급장을 다는 것을 위장계급이라고 부른다.

□ 내무실 = 생활관

병사들이 업무시간 끝나고 휴식을 취하거나 자는 곳을 말한다.

□ 신막사/구막사/통합막사

최근에 지어진 막사들과 예전에 지어진 막사들 두 종류가 존재하는데, 신막사는 침대로 되어 있고 한 생활관당 6~7명 정도가 생활한다. 하지만 구막사는 침상과 매트리스에서 생활하며 한 생활관당 15명 정도까지 잠을 잔다.

□ A/B/C/폐급

신병이나 물품의 등급을 매기는 것이다. A급이 최상의 상태이며, 신병이 빠릿빠릿하고 일을 열심히 잘한다면 A급 신병이다. B급은 그저 그런 평범한 상태이고, C급은 병사들에겐 잘 사용되지 않는다. 보통 C급이라 하면 유격을 할 때 입고 버리는 CS복 같은 것들을 지칭한다. 폐급은 제일 안 좋은 상태로서, 병사들에게도 사용되고 물품에도 사용된다. 너무 안 좋아서 버려야 하는 상태를 말한다.

라. 근무, 생활 등

□ 근무

일과시간 외에 서는 경계근무, 불침번 등을 모두 통틀어서 일컫는 말이다. 근무는 당직근무계통, 불침번, 경계근무 등이 있다.

□ 불침번

자다가 일어나서 1시간에서 2시간(부대마다 다르다) 정도 교대로 서는 근무 형태이다. 막사 내의 온도를 확인하고, 야간에 유동병력을 체크하는 역할을 한다. 중앙현관 불침번은 중앙현관으로 드나드는 사람들을 체크하고 기록하는 근무이다.

□ 경계근무

위병소나 각종 초소 등으로 나가서 특이사항이나 침입자 등이 있지 않나 확인하는 일이다. 이상이 있다면 적절한 상황 조치를 하고 지휘통제실 등으로 바로바로 보고를 해야 한다.

☐ 당직사령

당직사령은 조그만 대대 내에서 적어도 중위 이상은 되어야 설 수 있다. 당직사령은 지휘통제실에서 대대 내에 일어나는 일을 감시하고, 이상상황이 발생하였을 시 대대를 통제하여 지휘하고 아침마다 상황을 보고해야 한다. 본부급 등 높은 부대에서는 소령 이상이 당직사령을 서게 된다.

☐ 당직부관

당직부관은 예하 대대에서는 병사가 서고, 본부에서는 장교급 이상이 선다. 당직사령을 보좌하여 각종 업무를 수행하고, 비상상황이 발생하였을 시 당직사령을 도와서 적절한 조치를 취한다. 당직부관은 상황전파를 잘 받아서 당직사령에게 보고해야 한다.

☐ 당직사관

평일 주간작업을 행보관이 맡는다면, 당직사관은 주말이나 일과시간 이후의 병력을 실질적으로 통제한다. 중사급 이상 부사관들이 근무를 서며 주말 동안 각종 출타와 작업 신고를 받고 병력을 관리한다. 주말에 병력을 집합시켜 작업을 시키는 것도, 점호를 주관하는 것도 당직사관의 일이다.

☐ 당직부사관

당직부사관은 보통 병사들이나 하사들이 서게 되는데, 당직사관을 보좌하여 야간의 유동병력이나 총기 현황이 맞는지를 항상 확인하고 이상상황이 생기면 보고를 하게 된다.

☐ 상황병

행정반에서 당직부사관을 보좌하고 상황을 보는 병사이다. 군에는 상황

전파시스템이라는 것이 존재한다(특이사항이 발생하면 전파할 수 있도록 하는 것). 만약 지휘통제실로부터 어떠한 특이사항이나 조사사항 등이 내려오면 그것을 실행한다. 또한 막사에 특이사항이 발생하였을 때 바로바로 상황전파시스템으로 상부에 보고하는 역할을 한다. 이들은 가끔 당직부사관이나 사관 대신 경계근무자들을 초소로 인솔하기도 한다.

□ 당직대기

야간에 당직사령이나 당직사관들이 순찰을 나가는 경우가 있다. 이때를 위해서 당직대기 운전병들이 항상 대기를 하고 있다. 당직대기는 보통 소형차나 중형차 운전병들이 담당하며, 밤을 새워 근무한다.

□ 근취

근무취침의 약자로서, 당직계통(당직사령, 당직사관, 당직부사관, 당직부관, 당직대기)들이 밤을 새고 아침부터 오후까지 취침을 하는 것이다. 일과에는 오후에 투입된다.

□ 점호

당직사관에게 인원을 보고하는 일. 아침에는 주로 실외인 연병장에서 하며, 저녁에는 실내인 생활관에서 취하게 된다. 군인복무규율과 병영 생활 행동강령 등을 외친다. 아침에는 애국가도 부르고, 체조나 구보도 하게 된다.

□ 구보 = 뜀걸음

조깅을 의미한다. 열을 맞춰서 뛰는데, 군화를 신고 뛰기 때문에 보통 뛰는 것보다 더 힘들다. 아침에는 더군다나 근육도 잘 풀려 있지 않아서 정말 힘들다.

□ 작업

각종 업무가 밀려 있거나 따로 더 일을 해야 할 때 작업을 한다고 한다. 꼭 육체적인 것이 아니라 행정반의 업무도 작업에 포함된다. 행정 일 쪽에는 야간에 점호도 받지 않고 작업을 하는 경우가 비일비재하다. 주말엔 당직사관의 지시로 배수로를 청소한다든지 하는 경우도 있다.

□ 열외

각종 이유로 인하여 전 병력이 투입되는 일에서 빠지는 것을 의미한다. 예를 들면, 다리가 다쳐서 아침에 구보를 열외한다거나, 야간작업으로 인하여 저녁점호를 열외한다거나 하는 경우가 있다.

□ 갈구다

욕을 하면서 혼내는 것을 의미한다. 후임이 잘못을 하거나 개념 없는 행동을 했을 때 선임들이 혼내게 되는데, 보통 욕을 하면서 혼낸다. 이것을 갈군다고 한다. 사회에서도 갈구다라는 말이 있기는 하지만 군에서의 갈구다라는 표현은 사회와는 조금 다르다. 군대에서는 보다 강력한 의미를 내포한다.

□ 파견

각종 교육을 받거나 다른 부대에 도움을 주기 위해 다른 부대로 일시적으로 가 있는 것을 의미한다. 기간은 아주 다양하다. 파견을 가면 한 가지 좋은 점은 다들 아저씨 관계이기 때문에 굳이 선·후임 눈치를 볼 필요가 없다는 점이다. 다 모르는 사람들이기 때문에 조금 외로울 수는 있으나 파견을 가는 것이 결코 나쁜 것만은 아니다.

□ 파병

파견은 국내의 다른 부대로 가는 것이지만, 파병은 다른 나라로 가는 것이다. 파병은 인기가 꽤나 많아서 지원을 해도 붙기가 쉽지 않다. 파병을 가면 생명수당으로 월급이 150만 원 이상 지급되고, 새로운 환경에서 많은 경험을 쌓을 수 있기 때문에 경력에 큰 도움이 된다. 파병 기간은 보통 6개월인데, 파병이 끝나면 한 달 정도의 휴가를 받게 된다.

□ 신고

군 생활은 신고로 시작하여 신고로 끝난다. 자대로 전입을 올 때 대대장 등에게 신고를 하고 전역할 때에도 마찬가지이다. 휴가를 나갈 때나 파견을 갈 때 등도 분대장과 사관, 소대장, 중대장 등에게 신고를 하게 된다. 모든 것이 신고이다. 신고를 하지 않으면 병사가 어디로 사라졌는지 모르는 경우가 발생할 수도 있다. 즉 병력이 적절히 통제되지 않아 혼란이 초래될 수 있는 것이다. 따라서 신고는 매우 중요하다. 군 생활에서 신고를 제대로 하지 않아 욕을 먹는 경우가 종종 발생하므로 유념해야 한다.

□ 땡보

'땡보직'의 준말로서, 일이 바쁘지 않고 쉬워 시간이 많이 남는 것을 의미한다.

□ 꿀 빤다/꿀

땡보와 비슷한 의미이다. 노는 것을 말한다.

□ 제설작업

군대는 눈이 정말 많이 온다. 특히 전방에는 눈이 미칠 듯이 많이 온다. 군대에서는 눈이 올 때마다 눈을 치워서 차량이 원활하게 다닐 수 있도록 하는 작업을 하는데, 이를 제설작업이라고 한다. 제설차가 있으나 끊임없이 내리는 눈을 그때그때 다 치우기에는 역부족이다. 구석진 곳은 병사들이 직접 넉가래와 빗자루, 눈삽 등으로 치워야 한다. 문제는 아무리 치워도 눈이 또다시 와서 계속 쌓인다는 것이다.

사회에서의 눈 → 낭만의 상징, 크리스마스 분위기 연출
군대에서의 눈 → 작업의 상징, 치워야 하는 것

□ **공구리 작업**

콘크리트를 이용한 작업

□ **제초작업**

여름이 되면 제설작업과 반대로 풀을 뽑는 제초작업을 한다. 제초작업을 할 때 벌레에 물리는 경우도 많기 때문에 조심해야 한다.

□ **가라**

대충대충(또는 거짓으로) 하는 것을 의미한다.

□ **FM대로 하다**

규정대로 정확하게 하는 것을 의미한다. 본래는 모범적인 의미이지만 융통성이 없다는 의미로 많이 통한다.

□ 병 기본 훈련

병의 기본이 되는 훈련을 의미하는데, 화생방, 각개전투, 경계의 규정을 통틀어서 일컫는다. 각종 상황에 올바르게 대처하는 방법을 의미하며 진급 시험에도 병 기본 과목이 있어서 어느 정도 규정들을 공부해야 합격할 수 있다.

□ 정신교육

군인의 기본자세와 북한이 왜 우리의 주적인지 등에 대해 확고한 정신상 태를 정립하기 위한 교육이다.

□ 위병소

부대의 정문과 연결되어 있으며 부대 출입자들을 기록하고 관리하는 곳을 말한다. 이곳에 면회실도 마련되어 있다. 면회실에서 면회객들과 병사들이 면회를 한다.

□ 독신자 숙소(BOQ)

'혼자 사는 사람들의 숙소'라는 뜻이며, 집이 없는 간부들이나 집이 부대에서 멀리 떨어져 있는 간부들이 사용하는 집을 말한다. 일종의 기숙사이다.

□ 경례

군인들이 기본적으로 상급자를 보았을 때 하는 것. 사회에 인사가 있다면, 군대에는 경례가 있다.

□ 아저씨

중대가 서로 다르면 아저씨 관계이다. 즉, 선·후임 관계를 따지지 않는다는 것이다. 아무리 계급 차이가 많이 나더라도 중대가 다르면 함부로 대하지 못한다.

□ 유격훈련

각종 장애물들을 넘고, 화생방훈련, 행군 등 모든 것이 다 포함된 훈련이다. 죽음의 훈련이라고 생각하면 이해가 더욱 쉬울 것이다. 자대에 와서 하는 유격훈련은 신병 훈련소에서 하는 유격과는 차원이 다르다. 몸을 계속 굴려야 한다. 5일 정도 진행되며 다 끝나고 나면 몸무게는 3kg 정도 줄어 있을 것이다.

□ 혹한기 훈련

겨울에 시행되는 전술훈련이다. 가장 추울 때 하기 때문에 굉장히 고통스럽다. 필자가 훈련을 받을 때는 기온이 영하 25도까지 내려가서 결국 약한 동상에 걸렸었다.

□ 전술훈련

소대 전술훈련, 중대 전술훈련, 대대 전술훈련 등이 있는데, 전쟁이 발생하면 어떻게 대처해야 하는가를 모의로 훈련하는 것이다. 주요 작업은 천막을 치는 것과 전투 준비태세가 있다. 전투 준비태세란 전쟁에 가장 신속하게 임할 수 있도록 준비를 하는 것이다. 마무리는 행군이다.

□ 짬

아주 다양한 의미로 사용된다. 일반적으로 군대에서 나오는 밥을 짬이라고 한다. 그러나 시간을 지칭하기도 하고, 밥 찌꺼기를 짬이라고 하기도 한다. 다음의 다양한 표현을 통하여 의미를 좀 더 구체적으로 알아보자.

- **짬밥** : 군대에서 나오는 밥을 통틀어서 일컫는다.

- **짬을 먹다** : 군대에서 생활한 기간이 어느 정도 지났다.

- **짬 시키다** : 남긴 잔여물을 버리는 것을 말한다.

- **짬 때리다** : 자신이 해야 할 일을 남에게 전가시키거나 후임을 시키는 것으로, 군대에서는 이러한 일들이 비일비재하다.

- **짬이 되다** : 시간이 나다. 군 생활을 인정받을 만큼 오래 하다.

- **짬찌** : 짬 찌꺼기의 준말로, 군 생활을 시작한지 얼마 되지 않은 사람들을 일컫는 말이다.

- **짬 차다** : 군 생활 하면서 시간이 지나 계급과 순번이 오르다.

□ **압존법**

군대에서는 압존법을 중요시하여 사용하는데, 대화를 하면서 자신(화자)보단 높으나 상대방(청자)보다는 낮은 사람을 지칭할 때 해당하는 사람을 낮춰서 부르는 것이다. 사회에선 잘 쓰이지 않는다.

예 A 병장 : C는 어디 갔나?

B 이병 : C 상병은 지금 PX에 갔습니다.

□ **포상**

각종 행사에서 우수한 성적을 거두거나 훈련이나 검열 등을 앞두고 열심히 했을 때 간부들이 포상휴가를 주기도 한다. 부대마다 포상휴가가 나오는 빈도는 다르다.

□ **1호차**

부대에서 가장 높은 사람이 타고 다니는 군용차를 의미한다.

□ 인수인계

상대방에게 자신이 하는 일을 전수하는 일이다.

□ 작살난다

사회에서의 '쩐다', '최고다'와 같은 의미이며, 이 단어는 군인들 사이에서 매우 빈번하게 사용된다.

□ 잘 못 들었습니다

병사들이 고참의 말을 알아듣지 못했을 때 '네?' '예?' 대신 사용하는 구절이다.

□ 고생하십시오/수고하십시오

하급자가 상급자에게 경례 다음 간단히 붙일 수 있는 인사말이다.

□ 관심병사

부대에 적응을 잘 하지 못하여 다른 병사들보다 관심을 가지고 특별히 관리해야 하는 병사를 일컫는 말이다.

□ 소원수리

병사들의 고충을 들어주기 위해 만들어진 신고제도로서, 병사들이 자신의 고충을 종이에 적어 부대 내에 설치된 소원수리함에 넣는다.

□ 총기수입

총기를 깨끗이 손질하는 것을 뜻하며, 최근에는 '총기 손질'로 바꿔 부르고 있다. '수입(手入)'은 일본말로 '손질하다'라는 의미를 담고 있다. 즉, 외래

어이다.

□ 소녀시대

군인들의 로망, 에너지, 활력소의 최강자

□ 아이유

군인들의 로망, 에너지, 활력소의 신흥강자

마. 간부

□ 간부

직업군인. 장교나 부사관을 통틀어서 말한다.

□ 장교

소위 이상 되는 계급을 말한다. 소대장부터 시작하게 되며, 계급이 올라
가면 대대의 과장(인사과 등), 중대장 등을 맡는다. 소령 이상이 되면 본부대
장, 급양대장 같이 대대보다는 작은 대의 장을 맡거나 영외중대의 중대장을
맡게 된다. 그 뒤로 사령부의 장교를 맡기도 한다. 장교가 되어야 소령, 중
령, 장군까지 올라갈 수 있지만, 정년이 보장되어 있지 않고, 계급이 올라갈
수록 진급이 극도로 힘들다.

□ 부사관

하사부터 원사까지를 부사관이라고 지칭한다. 부소대장부터 시작하여 인
사행정관, 교육훈련 담당관 등 관으로 끝나는 직책을 받게 되며, 상사 때 준
위 시험을 봐서 준사관으로 들어가거나 원사가 될 수도 있다. 부사관 같은

경우 지휘관의 역할은 할 수 없지만 정년이 보장되어 있고 안정적이기 때문에 최근 들어 인기가 많아지고 있다.

□ 준사관

일반적으로 준위는 해당 분야에서 부사관으로서 장기간의 경험과 직무지식을 갖춘 사람들로, 준사관이라는 신분을 별도로 부여하고 있다. 준위가 되기 위해서는 별도의 임용과정을 거치게 된다. 정년은 원사와 같은 55세이다.

□ 행보관

부사관들은 여러 가지 직책을 수행하지만 이 중에서도 행보관(행정보급관)을 중시하는 이유는 병사들의 삶이나 휴가에 대해 큰 영향력을 가지고 있는 직책이기 때문이다. 행정보급관은 각 소대나 중대의 물품 구매나 휴가 등을 관리하는 직책이며, 상사나 원사가 대부분이다. 행보관들에게 잘못 보인다면 군 생활이 많이 어려워질 수 있으니 이 점을 유념해야 한다.

□ 주임원사

각 대대마다 주임원사가 있다. 주임원사는 부사관들의 으뜸격이라고 할 수 있다. 부사관들을 통솔하고 신병 면담 등을 통하여 신병들의 복지를 관리하고 부대의 살림을 맡는다. 각종 작업을 손수 하기도 한다. 주임원사는 원사가 대부분이지만 간혹 상사가 하는 경우도 있으며, 본부의 주임원사 같은 경우에는 소령 이상의 대우를 받는다. 따로 운전병도 둔다.

군 입대에 관한 Q&A

Q 군 생활이 궁금합니다. 몇 시에 일어나고 몇 시에 자고, 또 몇 시에 밥을 먹나요?

A 하계(3~10월)는 오전 6시, 동계(11~2월)는 6시 30분에 기상을 하고 30분 뒤에 아침점호를 실시합니다. 이때 도수체조라든가, 구보 등을 하고 간단한 청소 후 식사를 합니다(단, 공휴일에는 1시간씩 늦어짐). 오전 8시~8시 30분부터 일과가 시작되고, 다시 12시에 점심식사 이후 오후 일과를 끝마치고 5시 30분에 저녁식사를 합니다. 이후부터는 대부분 자유시간이며, 8시 30분에 청소, 9시 30분에 점호, 10시부터 취침이 이루어집니다. 경계근무도 이때부터 시작하게 되죠.

병과나 부대마다 조금씩 차이를 보이나 대개는 이러한 패턴으로 진행됩니다. 군대에서 초기에 시간이 빠르게 간다고 느끼는 사람들이 있다면, 시간에 맞춰 일과가 즉각즉각 진행되기 때문일 것이라고 생각됩니다.

Q 군 입대 후 부대가 마음에 들지 않을 시 옮길 수 있나요?

A 일반적으로는 옮길 수 없습니다. 보통 한 번 자대가 결정되면 제대할 때까지 그곳에서 군 복무를 해야 하며, 간혹 자신의 의지에 따라 부대

를 옮기는 것이 아닌 전출이나 파견 등의 이유로 타지에서 근무를 하게 되기는 합니다. 가끔씩 복무 목적 등을 이유로 중대나 대대 등의 소속이 바뀌긴 하지만 소속부대(사단 등)가 바뀌는 일은 매우 드뭅니다.

Q **군 입대 후 곧바로 전쟁이 나면 저는 어떻게 하나요?**

A 군에 입대하고 나서 바로 전쟁이 나도 입대 전과 크게 다를 것이 없습니다. 전쟁이 발발하게 되면 군대를 전역한 예비군들도 강제징집 대상이 되고, 미충원 시 군에 입대하지 않은 인원들도 징집될 수 있습니다.

Q **몸이 좋지 않은데 현역 판정을 받았습니다. 곧 군대 가야 하는데 1년을 넘게 버틸 자신이 없습니다. 어떻게 하죠?**

A 만약 몸이 많이 좋지 않다면, 훈련소 입소 후 군의관에게 이를 보고하면 됩니다. 증세가 심각한 경우에는 의사 소견서나 각종 증빙자료를

가지고 입소하여 후에 재검을 받을 수도 있습니다. 병세가 악화될 수 있는 경우라면 재검 후 면제 혹은 공익 등의 판정을 받게 되고, 그렇지 않다면 일반적인 군 생활을 해야 합니다. 그러나 군 생활 후에 증세가 악화되거나 병이 발발하게 되면 의가사제대를 하는 경우도 있으니 이 부분에 대해서는 크게 걱정을 않으셔도 될 것 같습니다.

Q 군대 통지서가 나왔습니다. 저는 만 21살이고, 2년 정도 군대를 더 미루고 싶은데 방법이 없을까요?

A 사실상 정상적인 방법으로는 연기가 불가능합니다. 만약 대학생이라면 자동연기가 가능하나 그렇지 않다면 어렵습니다. 자격증을 준비하고 있는 경우라든가 다른 특기에 이미 지원한 상태라면 단 1회 연기가 가능합니다. 수능시험으로도 연기가 가능하지만 만 21세에게는 해당되지 않습니다.

Q 저는 육·해·공군 말고 전경으로 가고 싶습니다. 어떻게 하면 전경으로 갈 수 있죠?

A 아쉽게도 전경은 차출입니다. 즉, 본인이 지원해서 갈 수는 없습니다. 다만 전경과 유사한 의경이 있습니다. 의경은 지원제입니다. 의경이 하는 일이 조금 더 방대하지만 크게 다르지는 않습니다.

전경은 논산훈련소에 입소한 무특기자를 대상으로 무작위 추첨을 통해 선발됩니다. 전경은 육군 소속이 아닌 행정자치부 소속이기 때문에 매 기수마다 선발하는 것이 아니고, 발생 티오가 있을 때 차출을 합니다. 따라서 본인이 논산훈련소로 가더라도 전경으로 차출될 확률은 많지 않습니다.

Q 저는 비교적 편한 보직으로 가고 싶은데 어떤 보직이 가장 편한가요? 또 갖추어야 할 자격은 무엇인가요?

A 군대에서 편한 보직은 따로 정해진 것이 없습니다. 또한 부대나 중대, 소대 간에도 생활 면에서 각기 다른 양상을 보이기 때문에 편한 보직이라고 해도 그것이 어느 곳에서나 절대적인 것은 아닙니다.

기회가 되면 자신에게 별다른 특기가 없더라도 특기병으로 보직을 받고, 그곳에서 열심히 군 생활을 하여, 나중에 그 경험을 살려 좋은 일을 하게 되는 경우도 더러 있습니다. 너무 편한 것만을 기대하지 말고, 미래의 발전을 위해 주어진 환경에 열심히 하려는 마음을 갖길 바랍니다.

Q 간혹 학교에서 RT, RT 그러는데 RT라는 것이 뭔가요?

A RT는 R.O.T.C(Reserve Officers' Training Corps)의 약자입니다. 대학 재학생 중에 우수자를 선발하여 2년간의 군사훈련을 실시함으로써 군사교육과 더불어 대학 전공학문을 겸하게 하는 제도를 말합니다. 3~4학년 동안 장교후보생의 신분으로 학기 중에는 학교 생활에 임하고 방학 기간에는 2~4주간의 군사훈련을 받게 됩니다. 여러 차례의 이러한 훈련 이후 졸업과 동시에 소위로 임관을 하여 각 부대에서 군 복무를 하게 됩니다.

장점으로는 인맥 형성과 리더십 함양, 취업 시 상당한 가산점이 주어질 수 있다는 점 등이며, 단점은 학교 생활에 많은 제약이 있고, 또 복무가 대체적으로 길다는 점입니다.

Q 얼마 전 저희 남편이 사병으로 입대를 했습니다. 제가 곧 출산 예정인데, 남편이 병원에 잠시라도 들를 방법이 없을까요?

A 만약 남편 분께서 훈련소에 있다면 다소 어려울 듯합니다. 훈련소에서

는 면회, 외출이 일절 금지되어 있기 때문입니다. 다만, 자대에 배치 받은 상황이라면 가능합니다. 물론 잠깐의 외출일 것이고, 선임병과의 동행일 수도 있지만 가능합니다.

이 외에도 자대에 배치받은 이후 일정 기간의 군 생활이 지났다면 청 원휴가라는 것을 쓸 수 있습니다. 만약 군에서 개인 사정 때문에 일일 이 다 휴가를 주게 되면 문제가 될 수 있습니다. 따라서 군에서는 청원 휴가 제도를 운영하고 있습니다. 본인의 정기휴가에서 공제하여 사용 하는 휴가이기 때문에 본인이 원할 시 유동병력에 큰 무리가 없는 한 언제든지 나갈 수 있습니다. 다만 지휘관의 승인이 있어야 하며, 이러 한 경우 사유를 아주 엄격히 판단하게 됩니다.

Q **기술병에 지원해서 합격했습니다. 그런데 개인 사유로 인해 못 갈 것 같 네요. 연기가 가능한가요?**

A 기술병에 지원하셨고, 만약 합격하여 입영 일자가 나온 경우라면 특이 사항이 없는 한 연기가 불가능합니다. 그 특이사항은 다음과 같습니다.

- 질병 사유(의료기관 진단서 필요)
- 가족 등이 위독하거나 또는 사망하여 본인이 아니면 간호 또는 가사 정리 가 어려운 경우(사실증명서 필요)
- 천재지변, 기타 재난을 당하여 본인이 아니면 처리가 어려운 경우(사실증명 서 필요)
- 행방을 알 수 없는 경우(행방불명 사실 확인서 또는 주민등록 초본 필요)

이 외에 기타 자세한 것은 병무청에 문의하는 것이 가장 좋습니다. 자 신의 연기 사유가 가능한 것인지 아닌지는 병무청 직원이 절차에 따라 판단 후 알려줄 수 있기 때문입니다.

Q 제 친구는 상근예비역이라는 것으로 군복을 입고 동사무소에서 근무를 합니다. 공익근무요원은 아닌데 이게 뭐지요?

A 상근예비역은 현역 판정 대상자 중 선발순위 단계를 거쳐 기본 군사훈련을 받고 집으로 돌아와 출퇴근 가능한 지역의 향토방위 업무를 수행하는 군부대나 이를 지원하는 기관에 배치되어 복무하는 제도입니다. 계급에 따라 현역병과 동일하게 취급됩니다.

매년 12월 중에 학력, 신체등위, 연령 등을 감안하여 지방병무청의 직권으로 우선순위를 두어 선발하게 됩니다. 일반적으로는 무작위 선발이지만 다음과 같은 사유에 해당하는 자는 상근예비역 복무를 신청하는 신청서를 작성하여 지방 병무청장에게 제출할 수 있습니다.

- 군소요 제기 지역에 거주하는 현역 입영 대상자 중 자녀가 있는 기혼자로서 상근예비역 복무를 원하는 사람. 다만 의, 치의, 한의, 수의과 대학을 졸업(예정자 포함)한 사람과 박사학위 과정 입학 이상의 학력자 제외
- 재산과 수입이 생계유지 곤란 병역감면 기준에 해당하는 사람으로, 통산 6월 이상 소년원 재원 전력자로서 조부모, 부모, 형제자매 등 가족이 없는 사람
- 생계유지 곤란 병역감면 부양비 기준에는 해당되나, 재산 또는 수입이 초과되는 사람으로 숙식제공 능력이 없는 가족만 있는 사람

Q 저는 고등학교는 졸업했는데 학교를 1년 일찍 들어가고 일찍 졸업 했어요. 정식대로라면 군대는 2년 뒤에나 갈 수 있다고 하던데 더 일찍 가는 방법은 없을까요?

A 만 19세가 되는 해부터 징병검사가 가능합니다. 따라서 일반적으로는 만 20세가 되어야 군대에 소집되어 입대할 수 있습니다. 그러나 만약 빠른 입영을 원하신다면 각 군대의 모병제에 지원하여 합격하시면 됩니다. 신체검사를 받지 않은 상태에서도 모병에 지원이 가능합니다.

접수 처리가 되면 신체검사 일자가 안내되고 이에 따라 절차를 거친 후 합격을 하면 좀 더 빠른 시기에 입대가 가능하게 되는 것입니다.

Q 저는 신체에 장애가 있습니다. 얼마 전 신체검사 후 6급으로 군 면제 판정을 받았는데 군대에 꼭 가고 싶습니다. 방법이 없을까요?

A 6급 병역면제를 받으신 경우에는 질병이 치유되거나 좋아졌다 하더라도 군 복무를 위한 병역처분 변경원 신청 대상에서 제외됩니다. 따라서 군에 입대하실 수는 없습니다.

Q 저희 집 주변에는 군부대가 많습니다. 가급적이면 저희 집 근처의 부대를 하나 골라서 그곳으로 배치되었으면 하는데 방법 좀 알려주세요.

A 안타깝게도 입영을 할 때 대상자가 복무할 자대를 미리 신청하여 주소지에서 가까운 곳에서 근무할 수는 없습니다. 다만, 이와 유사하게 연고지에 위치한 부대에서 복무할 수 있는 '육군병 연고지 복무제도'가 있으니 참고하시기 바랍니다. '연고지 복무제도'란 연고지 복무를 희망하는 인원에게 연고지에 위치한 부대에서 복무할 수 있도록 허용함으로써 부대에 조기적응이 가능하도록 하고, 좀 더 나은 병역 생활을 할 수 있도록 도와주는 서비스입니다. 해당되는 사단은 1사단, 3사단, 5사단, 6사단, 7사단, 12사단, 15사단, 21사단, 22사단, 23사단, 25사단, 28사단이며 자세한 사항은 병무청 홈페이지를 참조하실 수 있습니다.

맺으며

군 생활에 대해서 정말 막연한 두려움을 가지고 있는 군 입대 예정자나 아들을 둔 부모님들이 많을 것이다. 특히 부모님들의 경우 예전의 군대에 대한 힘든 기억 때문에 더더욱 걱정을 하시는 분들이 많다. 하지만 오늘날의 군대는 예전의 군대와 많이 바뀌었다. 그동안 내무 부조리와 악습, 폭언 및 욕설을 없애기 위해서 군은 많은 노력을 기울여왔고, 지금도 발본색원(拔本塞源)을 위해 노력하고 있다. 곧 군 입대를 앞두고 있는 분들이나 입대를 고민하는 분들 중에 이런 것 때문에 입대를 고민하고 주저한다면 그것은 어리석은 일이라고 말해주고 싶다. 군대는 배울 수 있는 것들이 많고 더 나은 사람으로 성장할 수 있는 좋은 기회를 제공한다.

군대는 사전에 알고 가는 것이 현명하다. 자신이 원래 하던 공부나 일하던 분야에 관련된 보직을 받을 수 있는 경우가 꽤나 많은데 나중에 알고 나서 후회하는 사람들을 많이 봤다. 일이나 공부에 대한 감각을 잃고 싶지 않으면 자신의 전공과 관련된 보직을 찾아서 지원하는 것이 추천할 만한 방법이다.

군대의 모든 것은 다 자신이 하기 나름이다. 아무리 편한 부대, 좋은 보직이라 하더라도 본인이 적응하지 못하거나, 긍적적 사고가 없으면 힘든 군대 생활이 될 것이고, 힘든 부대 또는 나쁜 보직을 받더라도 긍적적으로 생각하고 빠르게 부대 환경에 적응하면 하루하루가 즐거운 군 생활이 된다. 군 입대는 어느 부대에서 근무하든지 집을 떠나 군복을 입는 자체가 힘든 것이다. 그렇다고 물릴 수도 없는 현실에서, '피할 수 없으면 즐겨라'는 말이 있듯이 항상 긍정적이고 적극적인 태도로 지휘관, 선임병, 동료, 후배들에게 인정받는 것이 중요하다.

군대는 잘만 활용한다면 자신이 발전할 수 있는 발판을 마련해주는 곳이다. 2년 가까운 시간이 결코 호락호락하지만은 않은 시간이지만 자신과의 싸움에서 이기고 항상 적극적인 마음가짐으로 생활한다면 힘은 들지만 진주처럼 알찬 경험이 될 수 있다고 믿는다. 이 책이 그러한 진주를 캐는 데 있어 숨어 있던 샛길이 되었기를 바란다.

2012년 8월

백건호